"十三五"高等教育规划教材

高等院校电气信息类专业"互联网+"创新规划教材

Java 程序设计教程(第 2 版)

杜晓昕　主　编
金　涛　张剑飞　副主编

北京大学出版社
PEKING UNIVERSITY PRESS

内 容 简 介

本书共分为 11 章,主要包括 Java 语言的发展历程与特点、开发环境搭建与上机操作、Java 应用程序的编辑、编译与运行过程、数据类型、运算符与表达式、控制结构、数组、对象与类、接口与内部类、Java 常用类、I/O 流与异常处理、泛型与集合框架、多线程与图形用户界面、网络编程、数据库编程等内容。

本书按照基本概念、语句结构、程序思想、代码实现、案例分析的思路来介绍 Java 语言及涉及的相关技术,将 Java 语言基础知识和实践应用有机结合起来。本书内容翔实、全面,案例丰富,并配有相关教学视频,有利于学生对照学习,提高学习效率,并且所选案例密切联系实际,力求知识性与实用性相结合。

本书既可作为高等院校计算机科学与技术、软件工程和信息管理等相关专业的教学用书,也可作为工程技术人员的参考用书。

图书在版编目(CIP)数据

Java 程序设计教程 / 杜晓昕主编. —2 版. —北京:北京大学出版社,2019.4
高等院校电气信息类专业"互联网+"创新规划教材
ISBN 978-7-301-30420-4

Ⅰ. ①J… Ⅱ. ①杜… Ⅲ. ①JAVA 语言 - 程序设计 - 高等学校 - 教材 Ⅳ. ①TP312.8

中国版本图书馆 CIP 数据核字(2019)第 055185 号

书　　　名	Java 程序设计教程(第 2 版) Java CHENGXU SHEJI JIAOCHENG(DI-ER BAN)
著作责任者	杜晓昕　主编
责 任 编 辑	郑　双
数 字 编 辑	刘　蓉
标 准 书 号	ISBN 978-7-301-30420-4
出 版 发 行	北京大学出版社
地　　　址	北京市海淀区成府路 205 号　100871
网　　　址	http://www.pup.cn　新浪微博:@北京大学出版社
电 子 信 箱	pup_6@163.com
电　　　话	邮购部 010-62752015　发行部 010-62750672　编辑部 010-62750667
印 刷 者	大厂回族自治县彩虹印刷有限公司
经 销 者	新华书店
	787 毫米×1092 毫米　16 开本　24.25 印张　572 千字 2011 年 9 月第 1 版 2019 年 4 月第 2 版　2022 年 3 月第 2 次印刷
定　　　价	58.00 元

未经许可,不得以任何方式复制或抄袭本书之部分或全部内容。
版权所有,侵权必究
举报电话: 010-62752024　电子信箱: fd@pup.pku.edu.cn
图书如有印装质量问题,请与出版部联系,电话: 010-62756370

第 2 版前言

Java 语言是在 C 和 C++语言的基础上进行简化和改进的一种新型语言，是随着 Internet 以及信息技术的飞速发展而发展起来的。它具有面向对象、与平台无关、安全、稳定、多线程的特点以及强大的网络编程功能，已成为编程者的首选工具之一。目前，国内外的高等教育中，部分学校将 Java 语言列为本科计算机类及相关专业的第一门编程语言。为了帮助读者更好、更快地学习和掌握 Java，编者编写了本书。通过本书，读者能够系统地学习和掌握 Java 基本知识、集合框架、网络编程以及数据库编程等内容。本书也可作为 Java 初学者的首选参考书。

随着 Java 技术的不断更新与发展，结合多年的教学经验，编者对本书第 1 版内容作了较大的更新和改动。在第 2 版中删除了第 1 版的第 9～13 章，增加了 Java 常用类、泛型与集合框架和 Java 数据库编程，并在每章最后增加了案例分析，教学内容更加科学合理。同时，本书第 2 版升级为"互联网+"教材，编者为各章的重点、难点内容录制了教学视频，教学视频、程序源代码和习题答案都可通过扫描二维码直接获取，帮助读者更好、更快地理解内容。

与同类教材相比，本书具有以下特色。

(1) 注重基础与应用。本书按照程序设计思维的主要流程来安排各章节，易于读者理解。每章均按照基本概念、语句结构、程序思想、代码实现、案例分析的思路来介绍 Java 语言，有利于学习者对照学习，提高学习效率。本书采用由基础到应用的循序渐进的学习模式，适合学习者全面掌握 Java 语言。

(2) 案例驱动。每章都有经典案例分析，通过经典案例将各知识点有机地结合起来，达到学以致用的目的。本书注重提高读者利用面向对象技术和 Java 语言解决实际问题的能力。

(3) 教学便利。本书采用可视化开发工具与代码解读相结合的方法，既能使学习者直观感受设计开发的高效，也能使学习者回味相应代码的作用。这符合人们认识事物的心理过程，也平衡了实践的操作直观性与理论的系统完整性；同时还能充分调动学习者的学习积极性和主动性，给教师提供了更大的教学设计空间。

(4) 视频讲解。编者为各章的重点、难点内容录制了 68 个讲解视频，帮助读者更好地理解相关知识。

(5) 注重碎片化学习。本书为"互联网+"教材，学生可以随时随地扫码观看重点、难点内容的讲解，并获取习题答案和程序源代码。

综上，本书集基础知识、案例驱动、技术实用与教学便利于一体，充分体现软件工程的理念，兼顾学习与应用，是一本适合 Java 程序设计初学者、高等院校教学和"卓越工程师"人才培养的教材。

本书在内容体系上共分为 11 章。第 1 章介绍 Java 语言的发展历程及特点、开发环境的搭建、开发工具的使用以及 Java 应用程序的编辑、编译与运行过程等。第 2 章介绍 Java

程序设计的基础知识，包括数据类型、运算符与表达式、流程控制、数组等。第 3 章介绍面向对象的概念、类的基本组成、对象的引用、方法的重载与重写、继承以及常用的修饰符等。第 4 章介绍抽象类的使用场合及定义方法、接口的定义与实现、抽象类和接口的异同、JDK8 接口的新特性、多态必须满足的条件及其优势、内部类的定义及使用方法等。第 5 章介绍基本数据类型的封装类、Object 类、字符串处理类、Math 类及日期处理类等 Java 常用类。第 6 章介绍 File 类、常见的输入/输出流、异常的概念、异常的处理机制以及自定义异常等。第 7 章介绍 Java 集合框架中主要的类和接口及其关系，包括接口 List、Set 集合和 Map 集合的创建、访问和遍历方法以及集合工具类的用法等。第 8 章介绍线程的概念与使用、线程同步与共享、多线程操作等。第 9 章介绍 TCP/IP、UDP、Socket 协议，以及如何利用 Java 语言进行网络编程等。第 10 章介绍图形用户界面的创建流程、布局管理器、常用 Swing 组件的功能和用法以及相应的事件处理机制等。第 11 章介绍 MySQL 数据库、MySQL 图形化软件管理工具 Navicat Premium、JDBC API 中的常见接口或类以及学生信息管理系统等。

　　本书已经在腾讯课程上开设免费课程，作者精心准备了 68 个一共长达 322 分钟的高清教学视频，读者可以在腾讯课程上搜索"Java 程序设计教程"关键字查找，也可以直接输入下方网址进行学习：https://ke.qq.com/course/395759。

　　本书由杜晓昕担任主编，金涛、张剑飞担任副主编，其中第 1、3、5、11 章由杜晓昕编写，第 4、7、8、9 章由金涛编写，第 2、6、10 章由张剑飞编写。本书得到齐齐哈尔大学 2010 重点教材项目资助。此外，感谢北京大学出版社为本书提供的二维码扫描技术，感谢郑双等编辑对本书认真细致的审稿。

　　由于编者水平有限，书中难免存在一些疏漏和不妥之处，敬请专家和读者批评指正。

编　者
2018 年 10 月

【资源索引】

目 录

第1章 Java 语言概述 ················ 1
1.1 Java 语言简介 ················ 2
1.1.1 Java 语言发展简介 ········ 2
1.1.2 Java 语言的特点 ·········· 3
1.2 开发环境的搭建 ·············· 4
1.2.1 下载 JDK ················ 5
1.2.2 安装 JDK ················ 5
1.2.3 设置 path 与 classpath ···· 6
1.2.4 测试 Java 开发环境 ······· 8
1.3 用命令行方式描述 Java 应用程序的开发过程 ················ 8
1.3.1 源程序的编辑 ············ 9
1.3.2 源程序的编译 ············ 10
1.3.3 字节码文件的运行 ········ 11
1.4 辅助工具简介 ················ 12
1.5 Eclipse 集成开发工具简介 ······ 14
小结 ···························· 17
习题 ···························· 17

第2章 Java 程序设计基础 ··········· 18
2.1 标识符与关键字 ·············· 19
2.1.1 标识符 ·················· 19
2.1.2 关键字 ·················· 19
2.2 数据类型 ···················· 20
2.2.1 基本数据类型 ············ 20
2.2.2 常量 ···················· 21
2.2.3 变量 ···················· 22
2.2.4 基本数据类型之间的转换 ·· 23
2.3 运算符与表达式 ·············· 25
2.3.1 运算符 ·················· 25
2.3.2 表达式 ·················· 30
2.4 控制结构 ···················· 31
2.4.1 顺序结构 ················ 31
2.4.2 选择结构 ················ 31
2.4.3 循环结构 ················ 40
2.4.4 跳转结构 ················ 44
2.5 数组 ························ 46
2.5.1 一维数组 ················ 46
2.5.2 多维数组 ················ 52
2.6 案例分析 ···················· 55
2.6.1 最大公约数和最小公倍数 ·· 55
2.6.2 百鸡问题 ················ 56
2.6.3 猴子吃桃子问题 ·········· 57
2.6.4 折半查找 ················ 58
2.6.5 杨辉三角 ················ 59
小结 ···························· 60
习题 ···························· 60

第3章 面向对象基础 ················ 64
3.1 面向对象的基本特征 ·········· 65
3.2 类 ·························· 66
3.2.1 类的定义 ················ 66
3.2.2 成员变量和局部变量 ······ 67
3.2.3 成员方法 ················ 70
3.3 对象的创建和构造方法 ········ 72
3.3.1 对象的声明 ·············· 72
3.3.2 对象的创建 ·············· 72
3.3.3 对象的使用 ·············· 73
3.3.4 构造方法 ················ 73
3.4 方法重载 ···················· 75
3.5 类的继承 ···················· 76
3.5.1 继承的定义 ·············· 76
3.5.2 成员变量的隐藏和方法重写(覆盖) ···················· 78
3.5.3 this 与 super 关键字 ······ 81
3.5.4 继承中的构造方法 ········ 85
3.6 包 ·························· 87
3.6.1 包的声明 ················ 88
3.6.2 包的导入 ················ 88

3.7 权限控制 ·· 88
    3.7.1 公有访问修饰符：public ······ 89
    3.7.2 保护访问修饰符：protected ··· 90
    3.7.3 默认访问修饰符：default ····· 90
    3.7.4 私有访问修饰符：private ······ 91
3.8 关键字 final 与 static ························ 93
    3.8.1 关键字 final ······························ 93
    3.8.2 关键字 static ···························· 96
3.9 案例分析 ·· 99
    3.9.1 图书管理系统 ························ 99
    3.9.2 超市售货管理系统 ················ 106
小结 ·· 113
习题 ·· 113

第 4 章 抽象类、接口与内部类 ······ 118

4.1 抽象类 ··· 119
4.2 接口 ··· 121
    4.2.1 接口的定义 ···························· 121
    4.2.2 接口的实现 ···························· 122
    4.2.3 抽象类和接口的异同 ············ 123
    4.2.4 JDK8 接口新特性 ·················· 124
4.3 多态 ··· 126
4.4 内部类 ··· 128
4.5 案例分析 ······································ 130
小结 ·· 139
习题 ·· 139

第 5 章 Java 常用类 ·························· 143

5.1 基本数据类型的封装类 ················ 144
    5.1.1 封装类的构造方法 ················ 144
    5.1.2 封装类的常用方法 ················ 145
    5.1.3 自动装箱与自动拆箱 ············ 145
5.2 Object 类 ····································· 146
    5.2.1 toString()方法 ······················· 146
    5.2.2 equals(Object obj)方法 ········ 148
    5.2.3 getClass()方法 ····················· 149
5.3 字符串处理类 ······························ 150
    5.3.1 String 类 ······························· 150
    5.3.2 StringBuffer 类 ····················· 156
    5.3.3 StringBuilder 类 ··················· 158

5.4 Math 类 ·· 159
5.5 日期处理类 ···································· 160
    5.5.1 Date 类 ································· 160
    5.5.2 Calendar 类 ························· 162
5.6 案例分析 ······································ 165
    5.6.1 进制转换 ······························ 165
    5.6.2 校验文件名和邮箱地址 ········ 166
    5.6.3 批量单词替换和统计问题 ···· 168
    5.6.4 万年历 ································· 169
小结 ·· 170
习题 ·· 171

第 6 章 I/O 流与异常 ························ 174

6.1 File 类 ··· 175
    6.1.1 File 类的构造方法 ················ 175
    6.1.2 File 类的成员方法 ················ 175
    6.1.3 使用 File 类 ·························· 177
6.2 流 ··· 178
    6.2.1 流的基本概念 ······················ 178
    6.2.2 输入/输出流 ························ 178
6.3 字节流 ··· 180
    6.3.1 InputStream 和
         OutputStream ······················ 180
    6.3.2 FileInputStream 和
         FileOutputStream ················ 181
6.4 字符流 ··· 182
    6.4.1 Reader 和 Writer ················· 182
    6.4.2 InputStreamReader 和
         OutputStreamWriter ············ 183
    6.4.3 FileReader 和 FileWriter ······ 184
    6.4.4 BufferedReader 和
         BufferedWriter ···················· 185
    6.4.5 PrintStream 和 PrintWriter ···· 187
6.5 序列化 ··· 188
    6.5.1 对象序列化 ···························· 188
    6.5.2 对象解序列化 ························ 190
6.6 异常 ··· 193
    6.6.1 异常的概念 ···························· 193
    6.6.2 异常处理 ······························· 193
    6.6.3 使用 throws 声明异常 ········· 197

目 录

　　6.6.4　使用 throw 抛出异常 ……… 198
　　6.6.5　异常的多态 …………… 199
　　6.6.6　自定义异常 …………… 199
6.7　案例分析 …………………………… 201
　　6.7.1　在文本中对指定字符串进行
　　　　　查找与替换 ………… 201
　　6.7.2　取钱 …………………… 205
小结 ………………………………………… 207
习题 ………………………………………… 208

第7章　泛型与集合框架 ……………… 212
7.1　泛型 …………………………………… 213
　　7.1.1　泛型定义 ………………… 213
　　7.1.2　通配符 …………………… 215
　　7.1.3　有界类型 ………………… 217
　　7.1.4　泛型的限制 ……………… 220
7.2　集合框架简介 ………………………… 221
7.3　接口 Collection ……………………… 223
7.4　接口 List ……………………………… 224
　　7.4.1　ArrayList 类 ……………… 226
　　7.4.2　LinkedList 类 …………… 233
7.5　Set 集合 ……………………………… 235
7.6　Map 集合 …………………………… 237
7.7　集合工具 …………………………… 244
7.8　案例分析 …………………………… 247
　　7.8.1　用 Collection 实现图书的添加和
　　　　　查看 ………………… 247
　　7.8.2　用 TreeSet 实现信息的存储和
　　　　　查找 ………………… 250
小结 ………………………………………… 253
习题 ………………………………………… 253

第8章　多线程程序设计 ……………… 256
8.1　线程的概念 …………………………… 257
8.2　线程的创建和启动 ………………… 257
　　8.2.1　继承 Thread 类 …………… 258
　　8.2.2　实现 Runnable 接口 …… 260
　　8.2.3　两种线程创建方式比较 … 260
8.3　线程的状态与控制 ………………… 263
　　8.3.1　线程的状态 ……………… 263

　　8.3.2　线程的控制 ……………… 264
8.4　线程的同步 …………………………… 272
　　8.4.1　同步方法 ………………… 272
　　8.4.2　同步块 …………………… 276
　　8.4.3　多线程产生死锁 ………… 278
8.5　案例分析 …………………………… 278
　　8.5.1　生产者-消费者案例 …… 278
　　8.5.2　多线程实现排序案例 …… 281
小结 ………………………………………… 285
习题 ………………………………………… 286

第9章　Java 的网络程序设计 ……… 288
9.1　基础知识 …………………………… 289
　　9.1.1　TCP/IP 分层结构 ………… 289
　　9.1.2　套接字概述 ……………… 292
9.2　Java 网络包(java.net) ………………… 293
　　9.2.1　服务器端 ServerSocket … 293
　　9.2.2　客户端 Socket …………… 294
　　9.2.3　使用 BufferedReader 从 Socket 上
　　　　　读取数据 ……………… 296
　　9.2.4　使用 PrintWriter 写数据到
　　　　　Socket 上 ……………… 296
9.3　Socket 编程实例 …………………… 297
　　9.3.1　单客户端通信 …………… 297
　　9.3.2　多客户端聊天程序 ……… 299
9.4　案例分析 …………………………… 303
小结 ………………………………………… 312
习题 ………………………………………… 313

第10章　图形用户界面 ……………… 315
10.1　图形用户界面概述 ………………… 316
10.2　事件处理 …………………………… 316
　　10.2.1　事件处理模型 ………… 316
　　10.2.2　事件类 ………………… 318
　　10.2.3　事件监听器 …………… 319
　　10.2.4　事件及其相应的监听器
　　　　　　接口 ………………… 320
10.3　Swing 组件 ………………………… 323
　　10.3.1　窗体——JFrame 类 …… 324
　　10.3.2　面板——JPanel 类 …… 325
　　10.3.3　标签——JLabel 类 …… 327

10.3.4 按钮——JButton 类··········328
10.3.5 文本框——JTextField 类与
　　　　JPasswordField 类············329
10.3.6 文本区——JTextArea 类····331
10.3.7 列表组件——JComboBox 类和
　　　　JList 类············331
10.3.8 复选框和单选按钮——JCheckBox
　　　　类和 JRadioButton 类············335
10.4 布局管理器··········338
10.5 案例分析··········342
小结··········348
习题··········348

第 11 章　Java 数据库编程··········352

11.1 MySQL 数据库··········353
　　11.1.1 下载与安装 MySQL
　　　　　数据库··········353
　　11.1.2 安装 MySQL 图形化管理工具
　　　　　Navicat Premium············356
11.2 JDBC 简介··········359
11.3 JDBC 的 API 接口··········360
　　11.3.1 DriverManager 类··········360
　　11.3.2 Driver 接口··········361
　　11.3.3 Connection 接口··········361
　　11.3.4 Statement 接口··········362
　　11.3.5 PreparedStatement 接口······363
　　11.3.6 ResultSet 接口··········364
11.4 案例分析··········365
　　11.4.1 下载并加载 MySQL 数据库
　　　　　驱动··········365
　　11.4.2 连接数据库··········366
　　11.4.3 数据库的插入··········368
　　11.4.4 数据库的查询··········370
　　11.4.5 数据库的更新··········372
　　11.4.6 数据库的删除··········373
小结··········375
习题··········375

参考文献··········379

第 1 章

Java 语言概述

学习目标

内　容	要　求
Java 语言的产生	了解
Java 语言的特点	熟悉
JDK 的下载与安装	掌握
环境变量的设置	掌握
Java 应用程序的编辑、编译、运行	掌握
EditPlus 的安装与使用	掌握
Eclipse 的安装与使用	掌握

　　Java 是一种新型的面向对象的编程语言。它是随着 Internet 及信息技术的飞速发展而发展起来的，是目前最常用的一种功能强大的跨平台的计算机编程语言，是主要的网络开发语言之一，也是发展迅速的嵌入式操作系统的绝佳组合。由于 Java 语言开源、提供功能丰富的类库，而且具有面向对象、分布式、多线程、可移植性、安全性高和稳定性强等特点，目前重量级的公司都广泛采用 Java 语言进行项目的开发。Java 语言已经在众多的高级语言中脱颖而出。

【第 1 章　代码下载】

1.1 Java 语言简介

在学习 Java 语言之前，首先了解一下 Java 语言的发展历程及其特点。

1.1.1 Java 语言发展简介

1991 年，美国 Sun 公司为了能够在消费电子产品上开发应用程序，成立了"绿色项目组"(Green Project)，该小组主要由 James Gosling 负责，成员主要包括 Patrick Naughton、Chris Warth、Ed Frank 和 Mike Sheridan 等。这个小组最初的目标是能够在诸如电冰箱、电视机、PDA 等数字控制的电子消费产品上开发应用程序，然而消费电子产品种类繁多，即使是同一类消费电子产品，其采用的处理芯片和操作系统也不相同，也存在着跨平台的问题。当时最流行的编程语言是 C 和 C++语言，该小组的研究人员就考虑是否可以采用 C++语言来编写消费电子产品的应用程序。但是研究表明，对于消费电子产品而言，C++语言过于复杂和庞大，并不适用，安全性也并不令人满意。于是该小组就以 C++为基石，融合 C 和 C++等传统语言的优点，开发了一种独立于硬件平台的、面向对象的程序设计语言，并命名为 Oak(取名自 Gosling 办公室外的一棵橡树)。当时，Oak 语言并没有引起人们的注意。

直到 1994 年，随着互联网和 WWW 的飞速发展，James Gosling 认为市场需要一种不依赖实际硬件和软件环境、安全可靠、可交互的浏览器，Sun 公司发现 Oak 语言所具有的跨平台、面向对象、安全性高等特点非常符合互联网的需要。于是，"绿色项目组"将他们的开发目标转向了 Internet，用 Oak 语言编写了一系列网络应用程序，例如，网络浏览器 WebRunner 等。

1995 年，由于商标冲突，Oak 语言被改名为 Java 语言。同年，WebRunner 正式改名为 HotJava。HotJava 浏览器得到了 Sun 公司首席执行官 Scott McNealy 的支持，并得以研发和发展。这个完全用 Java 语言设计的浏览器不仅充分显示了 Java 语言环境的威力，而且为在更复杂、离散、异构的 Internet 网上进行分布式 Java 编程提供了一个理想的平台。后来，Sun 公司又决定让程序开发者免费使用 Java，这才真正地将 Java 推向了全世界。

其实 Java 名字的由来还流传着一个故事，一天，Java 小组成员正在喝咖啡时，议论给新语言改个什么名字的问题，有人提议用 Java[Java(爪哇)是印度尼西亚盛产咖啡的一座岛屿]，这个提议得到了其他成员的赞同，于是就采用 Java 来命名此新语言。

Sun 公司虽然推出了 Java，但这仅仅是一门编程语言，如果想开发比较大的项目则必须要有一个强大的开发类库，于是 Sun 公司在 1996 年推出了 JDK1.0。该版本包括两个方面：JRE(Java RunTime Environment，Java 运行环境)和 JDK(Java Development Kit，Java 软件开发工具包)。在 JRE 中包括 API(核心 API、用户界面 API、集成 API)、发布技术、JVM(Java Virtual Machine，Java 虚拟机)；JDK 包括编译 Java 程序的编译器(javac 命令)、解释器(java 命令)等。Sun 公司在 1997 年推出 JDK1.1，新增了 JIT(Just In Time Compiler，即时编译器)。它与传统编译器的区别在于，传统编译器只能编译一条语句，运行完后扔掉，再编译下一条语句；而 JIT 则是将经常用到的指令保存在内存中，当下次调用时不需要再编译，大大提高了 JDK 的效率。

一直以来，Java 主要应用在网页的 Applet 上以及一些移动设备中。但是，到了 1996 年年底，Flash 的面世动摇了 Java 在网页 Applet 上的应用地位。

虽然从 1995 年 Java 诞生到 1998 年，Java 依然是互联网上使用最广的语言，但是 Java 并没有找到它自己准确的位置。直到 1998 年年底，Sun 公司推出了 JDK1.2，这是 Java 发展史上最重要的版本之一，其中加入了许多新的设计。

2000 年 5 月，JDK1.3 发布，对 JDK 1.2 版本进行了改进，扩展了标准类库。

2002 年 2 月，Sun 公司发布了 Java 发展史上最为成熟的版本 JDK1.4，自此 Java 的计算能力有了大幅提升。

2004 年 9 月，J2SE1.5 发布，成为 Java 语言发展史上的一座里程碑。为了表示该版本的重要性，J2SE 1.5 更名为 Java SE 5.0。

2005 年 6 月，JavaOne 大会召开，Sun 公司发布了 Java SE 6。此时，Java 的各种版本已经更名，已取消其中的数字"2"：J2EE 更名为 Java EE(Java Enterprise Edition)，J2SE 更名为 Java SE(Java Standard Edition)，J2ME 更名为 Java ME(Java Micro Edition)。

2006 年 11 月，Sun 公司宣布 Java 技术作为免费软件对外发布。

2011 年 7 月，甲骨文(Oracle)公司发布 Java SE 7。这也是 Oracle 公司收购 Sun 公司后发布的一个重要版本。

2014 年 3 月 18 日，Oracle 公司发布 Java SE 8，这次版本升级为 Java 带来了全新的 Lambda 表达式。除此之外，Java SE 8 还增加了大量新特性，这些新特性使得 Java 变得更加强大。

2017 年 9 月，Oracle 公司发布 Java SE 9.0，主要是引入了一种新的 Java 编程组件，也就是模块。

2018 年 4 月，Oracle 公司发布 Java SE 10.0，主要是少部分 API 更新及 bug 修复。

由于 Java 提供了强大的图形、图像、音频、视频、多线程和网络交互能力，它已经成为当今推广最快的、最流行的网络编程语言。Java 的出现引起了软件开发的重大变革，成为推动 IT 业蓬勃发展的最新动力。它的出现对整个计算机软件业的发展产生了重大而深远的影响。

目前，Java 技术通常分为 3 大部分：Java SE、Java ME 和 Java EE。

Java SE 主要用于桌面应用软件的编程，为台式机和工作站提供一个开发和运行的平台。它是最基础的 Java 技术，定义了一般的 Java 语言规范，如程序界面、I/O、多线程和网络编程等。本书在学习 Java 的过程中，主要是采用 Java SE 来进行开发。

Java ME 是一种高度优化的 Java 运行环境，主要是面向消费类电子设备(如手机、机顶盒、PDA 等)提供的一个 Java 运行平台。

Java EE 主要是为实现分布式企业开发提供的一个应用服务器的运行和开发平台。

1.1.2 Java 语言的特点

Java 语言是一门重要的网络编程语言，具有的特点如下。

1. 简单性

Java 语言是在 C 和 C++语言的基础上进行简化和改进的一种新型语言，它的语法与 C

和C++语言的语法类似，简单且容易掌握。同时Java语言摒弃了C和C++语言的复杂、不安全特性，如摒弃了C语言的全程变量、宏定义、全局函数，以及结构、联合和指针数据类型、指针的操作和内存的管理等。此外，Java语言提供了种类丰富、功能强大的类库，并且通过垃圾自动回收机制简化了程序内存管理，使Java程序变得简单容易编写。Java程序的简单性是其得以迅速普及的重要原因之一。

2. 完全面向对象

在现实世界中，任何实体都可以看作是一个对象。面向对象模型是一种模拟人类社会和人解决实际问题的模型，它更符合人们的思维习惯。Java语言是一种完全面向对象的编程语言，它将数据封装于类中，利用类的优点，实现了程序的简洁性和便于维护性。面向对象也是Java语言最重要的特性。

3. 平台无关性

平台无关性有两种：源代码级和目标代码级。C和C++具有一定程度的源代码级平台无关性，用C和C++语言编写的应用程序不用修改，只需重新编译就可以在不同平台上运行。Java的平台无关性是目标代码级的，是指Java语言编写的应用程序的目标文件直接可以在不同的软、硬件平台上运行，这也是Java语言具有"一次编译，到处运行"外号的原因。Java语言的平台无关性主要是由JVM实现的。

4. 安全性

现今的Java语言主要用于网络应用程序的开发，因此对安全性有很高的要求。Java语言去除了C和C++语言中易造成错误的指针，增加了自动内存管理等措施；同时，Java语言提供了异常处理机制，有效地避免了因程序编写错误而导致的死机现象，保证了Java程序运行的安全稳定。

5. 多线程

多线程机制类似于多进程机制，多线程机制使一个进程能够被划分为若干线程并并发执行。多线程机制能够带来更好的交互性能和实时控制性能。C和C++语言采用单线程体系结构，而Java语言支持多线程技术。

1.2 开发环境的搭建

要编写一个Java程序，必须先安装开发环境，开发环境包括开发Java程序必需的JDK工具和一个编辑软件。

JDK是Java软件开发工具箱，提供了编译和运行Java程序的所有工具和常用的类库。

编辑软件可以使用计算机上的任何一个文本编辑器，如记事本、UltraEdit、EditPlus、TextPad等。另外，对于大型项目开发来说，为了用户更方便地进行程序的编写及调试，可以使用功能强大的集成开发环境(Integrated Developing Environment，IDE)，如JCreator、Eclipse、JBuilder等，这些IDE都提供了拼写检查、代码自动完成、关键字特殊显示、第三方插件等功能。

本小节主要对 JDK 的下载、安装、配置和测试进行详细的讲解。

1.2.1　下载 JDK

【教学视频】

Oracle 公司于 2010 年 1 月完成对 Sun 公司的收购,所以,JDK 可以从 Oracle 公司的官方网站"http://www.oracle.com"免费下载。JDK 在本书编写时的最新版本为 jdk-10.0.1,读者可以根据不同的操作系统平台来下载相应的 JDK,本书以 64 位的 Windows 10 系统为例,介绍其下载的具体过程。

(1) 在浏览器的地址栏中输入"http://www.oracle.com/technetwork/java/javase/downloads/index.html",打开如图 1.1 所示的页面(因网页更新等情况,读者打开的网页可能与书中介绍的略有不同)。

(2) 在页面里单击"Downloads"按钮,进入如图 1.2 所示的 Java SE 下载页面。

图 1.1　进入 Java 的官方网站

图 1.2　Java SE 下载页面

(3) 进入 Java SE 下载页面后,根据机器的操作系统,选择相应的 JDK 版本,这里选择"Windows",并选中"Accept License Agreement"单选按钮,如图 1.3 所示。

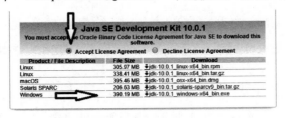

图 1.3　JDK 文件下载的页面

(4) 单击"jdk-10.0.1_windows-x64_bin.exe"链接进行下载。

1.2.2　安装 JDK

下载完成后,即可进行安装,下面以 Windows 10 操作系统为例介绍 JDK 的安装步骤。双击已下载的安装程序 jdk-10.0.1_windows-x64_bin.exe,运行 Java SE 的安装程序,如图 1.4 所示。

(1) 选择需要安装的功能组件,单击"更改"按钮,可更改 JDK 的安装目录,如图 1.5 所示。完成设置后单击"下一步"按钮,继续安装。

【教学视频】

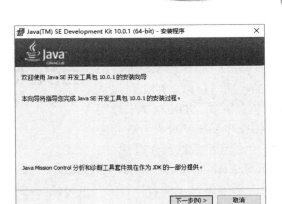

图 1.4　安装 JDK 的初始界面

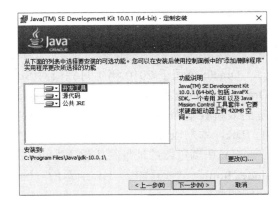

图 1.5　JDK 安装界面

（2）JDK 安装完毕后，如果是第一次安装 JDK，会自动跳转到 JRE 安装界面，如图 1.6 所示。单击"更改"按钮，可更改安装 JRE 的目录。这里采用默认设置，完成设置后单击"下一步"按钮，继续安装。

（3）JRE 安装完成后，会弹出如图 1.7 所示的界面，单击"关闭"按钮，完成安装。

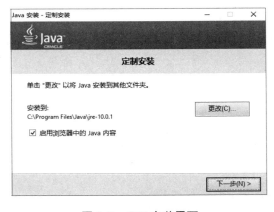

图 1.6　JRE 安装界面　　　　　　　　　图 1.7　安装完成界面

1.2.3　设置 path 与 classpath

安装完 JDK 后，为了使系统能自动找到命令所在的目录，需设置环境变量。设置的环境变量主要包括 path 和 classpath 这两个环境变量，下面给出在 Windows 操作系统中设置环境变量的主要步骤。

【教学视频】

（1）右击"计算机"图标，在弹出的快捷菜单中选择"属性"命令，弹出"系统属性"对话框，如图 1.8 所示。

（2）在"系统属性"对话框中，选择"高级"选项卡，如图 1.9 所示。

（3）单击"环境变量"按钮，弹出"环境变量"设置对话框，如图 1.10 所示。

（4）在"系统变量"列表框中找到变量名"Path"，并选中，双击进入"编辑系统变量"对话框，如图 1.11 所示。

图 1.8 "系统属性"对话框

图 1.9 "高级"选项卡

图 1.10 "环境变量"对话框

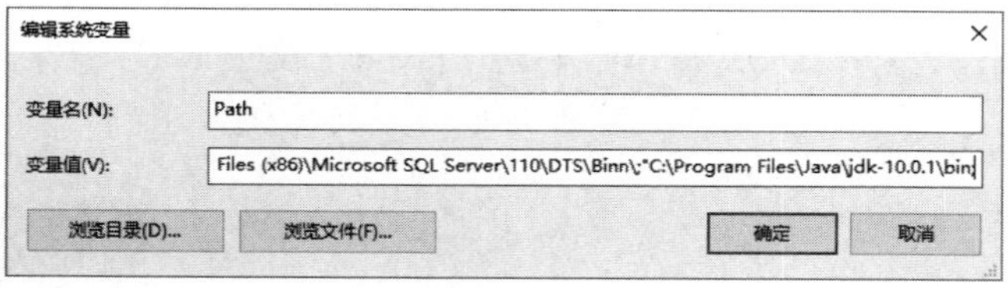

图 1.11 "编辑系统变量"对话框

(5) 在"变量值"文本框的最后面输入";C:\Program Files\Java\jdk-10.0.1\bin",注意有分号,主要是为了与前面原来的内容分隔开。完成编辑后,单击"确定"按钮。

(6) 在"环境变量"对话框中单击"新建"按钮,弹出"新建系统变量"对话框,如图 1.12 所示。在"变量名"文本框中输入"classpath",在"变量值"文本框中输入".;C:\Program Files\Java\ jdk-10.0.1\lib\tools.jar;C:\Program Files\Java\jdk-10.0.1\lib\dt.jar",如图 1.13 所示。完成编辑后,单击"确定"按钮,完成环境变量的配置。

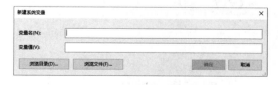

图 1.12 "新建系统变量"对话框

图 1.13 classpath 系统变量设置

说明:①设置 path 环境变量的目的是指向 JDK 的 bin 目录,在 bin 目录下放置了各种编译执行命令,通过该环境变量的设置,不管源文件在任何路径上,都可以通过该环境变量直接找到相应的命令对源文件进行编译执行，否则，必须将源程序复制到 bin 目录下，方可进行编译执行；②设置 classpath 环境变量的目的是当需要导入已经定义好的类时，可以直接从 classpath 类路径中查找，"."代表的是当前目录。

1.2.4 测试 Java 开发环境

配置完成后，需要测试配置是否正确，其具体步骤如下。

（1）单击"开始"按钮，在弹出的"开始"菜单中再选择"运行"命令，弹出如图 1.14 所示的对话框。在"打开"文本框中输入"cmd"，单击"确定"按钮，弹出如图 1.15 所示的窗口。

图 1.14　"运行"对话框

图 1.15　DOS 窗口

（2）在 DOS 窗口中输入"java -version"命令，此命令用于显示 Java 的版本信息，若安装成功将会出现如图 1.16 所示的界面，否则就应该返回去检查安装过程是否有问题。

（3）在 DOS 窗口中输入"javac"或"java"命令，如果出现如图 1.17 所示的 javac 或 java 命令选项参数，表示 Java 开发环境配置正确。

图 1.16　显示 Java 的版本信息

图 1.17　正确配置环境变量 javac 命令的选项参数信息

1.3　用命令行方式描述 Java 应用程序的开发过程

Java 的开发环境搭建好后，就可以编写 Java 程序了。根据结构组成和运行环境的差异，Java 程序共分为两类：Java 应用程序(Java Application)和 Java 小应用程序(Java Applet)。Java

应用程序是完整的程序，一般可以独立运行在 JVM；而 Java 小应用程序则是用 Java 语言开发的嵌在网页中的非独立程序，由 Web 浏览器内包含的 Java 解释器来解释执行。

本小节重点讲解 Java 应用程序的编辑、编译和运行过程。

1.3.1 源程序的编辑

为了让初学者加深对 Java 语言编辑、编译、运行过程的了解，该程序的编辑使用 Windows 自带的记事本。下面给出 Java 应用程序的编辑过程。

(1) 在合适的位置创建存放 Java 源程序的文件夹，例如设置在"D:\javacode"，在该文件夹中新建一个文本文档，在该文档中输入以下内容。

【例 1-1】第一个 Java 应用程序。

```java
// HelloJava.java
public class HelloJava{
    public static void main(String[] args){
        System.out.println("Hello Java! ");
    }
}
```

(2) 保存该文件，并将该文件命名为"HelloJava"，其扩展名为.java，完成源程序的编辑。

说明：

① Java 源文件的扩展名为".java"，在一个".java"源文件中可以包含一个或多个类，但最多只能有一个公共类(即用 public 修饰的 class)，并且 Java 源文件的名字必须和公共类的名字相同，所以例 1-1 程序的名字必须命名为"HelloJava"，其扩展名为".java"。

② Java 语言是区分大小写的。"HelloJava"与"hellojava"在 Java 中是两个不同的关键字。类的名字一般采用能反映该类实际意义的英文单词表示。在 Java 中，类的命名采用帕斯卡命名法，即每个单词的首字母大写，其余的小写；类中的变量和方法采用驼峰命名法，即第一个单词的首字母小写，其后每个单词的首字母大写以分割每个单词；常量全部大写。

③ 公共类中的 main 方法是 Java Application 程序的入口，它是公共的(public)、静态的(static)、没有返回值的(void)一个方法，其参数"String[] args"是接受字符串数组的命令行参数。

④ 语句"System.out.println("Hello Java!");"调用了 System 系统类中的静态成员 out 对象的 println 方法，其作用是在控制台上打印"Hello Java!"。

⑤ 在进行大的项目开发时，倘若此项目的代码有数百行甚至数千行，别人想读懂它，可能要花费的时间比编写此项目所耗费的时间还长。若在关键的或难以理解的代码上添加注释，不仅会节省分析代码的时间，而且也便于维护和修改。Java 注释主要有以下 3 种。

a.//注释一行，例如：

```
//第一个 Java 应用程序
```

b./*……*/注释若干行，例如：

```
/* Title:HelloJava.java
   Description:第一个 Java 应用程序，其功能是在控制台输出"Hello Java!"
```

```
   Author:张三
*/
```

c. /**......*/文档注释，注释若干行，并写入 javadoc 文档。

文档注释可以通过 javadoc 工具生成 HTML 格式的代码报告，所以文档注释必须书写在类、接口、字段、构造方法、方法等的定义之前。文档注释由两部分组成——描述和块标记。例如，对于类、接口的文档注释，描述部分用来书写该类的作用或者相关信息，块标记部分必须注明作者和版本。例如：

```
/**Title:HelloJava
*Description: 第一个 Java 应用程序，其功能是在控制台输出"Hello Java!"
*Copyright: Copyright (c) 2018
*Company:XXXX 科技有限公司
*
*@author Java Development Group
*@version 1.0
*/
```

1.3.2 源程序的编译

Java 源程序编辑好后，接下来要做的事情是将 Java 源文件(*.java)编译(compile)成 Java 类文件(*.class)，即使用"javac.exe"命令将"HelloJava.java"源文件编译生成"HelloJava.class"类文件。类文件是一种与平台无关的二进制文件。下面给出 Java 源程序的编译过程。

(1) 进入 DOS 窗口。单击"开始"按钮，选择"运行"命令，打开"运行"对话框，在"打开"右侧的下拉列表框中输入"cmd"，如图 1.18 所示。单击"确定"按钮，进入 DOS 窗口，如图 1.19 所示。

图 1.18　"运行"对话框

图 1.19　进入 DOS 窗口

(2) 进入源程序所在的目录。本例将 Java 源程序存放在"D:\javacode"文件夹中，必须进入该目录才能对"HelloJava.java"源文件进行编译。进入"D:\javacode"目录后，显示该文件夹中的内容，可以发现该文件夹中只有"HelloJava.java"一个文件，如图 1.20 所示。

(3) 编译源程序。通过命令"javac HelloJava.java"对源程序进行编译。编译成功后，会在源文件所在的目录中出现一个名称为"HelloJava.class"的类文件，这是一个二进制格式的字节码文件，如图 1.21 所示。

说明："javac"是 Java 语言的编译器，"HelloJava.java"是其参数，表示要编译的源文件，这两者中间用空格分隔开。

第 1 章　Java 语言概述

图 1.20　进入源文件所在的目录

图 1.21　编译源程序

1.3.3　字节码文件的运行

Java 语言是一种解释型语言，它的源文件编译生成的字节码文件不能直接运行在一般的操作系统平台上，必须运行在操作系统之外的软件平台 JVM 上。

运行编译源文件生成的.class 文件，通过命令"java HelloJava"对字节码文件进行解释执行，其输出结果如图 1.22 所示。

图 1.22　程序的输出结果

说明："java"是 Java 语言的解释器，"HelloJava"是参数，表示要解释执行的字节码文件，这两者中间用空格分隔开，但"HelloJava"后面不能带任何后缀，这与 Java 编译器的使用方式有所不同。

以 HelloJava.java 程序为例，其编辑、编译和运行过程可以由图 1.23 表示出来。

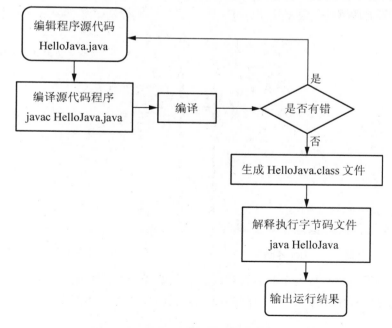

图 1.23　Java 程序的编辑、编译和运行过程

1.4 辅助工具简介

最基本的 Java 程序的编写方式是使用计算机上自带的文本编辑器，如记事本，但该工具的使用不是很灵活，它的编译和运行都要在 DOS 下进行，并且每次的编译运行都要进入文件所在的目录。于是，开发者开发了很多 Java 的辅助工具，如 UltraEdit、EditPlus、TextPad 等。它们都比较小巧，都提供了一个编辑器，可以编辑 Java 程序及 HTML 文件，并且用菜单或快捷键就可方便地调用 javac、java 及 appletviewer 命令来编译和运行 Java 程序。

对于小的 Java 程序开发，可采用韩国 Sangil Kim (ES-Computing)出品的 EditPlus 完成，其虽然小巧但是功能强大，是可处理文本、HTML 和程序语言的 Windows 编辑器。EditPlus 界面简洁美观，且启动速度快；中文支持比较好；支持语法高亮；支持代码折叠；配置功能强大，且实现比较容易，扩展性也比较强。它对大部分语言都支持，如 C/C++、Java、PHP、ASP、Perl、HTML 等。下面简单介绍一下 EditPlus 的安装及使用过程。

(1) EditPlus 的下载与安装。EditPlus 的安装程序可以在"http://www.editplus.com"官方网站免费下载。本书使用的 EditPlus 版本是 5.0，其安装程序文件名是 epp500_0651_64bit.exe。双击安装程序，按步骤完成 EditPlus 的安装。

(2) EditPlus 用户工具的配置。为了方便在 EditPlus 中调用编译和运行命令，需要设置 User Tool(用户工具)。选择菜单"Tools"下的"Configure User Tools"命令，在弹出的对话框中单击"Add Tool"按钮(见图 1.24)，选择"New Program"命令，如图 1.25 所示。

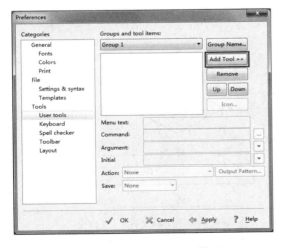

图 1.24 设置 User Tool 界面

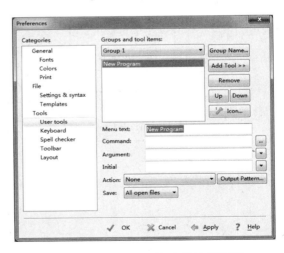

图 1.25 用户工具配置参数设置界面

(3) 设置编译命令。按表 1-1 中的参数来设置编译命令，如图 1.26 所示。

(4) 设置运行命令。按表 1-1 中的参数来设置运行命令，如图 1.27 所示。

表 1-1 设置编译、运行命令参数值

设 置 项	编 译	运 行
Menu text	compile	run
Command	C:\ProgramFiles\Java\jdk-10.0.1\bin\javac.exe	C:\ProgramFiles\Java\jdk-10.0.1\bin\java.exe
Argument	$(FileName)	$(FileNameNoExt)
Initial directory	$(FileDir)	$(FileDir)
Capture output	选中	不选中

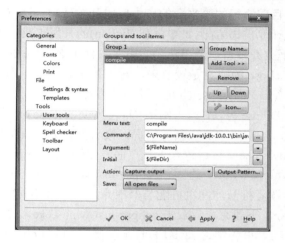

图 1.26 编译命令设置

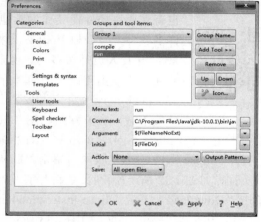

图 1.27 运行命令设置

说明：①在安装和使用辅助工具和集成开发工具之前要先安装 JDK；②编译和运行的"Capture output"可以选中也可以不选中，区别是它们输出的位置不同，选中时在程序的下方输出相关信息，不选中时其相关信息在控制台输出。

(5) EditPlus 中 Java 程序开发。选择"File→New→Java"命令，出现 EditPlus 程序开发界面，如图 1.28 所示。

(6) 编辑好源程序后，保存文件，其名字为"HelloJava.java"。

(7) 选择"Tools"菜单下的"compile"命令进行编译。

(8) 选择"Tools"菜单下的"run"命令运行程序。输出如图 1.29 所示的结果。

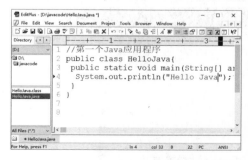

图 1.28 EditPlus 程序开发界面

图 1.29 程序输出结果

通过上述的操作步骤，可以实现使用 EditPlus 对一个 Java 文件从创建、编译到运行的过程。

1.5 Eclipse 集成开发工具简介

Eclipse 是一款由 IBM 公司于 1999 年开发的非常优秀的 Java 集成开发环境。它是一个开放源代码的、基于 Java 的可扩展开发平台。就其本身而言，它只是一个框架和一组服务，用于通过插件组件构建开发环境。由于众多插件的支持，使得 Eclipse 拥有其他功能相对固定的 IDE 软件很难具有的灵活性。Eclipse 是目前流行的跨平台的自由集成开发环境。目前也有人通过插件使其作为其他计算机语言(比如 C++和 Python)的开发工具。

【教学视频】

许多软件开发商以 Eclipse 为框架开发自己的 IDE。实际上，使用 Eclipse 的 Java 开发人员是最多的，但 Eclipse 的缺点是较复杂，对于初学者来说，理解起来比较困难。下面简单介绍一下 Eclipse 的安装及使用过程。

(1) Eclipse 的下载与安装。Eclipse 可以在官方网站"http://www.eclipse.org"免费下载，官方网站如图 1.30 所示(因网页更新等情况，读者打开的网页可能与书中介绍的略有不同)。单击首页的"Download"按钮进入下载页面，如图 1.31 所示。选择"Eclipse OXYGEN"版本，单击"Download 64 bit"进入"eclipse-inst-win64.exe"下载页面，如图 1.32 所示(因网页更新等情况，读者打开的网页可能与书中介绍的略有不同)。单击"Download"下载 eclipse-inst- win64.exe。下载完成后双击 eclipse-inst-win64.exe，进行安装，出现类型选择界面，如图 1.33 所示。在这里为学习 Java EE 打下基础，选择"Eclipse IDE for Java EE Developers"，按提示安装完成后，单击桌面的 图标启动 Eclipse，在首次运行 Eclipse 时，将会出现选择工作区对话框，如图 1.34 所示。

图 1.30　Eclipse 官方网站

图 1.31　Eclipse 下载页面

图 1.32 "eclipse-inst-win64.exe"下载页面

图 1.33 类型选择界面

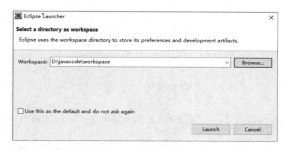

图 1.34 选择工作区对话框

该步骤的目的是选择工程存放的位置，可以使用默认的工作区，也可以通过"Workspace"文本框右边的"Browse"按钮，选择新的工作区，现在将工作区设置在"D:\javacode\workspace"。选中"Use this as the default and do not ask again"复选框，以后再启动 Eclipse，就将该工作区作为默认的工作区，不会再显示该对话框了。单击"Launch"按钮进入如图 1.35 所示的欢迎界面。

(2) 单击"Welcome"选项卡右侧的"关闭"按钮，进入如图 1.36 所示的 Eclipse 开发界面。

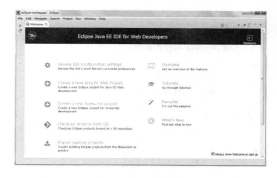

图 1.35 欢迎界面

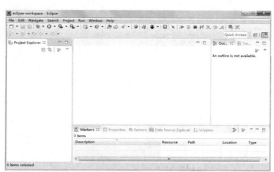

图 1.36 Eclipse 开发界面

(3) 选择"File→New→Project"命令，在出现的对话框中选择"Java Project"，出现"Create a Java Project"对话框，如图 1.37 所示。

(4) 在"Project name"文本框中输入项目的名称，本例输入的项目名称为"Project1"，单击"Finish"按钮完成工程的创建。工程创建完成后，会出现如图 1.38 所示的本项目的文件夹结构图。

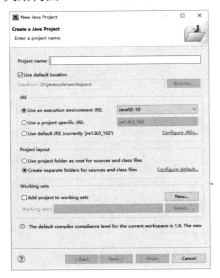

图 1.37 "Create a Java Project"对话框

图 1.38 项目的文件夹结构图

(5) 在 src 文件夹上右击，选择"new"菜单下的子菜单"class"选项。打开"New Java Class"对话框。在"Name"文本框中输入想要创建的类名，例如：HelloJava，如图 1.39 所示。

(6) 单击"Finish"按钮，会出现如图 1.40 所示的 HelloJava 类的代码编辑窗口。从图 1.40 可以看出，Eclipse 自动生成了类的头部和主方法的代码，只需要在 main()方法中添加用来输出 HelloJava 的代码就可以了，并且 Eclipse 有强大的代码提示功能，代码的编写非常方便。在 main()方法中添加的代码为"System.out.println("Hello Java");"。

图 1.39 新建类对话框

图 1.40 HelloJava 类的代码编辑窗口

(7) 编译项目。当代码编写完毕，单击"保存"按钮时，会自动进行编译。

(8) 运行项目。选择项目的根 Project1，单击工具栏中的 ▶ 按钮来运行工程，在控制台输出 "Hello Java"，如图 1.41 所示。

图 1.41　案例运行结果

通过上述步骤的操作，可以实现使用 Eclipse 对一个 Java 文件从创建、编辑、编译到运行的过程。

小　　结

本章首先简要介绍了 Java 语言的产生、Java 语言的特点，并对如何下载、安装 JDK，设置环境变量进行了概述。然后通过实例详细讲解了 Java 应用程序的编辑、编译和运行过程。最后对 Java 的开发工具，特别是 EditPlus 和 Eclipse 的安装和使用进行了详细的介绍。读者在学习本章时要动手操作，这样才能快速掌握本章的内容。

习　　题

一、填空题

1. Java 是_____公司推出的一种面向对象的程序设计语言。
2. Java 主要靠_____实现平台无关性。
3. 编译 Java 应用程序使用 javac.exe，运行 Java 程序使用_____。
4. Java 中设置环境变量时通常要设置 path 和_____两个环境变量。
5. 根据结构组成和运行环境的差异，Java 程序共分为两类：_____和_____。
6. 开发一个 Java 程序的步骤包括_____、_____、_____。
7. Java 源程序的扩展名是_____，经过编译后的程序的扩展名是_____。
8. Java 中形如 "/** 注释内容 */" 的注释称为_____。

二、简答题

1. 简述 Java 语言的特点。
2. 什么是 JDK？
3. 目前 Java 平台可分为哪几个版本？各自的用途是什么？
4. 请分别简述环境变量 path 和 classpath 的作用。

三、编程题

1. 试使用文本文档编写一个简单的 Java 应用程序，在控制台显示 "我的第一个 Java 程序！"。
2. 试使用 EditPlus 编写一个 Java 应用程序，在屏幕上显示 "我非常喜欢 Java 编程语言！"。

【第 1 章　习题答案】

第 2 章

Java 程序设计基础

学习目标

内　　容	要　　求
标识符、关键字的基本概念	熟悉
基本数据类型的分类	了解
各种基本数据类型的含义及其相互之间的转换	掌握
各种运算符的概念	了解
各种运算符的使用	掌握
Java 的流程控制	掌握
一维数组	掌握
多维数组	了解

　　程序设计基础部分，是任何编程语言的基础部分，Java 语言也不例外。Java 程序的语言要素主要由标识符、关键字和注释组成，并且不管多么复杂的运算，Java 程序都是由顺序结构、选择结构、循环结构和跳转结构 4 种控制结构组成。Java 语言的数据类型分为基本数据类型和引用数据类型，数组是 Java 语言中最简单也是最常用的引用数据类型。本章通过简单的 Java 程序对以上知识点进行讲解，开始 Java 程序设计的编程之旅。

【第 2 章　代码下载】

2.1 标识符与关键字

2.1.1 标识符

标识符实际上是一个名字,用来标识程序中要经常用到的类、对象、变量、方法、接口、数组、文件等。标识符可以由用户根据自己的需要自由定义,但必须满足以下规则。

【教学视频】

(1) 标识符是由字母、数字、下划线(_)和美元符号($)组成。
(2) 标识符只能由字母、下划线(_)、美元符号($)开始。
(3) Java 标识符区分大小写,name 和 Name 分别代表不同的标识符。
(4) 标识符没有长度限制,只要机器的内存容量可以满足,就可以取任意长度的名字。
(5) 在命名标识符时一般用能代表它含义的英文表示,使读者看到标识符就能知道它所表达的意思。
(6) 关键字和保留字不能作为标识符。

【例 2-1】合法的标识符示例。

```
name   $dollar  _sys  H  h  age  $_abc  number4  $456
```

【例 2-2】非法的标识符示例。

```
2i                //以数字 2 开头
%abc              //含有其他符号(%)
int               //是 Java 的关键字
serial-number     //含有其他符号(_)
```

2.1.2 关键字

Java 语言中预定义了一些具有特定含义的字符串,被称为关键字或保留字。Java 语言中的关键字都使用小写字母表示,熟练掌握 Java 语言的关键字能有效提高编程效率。目前 Java 语言提供了 50 个关键字,其中,const 和 goto 是目前保留但仍未使用的两个关键字,还没有具体的含义。Java 语言的关键字见表 2-1。

【教学视频】

表 2-1 Java 关键字

abstract	catch	else	goto	long	return	this	while
assert	char	extends	if	native	strictfp	throw	
byte	class	enum	implements	new	short	throws	
boolean	continue	final	import	package	static	transient	
break	default	finally	instanceof	private	super	try	
case	do	float	int	protected	switch	void	
const	double	for	interface	public	synchronzied	volatile	

2.2 数据类型

Java 是一种强类型编程语言,这意味着在 Java 程序中用到的所有变量都必须有明确定义的数据类型。Java 的数据类型可分为基本数据类型和引用数据类型两大类。Java 语言数据类型的层次结构如图 2.1 所示。

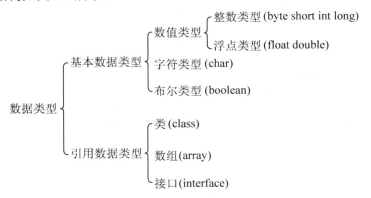

图 2.1 Java 数据类型层次结构图

基本数据类型和引用数据类型的差别在于基本数据类型的变量和对象句柄存储在栈内存中,占用大小固定的空间,可以通过变量名直接访问其值;所有的 Java 对象存储在堆内存中,堆内存是一个运行时的数据区,占用任意大小的空间,需要通过存储在栈内存中的对象引用来间接访问其值。

本小节中只介绍 Java 的基本数据类型,引用数据类型在以后的章节中将会详细讨论。

2.2.1 基本数据类型

由图 2.1 可以看出 Java 语言中定义了 4 类共 8 种基本数据类型。

整数类型:byte、short、int、long

浮点类型:float、double

字符类型:char

布尔类型:boolean

各种基本数据类型的基本信息见表 2-2。

表 2-2 Java 语言的基本数据类型

数据类型	占内存空间(字节数)	取 值 范 围	默 认 值
byte	1	−128〜127	0
short	2	−32 768〜32 767	0
int	4	−2 147 483 648〜2 147 483 647	0
long	8	−9 223 372 036 854 775 808〜9 223 372 036 854 775 807	0L
float	4	1.4e−45〜3.402 823 5e38	0.0f

续表

数据类型	占内存空间(字节数)	取 值 范 围	默 认 值
double	8	4.9e−324～1.797 693 134 862 315 7e308	0.0d
char	2	'\u0000'～'\uffff'	'\u0000'
boolean	1	true，false	false

在 C/C++语言中，基本数据类型所占的内存大小没有明确的定义，取决于编译器的具体实现环境。而在 Java 语言中，基本数据类型占用固定的内存长度，与具体的软硬件平台环境无关。例如，int 类型的数据永远是 32 位，这体现了 Java 语言的跨平台特性。同时，Java 语言的每种数据类型都对应一个默认的数值，使得这种数据类型变量的取值总是确定的，这充分体现了 Java 语言的安全性。

2.2.2 常量

常量是指在程序执行的过程中，其值不能改变的量。声明常量要用 final 关键字。
例如：

```
final int MALE=1;
```

说明：
(1) 常量的命名规则是每个字母都大写。
(2) 在程序执行的过程中如果想对常量重新赋值，编译将会出错。

在 Java 语言中，常量一般分为整型常量、浮点型常量、布尔型常量、字符型常量和字符串型常量。

1. 整型常量

在 Java 语言中，整型常量可分为以下 3 种。

(1) 十进制整型：十进制整型常量是由 0～9 组成的数字序列，并且该序列的第一个数字不能是 0(单独一个 0 除外)。例如：234，−12，0。

(2) 八进制整型：八进制整型常量的第一个数字是 0，其后是由 0～7 组成的数字序列。例如：011 代表十进制的数字 9，016 代表十进制的数字 14。

(3) 十六进制整型：十六进制整型常量是以"0x"或"0X"开头，其后是十六进制的数字序列。十六进制的数字序列由数字 0～9 和字母 A～F 组成。例如：0x12 表示十进制的数字 18，−0x1A 表示十进制的数字−26。

2. 浮点型常量

浮点型常量是指可以含有小数部分的数值常量。根据占用内存长度的不同，浮点型常量可以分为单精度浮点型常量和双精度浮点型常量两种类型。单精度浮点型常量占 4 个字节，在其数字后跟一个 f 或 F；双精度浮点型常量占 8 个字节，在其数字后跟一个 d 或 D。其中，双精度浮点型常量后的 d 或 D 可以省略，所以，如果一个浮点型常量后没有跟任何字母，该数字默认为双精度浮点型常量。

浮点型常量只能采用十进制表示法，有传统计数法(小数形式)和科学计数法两种形式。
(1) 传统计数法：由整数部分、小数点和小数部分组成。例如：12.3d，0.123f，−123.0。

(2) 科学计数法：当一个数字很大或很小时，可以使用科学计数法表示。例如：1.23e3，1.23e-3。

3. 布尔型常量

布尔型常量只有两个值：true(真)和 false(假)。

4. 字符型常量

字符型常量是用一对单引号括起来的单个字符，例如 'a' '2'。Java 中的字符数据是 16 位无符号型数据，使用的是 Unicode 字符集。

转义字符是一种特殊的字符型常量，具有特殊的含义，很难用一般方式表达。转义字符以反斜线(\)开头，后跟一个或几个字符。常用的转义字符见表 2-3。

表 2-3 转义字符

转 义 字 符	含 义	Unicode 值
\n	换行	\u000a
\t	水平制表符	\u0009
\b	空格	\u0008
\r	换行	\u000d
\f	换页	\u000c
\'	单引号	\u0027
\"	双引号	\u0022
\\	反斜杠	\u005c
\ddd	3 位八进制	—
\udddd	4 位十六进制	—

5. 字符串型常量

字符串型常量是用双引号括起来的由 0 个或更多个字符组成的序列。字符串型常量里可以包含转义字符。例如："Hello World" "Lucy\n How are you!"。在 Java 中，字符串型常量是作为 String 类的一个对象来处理的，而不是一个基本数据类型。

2.2.3 变量

变量是指在程序执行的过程中，其值可以改变的量。变量在程序中起着十分重要的作用，所以读者应熟练掌握。

根据其存储类型的不同，基本数据类型的变量可分为：整型变量、浮点型变量、字符型变量和布尔型变量。

【例 2-3】各种基本数据类型的声明与初始化。

```java
// DataDeclare.java
public class DataDeclare{
    public static void main(String[] args) {
        int x,y;                    //声明两个整型变量
        x = 5;                      //为整型变量 x 赋初值
```

```
            y = 4;                    //为整型变量 y 赋初值
            float f = 1.32f;          //声明 float 类型变量并赋初值
            double d = 2.35;          //声明 double 类型变量并赋初值
            char c ='a';              //声明 char 类型变量并赋初值
            char s = '\\';            //声明 char 类型变量并赋初值为转义字符
            boolean b = true;         //声明布尔类型变量并赋初值
            System.out.print("x="+x+"\n"+"y="+y+"\n");
            System.out.print("f="+f+"\n"+"d="+d+"\n");
            System.out.print("c="+c+"\n"+"s="+s+"\n");
            System.out.println("b="+b);
        }
}
```

案例运行效果如图 2.2 所示。

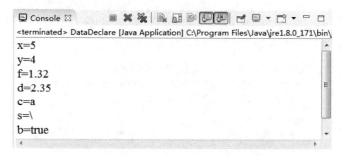

图 2.2　例 2-3 运行结果

2.2.4　基本数据类型之间的转换

数据类型转换是指常量或变量从一种数据类型转换为另一种数据类型。在 Java 中，基本数据类型的转换主要包括两种情况：自动转换和强制类型转换。

【教学视频】

1．自动转换

自动转换是指系统自动地转换数据类型，是从低精度数据向高精度数据的转换。各基本数据类型之间的自动转换关系如图 2.3 所示。

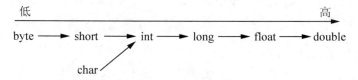

图 2.3　基本数据类型之间的自动转换

【例 2-4】基本数据类型之间的自动转换。

```
//AutoConvert.java
public class AutoConvert{
    public static void main(String[] args){
        byte b = 68;
```

```
        char c = 'a';
        short s = b;            //将 byte 类型转换为 short 类型
        int i1 = s;             //将 short 类型转换为 int 类型
        int i2 = c;             //将 char 类型转换为 int 类型
        long l = i2;            //将 int 类型转换为 long 类型
        float f = i1;           //将 int 类型转换为 float 类型
        double d1 = l;          //将 long 类型转换为 double 类型
        double d2 = s+i1;       /*先将 short 类型转换为 int 类型，再将 int 类型转换为
                                  double 类型*/
        System.out.println(i2);
        System.out.println(l);
        System.out.println(f);
        System.out.println(d2);
    }
}
```

案例运行效果如图 2.4 所示。

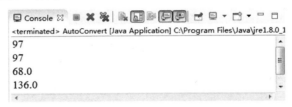

图 2.4　例 2-4 运行结果

由输出结果可以看出，当把 char 类型的数据转换为数值类型时，实际是将 char 类型数据的 Unicode 赋值给数值类型。

注意：在数据很大时，当 int 类型和 long 类型向 float 类型转换、long 类型向 double 类型转换时可能会有精度的损失。

2. 强制类型转换

强制类型转换是指强制性地将数据的类型进行转换，是从高精度向低精度的转换，需要用到强制类型转换符"(type)"。强制类型转换的方向是图 2.3 逆着箭头的方向。

强制类型转换的具体语法格式如下。

(目标类型)表达式；

【例 2-5】强制类型转换。

```
// ForConvert.java
public class ForConvert{
    public static void main(String[] args){
        float f = 97.65f;
        double d= 132.15;
        int x = (int)f;             //将 float 类型强制转换为 int 类型
        char c = (char)x;           //将 int 类型强制转换为 char 类型
        int y = (int)d;             //将 double 类型强制转换为 int 类型
```

```
        System.out.println(x);
        System.out.println(c);
        System.out.println(y);
    }
}
```

案例运行效果如图 2.5 所示。

图 2.5　例 2-5 运行结果

由输出结果可以看出，把 int 类型的数据转换为 char 类型，实际是将该数值看成 Unicode（char 类型的数据是 Unicode 对应的字符）。

2.3　运算符与表达式

2.3.1　运算符

运算符就是用来对操作数进行运算的符号。Java 中的运算符，基本上可分为算术运算符、关系运算符、逻辑运算符、赋值运算符、位运算符和条件运算符等。

1．算术运算符

算术运算符主要用在数学表达式中，Java 语言主要定义了"+""-""*""/""%"5 个双目运算符，"++""--""-"3 个单目运算符。Java 语言提供的算术运算符见表 2-4。

表 2-4　算术运算符的含义及示例

算术运算符	含　义	用　法	示　例
+	加法	op1+op2	a+b
-	减法	op1-op2	a-b
*	乘法	op1*op2	a*b
/	除法	op1/op2	a/b
%	模运算	op1%op2	a%10
++	自增运算	op1++或++ op1	a++；++a
--	自减运算	op1--或-- op1	b--；--b
-	取反运算	-op1	-a

【例 2-6】字符与整型数据之间的转换。

```
// CharToInt.java
public class CharToInt{
    public static void main(String[] args){
```

```
        int a=5;
        boolean b = true;
        char c = 'a';
        //int r1 = a+b;算术运算符不能用在布尔类型上,编译出错
        int r2 = a+c;
        System.out.println("a+c="+r2);
    }
}
```

案例运行效果如图 2.6 所示。

图 2.6　例 2-6 运行结果

说明：由图 2.6 可以看出，算术运算符可以用在 char 类型上。在 Java 中，实际上是把 char 类型看作是 int 类型的一个子集。所以例 2-6 的程序中"a+c"的输出结果是 102，实际上是将 a 的值"5"与字符'a'的 Unicode 码值"97"相加。

注意：算术运算符的运算数必须是数字类型。算术运算符不能用在布尔类型上。

【例 2-7】整数除法。

```
//IntDiv.java
public class IntDiv{
    public static void main(String[] args){
        int a = 2/5;
        int b = 4/5;
        double c = 14/5;
        //int d = 14/0;              //会出现被 0 除异常
        System.out.println("2/5="+a);
        System.out.println("4/5="+b);
        System.out.println("14/5="+c);
    }
}
```

案例运行效果如图 2.7 所示。

图 2.7　例 2-7 运行结果

说明：由图 2.7 可以看出，整型除法总是返回整数作为商，其结果四舍五入到个位，即使其结果存储在浮点型的变量中也是如此。所以例 2-7 程序的运行结果为"0，0，2.0"。

注意：一个整数除以零，则会产生一个被 0 除异常(编译通过，运行时异常)。

【例 2-8】浮点除法。

```java
// FloatDiv.java
public class FloatDiv{
    public static void main(String[] args){
        double d1 = 2.0/5;
        double d2 = 2/5.0;
        double d3 = 2.0/0;
        double d4 = -2.0/0;
        System.out.println("2.0/5="+d1);
        System.out.println("2/5.0="+d2);
        System.out.println("2.0/0="+d3);
        System.out.println("-2.0/0="+d4);
    }
}
```

案例运行效果如图 2.8 所示。

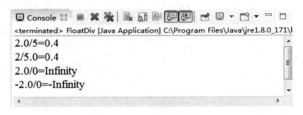

图 2.8 例 2-8 运行结果

说明：当一个正浮点型数除以 0 时，会产生一个正无穷大的值 Infinity；当一个负浮点型数除以 0 时，会产生一个负无穷大的值-Infinity。

【例 2-9】求余运算。

```java
// CalMod.java
public class CalMod{
    public static void main(String[] args){
        System.out.println("17mod4="+17%4);
        System.out.println("17mod-4="+17%-4);
        System.out.println("-17mod4="+-17%4);
        System.out.println("17.0mod4="+17.0%4);
        System.out.println("17.3mod0="+17.3%0);
        //System.out.println("17/0="+17/0);//运行时报错，被 0 除异常
    }
}
```

案例运行效果如图 2.9 所示。

说明：由图 2.9 可以看出，求余运算时，只有被除数为负时余数才能为负，与除数的符号无关。

图 2.9　例 2-9 运行结果

Java 中对于取余操作，其操作数可以是浮点型。在浮点数求余运算时，如果被除数为 0，则结果为 NaN，表示不知道是什么结果。

2. 关系运算符

关系运算符用来比较两个值的大小关系，其运算结果是个布尔型值：true 或 false。Java 语言提供的关系运算符都是双目运算符，见表 2-5。

表 2-5　关系运算符

运算符	含义	用法	返回结果
>	大于	op1 > op2	若 op1 大于 op2，则结果为 true，否则为 false
>=	大于等于	op1 >= op2	若 op1 大于或等于 op2，则结果为 true，否则为 false
<	小于	op1 < op2	若 op1 小于 op2，则结果为 true，否则为 false
<=	小于等于	op1 <= op2	若 op1 小于或等于 op2，则结果为 true，否则为 false
==	等于	op1 == op2	若 op1 等于 op2，则结果为 true，否则为 false
!=	不等于	op1 != op2	若 op1 不等于 op2，则结果为 true，否则为 false

注意：关系运算的结果返回 true 或 false，而不是 C/C++ 的数字 1 或 0。

3. 逻辑运算符

逻辑运算主要是用来实现布尔型数据的逻辑"与""或""非"运算，运算结果仍然是布尔型数据。其中，"与"和"或"是双目运算符，"非"是单目运算符。Java 语言提供的逻辑运算符见表 2-6。

表 2-6　逻辑运算符

运算符	运算	用法	返回结果
&&	逻辑与	op1 && op2	op1，op2 都 true 时结果才为 true
||	逻辑或	op1 || op2	op1，op2 都 false 时结果才为 false
!	逻辑非	! op1	op1 为 true 时结果为 false，op1 为 false 时结果为 true

4. 赋值运算符

赋值运算符是双目运算符，其作用是为变量赋值。Java 中的赋值运算符有两种：普通赋值运算符和扩展赋值运算符。普通赋值运算符"="的左边是变量，右边是表达式。扩展赋值运算符可以看作是相应的二元运算与赋值运算的结合，主要包括"+=""-=""*=""/=" "%=""&=""\|="等。

【例2-10】扩展赋值运算符的使用。

【教学视频】

```
// Test.java
public class Test{
    public static void main(String[] args){
        int a = 12;
        a +=12;  //等价于 a=a+12;
        System.out.println("a="+a);
        int b = 25;
        b/=6;// 等价于 b=b/6;
        System.out.println("b="+b);
    }
}
```

案例运行效果如图 2.10 所示。

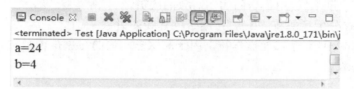

图 2.10 例 2-10 运行结果

扩展赋值运算符有两个好处：①比标准的等式要紧凑；②有助于提高 Java 的运行效率。由于这些原因，在 Java 的专业程序中，经常会看见这些简写的赋值运算符。

注意：在赋值运算时，当两侧的数据类型不一致时，如果左边变量的数据类型级别高，则右边的数据转化为与左边相同的数据类型，然后将转换后的值赋给左边变量；否则，要使用强制类型转换运算符转换数据类型。

5. 位运算符

位运算主要是将整数操作数转换成二进制数据，然后再进行按位比较和移位运算，同时，位运算也可以对逻辑值进行"与"和"或"运算。当"&"连接的两个逻辑值都为 true 时，整个表达式的值为 true，否则为 false；当"|"连接的两个逻辑值都为 false 时，整个表达式的值为 false，否则为 true。Java 中提供的位运算符见表 2-7。

表 2-7 位运算符

运算符	用法	描述
&	op1&op2	按位与：若两位都为 1 则为 1，否则为 0
|	op1|op2	按位或：若两位之一为 1 或都为 1 则为 1，否则为 0
∧	op1∧op2	按位异或：当且仅当其中一位为 1 时为 1，否则为 0
~	~op	按位取反：1 变为 0，0 变为 1
>>	op1>>op2	将 op1 中的所有二进制位向右移动 op2 位，左侧用符号位填充
<<	op1<<op2	将 op1 中的所有二进制位向左移动 op2 位，右侧用 0 填充
>>>	Op1>>>op2	将 op1 中的所有二进制位向右移动 op2 位，左侧用 0 填充

6. 条件运算符

条件运算符"?："是唯一一个三目运算符，其具体语法格式如下。

表达式 1？表达式 2：表达式 3；

先求解表达式 1，若其值为 true，则将表达式 2 的值作为整个表达式的取值，否则将表达式 3 的值作为整个表达式的取值。例如：max=(x>y)?x:y 就是将 x 和 y 二者中较大的一个赋给 max。

7. 其他运算符

除了上面介绍的几类运算符外，Java 语言还支持以下几类运算符。

(1) 强制类型转换运算符"(type)"：将某一种类型的值转换为 type 类型。
(2) 下标运算符"[]"：用于数组的声明、创建和访问数组元素。
(3) 分量运算符"."：用于访问实例对象的成员。
(4) 动态内存分配运算符"new"：用于创建新的对象。
(5) instanceof：是一个二元操作符，用于测试它左边的对象是否是它右边的类的实例，返回布尔类型的数据。

2.3.2 表达式

表达式是由运算符与操作数组成的式子。操作数包括常量、变量、方法和其他名字的标识符。一个常量或变量是最简单的表达式。

表达式主要用来进行计算，并返回计算结果。在 Java 中，表达式主要有以下几种：算术表达式、关系表达式、逻辑表达式和赋值表达式。

例如：

```
a + b/10          //算术表达式
a>b               //关系表达式
a>2&&a<10         //逻辑表达式
a = a+b;          //赋值表达式
```

在上面的例子中，第一个表达式关系到先加还是先除的问题，第三个表达式关系到是先做大于、小于还是逻辑与的问题。这就涉及在复合表达式中，运算符的优先级问题。Java 中对于运算符的优先级做了规定，其具体规定见表 2-8。

表 2-8 运算符的优先级及结合性

优 先 级	运 算 符	结 合 性
1	. [] ()(方法调用)	从左向右
2	+(单目运算取正)-(单目运算取负) ～ ！++ -- (type) new	从右向左
3	* / %	从左向右
4	+ -	从左向右
5	>> << >>>	从左向右
6	< <= > >= instanceof	从左向右

续表

优先级	运算符	结合性
7	== !=	从左向右
8	&	从左向右
9	^	从左向右
10	|	从左向右
11	&&	从左向右
12	||	从左向右
13	? :	从右向左
14	= += *= /= -= *= /= %= ^= &= |= >>= <<= >>>=	从右向左

2.4 控制结构

控制结构的作用是控制程序中语句的执行顺序，它是结构化程序设计的关键。结构化程序设计的基本原则是"自顶向下，逐步细化"，它大致可分为顺序结构、选择结构、循环结构和跳转结构 4 种。

2.4.1 顺序结构

顺序结构是最简单、最基本的流程控制。在顺序结构中，只要按照解决问题的顺序写出相应的语句，程序就会自上而下，依次执行每条语句。顺序结构示意图如图 2.11 所示。

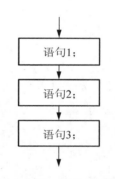

图 2.11 顺序结构的执行过程

【例 2-11】顺序结构程序。

```java
// Sequence.java
public class Sequence{
    public static void main(String[] args) {
        int a = 1;
        int b = 3;
        int c = a+b;
        System.out.println("c="+c);
    }
}
```

2.4.2 选择结构

Java 语言提供了两种基本的选择结构语句：if 语句和 switch 语句。用这两个语句可以形成 4 种形式的选择结构。

1. if 语句

if 语句是单分支选择结构，它针对某种条件做出相应的处理。if 语句的具体语法格式如下。

```
if(条件表达式){
   语句块;
}
```

如果条件表达式为真(true)，则执行块内语句；否则，将跳过该语句块，直接执行该语句块后面的其他语句。if 语句的流程图如图 2.12 所示。

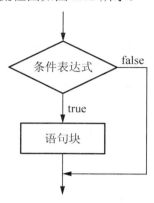

图 2.12　if 语句的流程图

【例 2-12】if 语句示例程序。

```java
// IfDemo.java
public class IfDemo{
    public static void main(String[] args) {
        int x = 10;
        int y = 5;
        if(x>y){
            System.out.println("x>y");
        }
        if(x<y){
            System.out.println("x<y");
        }
    }
}
```

案例运行效果如图 2.13 所示。

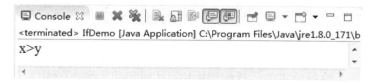

图 2.13　例 2-12 运行结果

说明：

(1) if 语句后不能加分号，否则，不管条件是否满足，if 语句后的代码块将始终执行。

(2) 如果语句块中只有单条语句，可以不使用"{}"，但是建议使用"{}"，这样有利于程序的扩展和避免编程的错误。

2. if-else 语句

if-else 语句是双分支选择结构。if-else 语句用来判定一个条件表达式的值,当值为真(true)时执行一个操作,值为假(false)时执行另一个操作。if-else 语句的具体语法格式如下。

```
if(条件表达式){
    语句块 1;
}
else{
    语句块 2;
}
```

如果条件表达式为真(true),则执行语句块 1;否则,执行语句块 2。if-else 语句的流程图如图 2.14 所示。

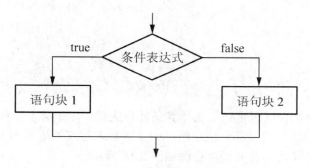

图 2.14　if-else 语句的流程图

【例 2-13】if-else 语句示例程序。

```
// IfElse1.java
public class IfElse1{
    public static void main(String[] args) {
        int x =10;
        int y = 5;
        if(x>y){
            System.out.println("x>y");
        }
        else{
            System.out.println("x<y");
        }
    }
}
```

案例运行效果如图 2.15 所示。

说明：if-else 语句类似于条件运算符 "? :"。

3. if 语句的嵌套

对于复杂的情况,可以嵌套使用 if-else 语句。

```
 Console ⌧
<terminated> IfDemo [Java Application] C:\Program Files\Java\jre1.8.0_171\b
x>y
```

图 2.15　例 2-13 运行结果

在 if 语句的语句块中可以是任何合法的 Java 语句,当然也包括 if 语句本身。因此,如果在 if 语句的语句块中仍然是 if 语句,则构成 if 语句的嵌套结构,从而形成多分支选择结构的程序。其具体语法格式如下。

```
if (条件表达式 1){
    语句块 1;
}else if (条件表达式 2)
    语句块 2;
}
…
else if (条件表达式 n)
    语句块 n;
} else{
    语句块 n+1;
}
```

if 语句的嵌套的执行过程是:依次计算条件表达式,如果某个条件表达式的值为 true,就执行它后面的语句块,其余部分被忽略;如果所有表达式的值都为 false,就执行最后一个 else 后的语句块。if 语句的嵌套流程图如图 2.16 所示。

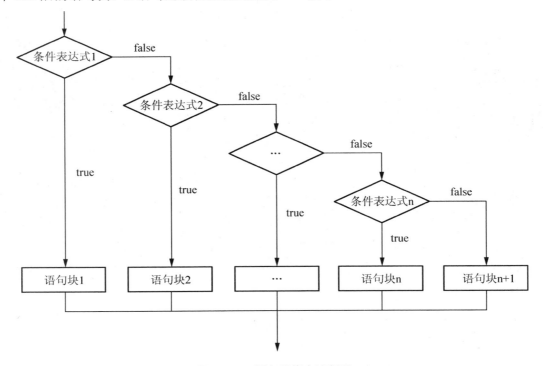

图 2.16　if 语句的嵌套流程图

【例2-14】if语句的嵌套示例程序。

```java
// IfElse2.java
public class IfElse2{
    public static void main(String[] args) {
        int javascore = 85;
        char grade;
        if (javascore >= 90) {
            System.out.println("成绩为：优秀");
        } else if (javascore >= 80) {
            System.out.println("成绩为：良好");
        } else if (javascore >= 70) {
            System.out.println("成绩为：中等");
        } else if (javascore >= 60) {
            System.out.println("成绩为：及格");
        } else {
            System.out.println("成绩为：不及格");
        }
    }
}
```

案例运行效果如图2.17所示。

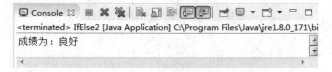

图2.17 例2-14运行结果

【例2-15】企业发放的奖金根据利润提成。利润(profit)低于或等于10万元时，奖金(bonus)可提10%；利润高于10万元，低于20万元时，低于10万元的部分按10%提成，高于10万元的部分，可提成7.5%；20万元到40万元之间时，高于20万元的部分，可提成5%；40万元到60万元之间时，高于40万元的部分，可提成3%；60万元到100万元之间时，高于60万元的部分，可提成1.5%；高于100万元时，超过100万元的部分按1%提成。从键盘输入当月利润profit，求应发放奖金总数。

程序分析：当profit为10万元时，bonus为1万元；当profit为20万元时，bonus为1.75万元；当profit为40万元时，bonus为2.75万元；当profit为60万元时，bonus为3.35万元；当profit为100万元时，bonus为3.95万元。所以当profit低于或等于10万元时，bonus=profit*0.1；当profit高于10万元，低于或等于20万元时，bonus=(profit－10) * 0.075 + 1；当profit高于20万元，低于或等于40万元时，bonus = (profit－20) * 0.05 + 1.75；当profit高于40万元，低于或等于60万元时，bonus = (profit－40) * 0.03 + 2.75；当profit高于60万元，低于或等于100万元时，bonus = (profit－60) * 0.015 + 3.35；当profit高于100万元时，bonus = (profit－100) * 0.01 + 3.95。

```java
// Profit.java
import java.util.Scanner;
```

```java
public class Profit {
    public static void main(String[] args) {
        double profit = 0;
        double bonus = 0;
        System.out.println("请输入你创造的利润(单位：万元):");
        Scanner scanner = new Scanner(System.in);
        profit = scanner.nextDouble();
        while (profit != 0) {

            if (profit <= 10) {
                bonus = profit * 0.1;
            } else if (profit <= 20) {
                bonus = (profit - 10) * 0.075 + 1;
            } else if (profit <= 40) {
                bonus = (profit - 20) * 0.05 + 1.75;
            } else if (profit <= 60) {
                bonus = (profit - 40) * 0.03 + 2.75;
            } else if (profit <= 100) {
                bonus = (profit - 60) * 0.015 + 3.35;
            } else {
                bonus = (profit - 100) * 0.01 + 3.95;
            }
            System.out.println(profit + "万元利润，可以获得："
                                + bonus + "万元");
            System.out.println("请输入你创造的利润(单位：万元):");
             profit = scanner.nextDouble();
        }
    }
}
```

案例运行效果如图 2.18 所示。

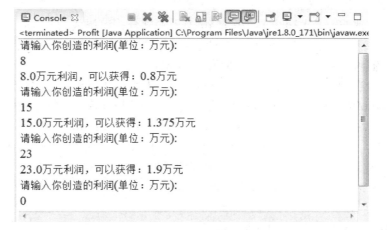

图 2.18　例 2-15 运行结果

说明：Scanner 类是 JDK5.0 新增的类，它是使用正则表达式来解析基本类型和字符串的简单文本扫描器。Scanner 使用分隔符模式将其输入分解为标记，默认情况下该分隔符模式与空格匹配。可以使用不同的 next()方法将得到的标记转换为不同类型的值，例如方法 next()、nextByte()、nextDouble()、nextFloat()、nextInt()、nextLine()、nextLong()、nextShort()等。对于 Scanner 类的详细讲解，读者可参看 API 帮助文档。

4. switch 开关语句

当要从多个分支中选择一个分支去执行，虽然可用 if 嵌套语句来实现，但当程序的分支较多时，程序的可读性就会大大降低，这时可以使用 switch 开关语句来实现，它可以清楚地处理多分支选择问题。Switch 开关语句根据测试表达式的值来决定执行多个操作中的哪一个，其具体格式如下。

【教学视频】

```
switch(测试表达式){
    case 值1:
        语句块1;
        break;
    case 值2:
        语句块2;
        break;
        …
    case 值n:
        语句块n;
        break;
    [ default:语句块 n+1;]
}
```

说明：

(1) switch 后面的测试表达式的类型必须是 byte、char、short 和 int 类型。

(2) 值 1 到值 n 必须是和测试表达式类型相同的常量，并且它们之间的值应互不相等，否则会出现同一个值有两种或多种执行方式的情况。

(3) case 后面的语句块可以不用花括号括起。

(4) break 语句的功能是当程序执行完选中的分支后，可以跳出整个 switch 语句。如果没有 break 语句，则程序不会做任何判断，而去继续执行它后面的 case 语句块，直到碰到 break 语句或执行完语句块 n+1 为止。

(5) default 语句是可选的。

(6) switch 语句并不能代替所有的 if 嵌套语句。这是因为 switch 结构的条件是一个值，而 if-else 结构的条件可以是一个范围。

switch 开关语句的执行过程是首先计算测试表达式的值，如果其值和某个 case 后的值相等，就执行该 case 里的语句块，直到碰到第一条 break 语句为止，如果没有碰到 break 语句，就直至执行完语句块 n+1 结束。若测试表达式的值与任何一个常量表达式的值都不相等，直接执行语句块 n+1。switch 开关语句的流程图如图 2.19 所示。

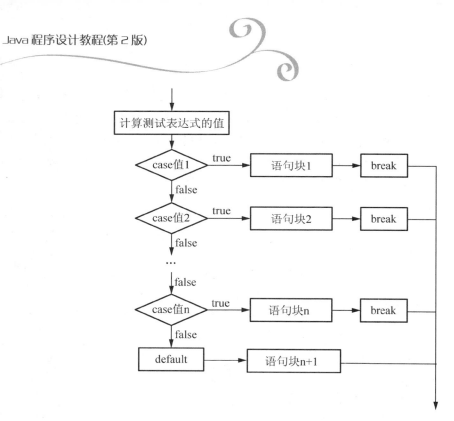

图 2.19 switch 开关语句流程图

【例 2-16】switch 结构示例程序。

```
//SwitchDemo.java
import java.util.Scanner;
public class SwitchDemo{
    public static void main(String[] args){
        Scanner sc = new Scanner(System.in);
        System.out.println("请输入一个1-7的整数：");
        int day = sc.nextInt();
        switch(day){
            case 1:System.out.println("Monday");break;
            case 2:System.out.println("Tuesday");break;
            case 3:System.out.println("Wednesday");break;
            case 4:System.out.println("Thursday");break;
            case 5:System.out.println("Friday");break;
            case 6:System.out.println("Saturday");break;
            case 7:System.out.println("Sunday");break;
            default: System.out.println("错误的星期");
        }
    }
}
```

案例运行效果如图 2.20 所示。

如果不同 case 语句中的常量之后的语句块相同，就可以合并这几个 case 语句，具体语法格式如下：

图 2.20 例 2-16 运行结果

```
case 值1:
case 值2:
    ...
case 值n:
语句块;
break;
```

【例 2-17】该程序显示 2011 年某个月的总天数，因为 1、3、5、7、8、10 和 12 月的天数都是 31 天，4、6、9 和 11 月的天数是 30 天，2 月份的天数为 28 天，所以，switch 语句可以简化写。

```
//Day.java
import java.util.Scanner;
public class Day {
    public static void main(String[] args) {
        Scanner sc = new Scanner(System.in);
        System.out.println("请输入月份: ");
        int month = sc.nextInt();
        switch (month) {
        case 1:
        case 3:
        case 5:
        case 7:
        case 8:
        case 10:
        case 12:
            System.out.println(" 该月 31 天");
            break;
        case 4:
        case 6:
        case 9:
        case 11:
            System.out.println(" 该月 30 天");
            break;
        case 2:
            System.out.println(" 该月 28 天");
            break;
        default:
            System.out.println("错误的月份");
```

        }
    }
}

2.4.3 循环结构

在编程的过程中，经常会对某段代码反复执行，直到满足条件为止，这就要用到循环结构。Java 语言支持的循环语句主要包括 for、while 和 do-while 3 种。

1. for 语句

for 语句适用于明确知道循环次数的程序，for 语句的具体语法格式如下。

```
for([初值表达式];[条件表达式];[步进表达式]){
    循环体语句;
}
```

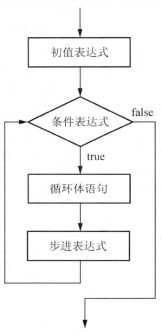

图 2.21 for 语句的流程图

说明：

(1) 初值表达式在循环过程中只被执行一次，通常用来对循环进行初始化。

(2) for 语句的 3 个表达式都是可选的。当初值表达式为空时，必须在 for 语句前对循环控制变量赋初值。当条件表达式为空时，默认条件都为真。当步进表达式为空时，如果在循环体语句中没对循环变量操作，循环变量的值恒为初始值。

(3) 使用 for 循环，还要注意初值、终值和增量的搭配。终值大于初值时，增量应为正值；终值小于初值时，增量应为负值。这是实现正常循环避免陷入死循环的关键。

for 语句的执行过程如下。

(1) 计算"初值表达式"的值，完成必要的初始化工作。

(2) 判断"条件表达式"的值，若"条件表达式"的值为真，则进行过程(3)，否则进行过程(4)。

(3) 执行循环体，然后计算"步进表达式"的值，以便改变循环条件，进行过程(2)。

(4) 结束 for 语句的执行。

for 语句的流程图如图 2.21 所示。

【例 2-18】用 for 语句求出 1～10 所有整数的和。

```java
// ForSum.java
public class ForSum{
    public static void main(String[] args){
        int i,sum = 0;
        for(i = 1;i<=10;i++){
            sum = sum+i;
        }
        System.out.println("1～10 的整数和为："+sum);
```

        }
    }

【例 2-19】 计算阶乘 n!的程序。

```
// Factor.java
public class Factor {
    public static void main(String args[]) {
        int fact=1,n=5;
        for (int i=1; i<=n;i++) fact=fact*i;
        System.out.println("5!="+fact);
    }
}
```

说明：程序中的第 5 行使用一条 for 语句，通过"累乘"计算得到 5!，所以程序输出结果是：5!=120。

for 语句也可以嵌套使用，即在一个 for 语句内部嵌套着另外的 for 语句。使用嵌套的循环语句可以进行一些复杂的运算或者打印有规律的图案。以二重 for 循环为例，其具体语法格式如下。

```
for([初值表达式 11]；[条件表达式 12]；[步进表达式 13]){
        for([初值表达式 21]；[条件表达式 22]；[步进表达式 23]){
            内层循环体语句；
        }
}
```

嵌套 for 语句的执行过程如下。

(1) 计算外层 for 语句中的"初值表达式 11"的值，完成外层 for 语句必要的初始化工作。

(2) 判断"条件表达式 12"的值，若"条件表达式 12"的值为真，则执行内层 for 语句，即执行过程(3)，否则进行过程(8)。

(3) 计算内层 for 语句中的"初值表达式 21"的值，完成内层 for 语句必要的初始化工作。

(4) 判断"条件表达式 22"的值，若"条件表达式 22"的值为真，则进行过程(5)，否则进行过程(6)。

(5) 执行内层循环体语句，然后计算"步进表达式 23"的值，以便改变内层循环条件，进行过程(4)。

(6) 结束内层 for 语句的执行。

(7) 计算外层 for 循环"步进表达式 13"的值，以便改变外层循环条件，进行过程(2)。

(8) 结束外层 for 语句的执行，即整个循环嵌套结束。

【例 2-20】 用二重 for 循环打印九九乘法表。

```
// Jiujiu.java
public class Jiujiu{
    public static void main(String[] args){
        int sum;
```

```
        for(int i = 1;i<=9;i++){            // 外层 for 循环控制输出的行数
            for(int j = 1;j<=i;j++){        //内层 for 循环控制每行输出的数据个数
                sum = i*j;
                System.out.print(i+"*"+j+"="+sum+" ");
            }
            System.out.println();
        }
    }
}
```

案例运行效果如图 2.22 所示。

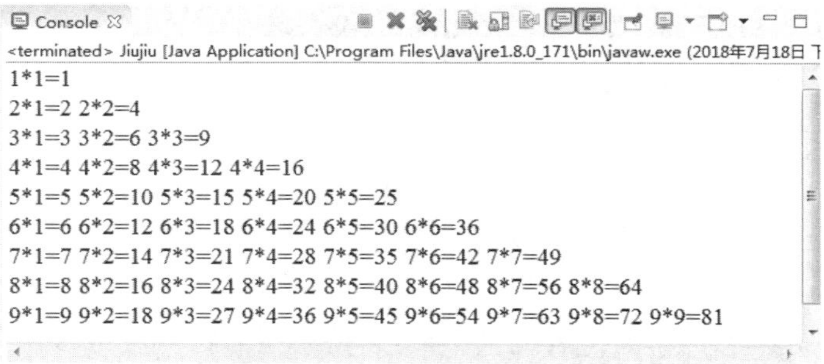

Console
<terminated> Jiujiu [Java Application] C:\Program Files\Java\jre1.8.0_171\bin\javaw.exe (2018年7月18日
1*1=1
2*1=2 2*2=4
3*1=3 3*2=6 3*3=9
4*1=4 4*2=8 4*3=12 4*4=16
5*1=5 5*2=10 5*3=15 5*4=20 5*5=25
6*1=6 6*2=12 6*3=18 6*4=24 6*5=30 6*6=36
7*1=7 7*2=14 7*3=21 7*4=28 7*5=35 7*6=42 7*7=49
8*1=8 8*2=16 8*3=24 8*4=32 8*5=40 8*6=48 8*7=56 8*8=64
9*1=9 9*2=18 9*3=27 9*4=36 9*5=45 9*6=54 9*7=63 9*8=72 9*9=81

图 2.22　例 2-20 运行结果

2. while 语句

while 语句适用于事先不能确定循环到底执行多少次，但只知道循环执行条件的程序。while 语句的具体语法格式如下。

```
while(条件表达式){
    循环体语句;
}
```

while 语句的执行过程是：先判断条件表达式的值，若值为真，则执行循环体语句，然后再回去判断条件表达式的值，如此反复，直至条件表达式的值为 false，跳出 while 循环体；若值为假，将跳过该循环体语句，直接执行循环体语句后面的其他语句。while 语句的流程图如图 2.23 所示。

条件表达式
false
true
循环体语句

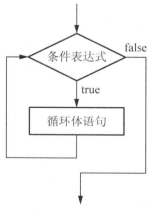

图 2.23　while 语句的流程图

【例 2-21】用 while 语句求出 1～10 的和。

```
// WhileSum.java
public class WhileSum{
    public static void main(String[] args) {
        int sum = 0;
        int i = 1;
        while(i<=10){
            sum = sum+i;
            i++;
        }
        System.out.println("1~10 的整数和为: "+sum);
    }
}
```

说明：用 while 语句可以替代 for 语句。

【例 2-22】有一张厚一毫米的布，面积足够大，将它数次对折。问对折多少次，其厚度可以达到珠穆朗玛峰的高度。

```java
// CountTest.java
public class CountTest {
    public static void main(String args[]) {
        final int TARGET_HEIGHT = 8844430;    // 高度,单位为毫米
        int height = 1;                        // 纸的高度
        int count = 0;                         // 对折次数
        while (height < TARGET_HEIGHT) {
            height *= 2;                       // 相当于对折一次
            count++;
        }
        System.out.println("需要对折" + count+ "次");
    }
}
```

说明：程序中的第 7 到 10 行使用一条 while 循环语句，通过每次的高度乘以 2 来计算出对折后的高度，程序输出结果是：需要对折 24 次。

3. do-while 语句

do-while 语句适用于希望先执行一次循环体，并且事先不能确定循环到底执行多少次，但知道循环执行条件的程序。do-while 语句的具体语法格式如下。

```
do{
        循环体语句;
}while(条件表达式);
```

注意：while(条件表达式)后面有 ";"。

do-while 语句的执行过程是：先执行一次循环体语句，然后再判断条件表达式的值，若值为真，则再次执行循环体语句，如此反复，直到条件表达式的值为 false，跳出 do-while 循环，执行后面的语句。do-while 语句的流程图如图 2.24 所示。

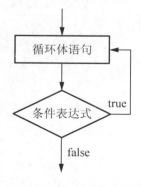

图 2.24 do-while 语句的流程图

【例 2-23】 用 do-while 语句求出 1~10 的和。

```java
// DoWhileSum.java
public class DoWhileSum{
    public static void main(String[] args) {
        int sum = 0;
        int i = 1;
        do{
            sum = sum+i;
            i++;
        } while(i<=10);
        System.out.println("1~10 的整数和为: "+sum);
    }
}
```

说明:

(1) 3 种循环结构可以嵌套使用。

(2) do-while 循环语句与 while 循环语句的区别仅在于 do-while 循环中的循环体至少执行一次，而 while 循环中的循环体可能一次也不执行。

2.4.4 跳转结构

跳转结构的实现主要是依靠跳转语句。跳转语句的作用就是把控制转移到程序的其他部分。Java 语言支持 3 种跳转语句: break、continue 和 return。

1. break

在 Java 语言中，break 语句的用途主要有两个: (1)在 switch 语句中，强制退出 switch 结构，执行 switch 结构后的语句; (2)在循环语句(for、while 和 do-while)中，强制退出循环。在循环语句中，break 语句一般与 if 语句一起使用，当满足一定条件时跳出循环。在多层循环中，break 语句只跳出当前这一层循环，而不能跳出整个循环。

【教学视频】

【例 2-24】 break 示例程序。

```java
// TestBreak.java
public class TestBreak{
    public static void main(String[] args) {
        int i,sum = 0;
        for(i = 1;i<=10;i++){
            sum = sum+i;
            if(i==5)
                break;
        }
        System.out.println("1-"+i+"的整数和为: "+sum);
    }
}
```

输出结果为 1~5 的整数和，遇到 break 跳出 for 循环。

2. continue

continue 语句只能用在循环语句(for、while 和 do-while)中,它的作用是跳过循环体中本次尚未执行的语句,重新开始下一轮循环。continue 和 break 语句的区别是:break 停止循环体的执行的同时,跳出当前的循环语句,继续往下执行;而 continue 只是停止 continue 后面的循环体的执行,然后跳到循环开始的地方重新执行。

【教学视频】

【例 2-25】continue 示例程序。

```
// TestContinue.java
public class TestContinue{
    public static void main(String[] args) {
        int i,sum = 0;
        for(i = 1;i<=10;i++){
            if(i<=5)
                continue;
            sum+=i;
        }
        System.out.println("sum = "+sum);
    }
}
```

输出结果为 40,是 6～10 的整数和。

3. return

Java 中的 return 语句总是用在方法中,通常位于方法体的最后一行。它有两个作用:一是返回方法指定类型的值,即带值返回;二是结束方法的执行,即不带值返回。具体语法格式如下。

(1) return;

(2) return 表达式;

如:

```
return;                //不带值返回
return false;          //返回 false
return x-y;            //返回 x-y 的值
return larger ();      //返回 larger ()方法计算的结果
```

如图 2.25 所示,箭头线指示程序执行的过程。

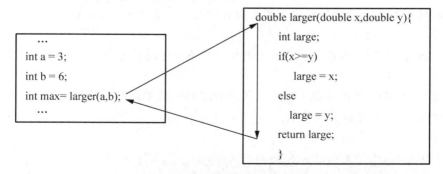

图 2.25 return 的执行过程

执行语句"max= larger(a,b);"时，程序转到方法"larger(double x,double y)"处执行，遇到 return 语句则返回到语句"max= larger(a,b);"处，并把其返回值赋给 max。如果方法中没有 return 语句，则函数体执行到最后一条语句后自动返回。

注意：返回值的数据类型如果与方法声明中的返回值类型不一致，要使用自动转换或强制类型转换来保持类型一致。

2.5 数　　组

在现实生活中，经常需要处理一批具有相同类型、相同特征的连续数据。例如，定义一个班级 30 位学生的姓名、定义 10 个整型数据，如果用以前学到的知识，分别定义 30 个学生姓名变量和 10 个整型变量，显然工作量是很大的，于是，Java 语言提供数组这种数据结构来保存和处理这类数据。

数组是任何编程语言都具有的数据结构。在 Java 语言中，它是具有相同数据类型的有序数据的集合，是一种引用数据类型。在数组中，每个变量称为数组元素，数组元素的数据类型可以是 Java 的任何数据类型(包括基本类型和引用类型)。数组所包含的元素的个数称为数组的长度，由数组的数据成员 length 表示。数组的长度在数组对象创建之后就固定了，不能再发生改变。数组元素的下标是相对于数组第一个元素的偏移量，所以第一个元素的下标为 0，以此类推。下标值可以是一个整型常量，也可以是一个整型表达式，其取值范围为 0～(数组长度-1)。

根据数组的维数可以将数组分为一维数组和多维数组，下面将分别对它们进行介绍。

2.5.1　一维数组

1. 一维数组的声明

在 Java 语言中，通常可以使用两种方式声明一维数组，其具体语法格式如下。

数据类型[]　数组名；

或者

数据类型　数组名[]；

说明：

(1) 数据类型可以是任何数据类型，如 double、int、char、boolean、类和 String 数组。
(2) 数组名是合法的标识符。
(3) 方括号"[]"表示定义的是一个数组，而不是普通的一个变量或对象，有几个"[]"就表示是几维数组。
(4) 方括号"[]"里面不能有数字。因为数组的长度不是在声明时指定的，而是在创建时由所开辟的内存单元数目确定的。

例如：

```
int[] a,score;          //声明两个整型数组 a 和 score
char c[];               //声明一个字符数组
```

```
Person[] p;            //声明一个 Person 类对象的数组
int a[3];              //非法，Java 语言中声明数组不能指定其长度
```

声明数组类型的变量并没有真正创建数组，只是给出了数组变量的名字和元素的数据类型，由于数组是引用数据类型，所以此时数组引用的值是 null，表示没有指向堆内存的任何对象。图 2.26 给出声明数组元素为整型的数组 a 的内存分配图。

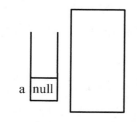

图 2.26　数组声明的内存分配图

2．一维数组的创建

声明完数组后，要想真正地使用数组，还必须为数组分配内存空间，即创建数组(也叫作实例化数组)。创建数组使用关键字 new，其具体语法格式如下。

数组名=new 数组类型[n];

说明：n 表示所创建的数组元素的个数。

例如：

```
a = new int[5];
p = new Person[10];
```

数组的声明和创建也可以采取下述语法格式一步完成。

数据类型[] 数组名=new 数据类型[n];

或者

数据类型 数组名[]=new 数据类型[n];

例如：

```
int[] a = new int[5];                //创建一个含有 5 个整型元素的数组
Person[] p = new Person[10];         //创建一个含有 10 个 Person 类对象的数组
```

用 new 关键字为一个数组分配内存空间后，系统将为每个数组元素赋予一个默认值，这个默认值取决于数组元素的类型。基本数据类型的默认值见表 2-2，引用类型的数组在创建时元素的默认值为 null。在实际应用中，用户应根据具体情况对数组元素重新进行赋值。图 2.27 给出创建数组元素为整型的数组 a 的内存分配图。

注意：数组一旦创建之后，其长度不能再改变。

3．一维数组的初始化

数组的初始化就是不希望使用系统赋予的默认初始值，自行给数组元素赋初值。数组的初始化分为静态初始化和动态初始化两种。

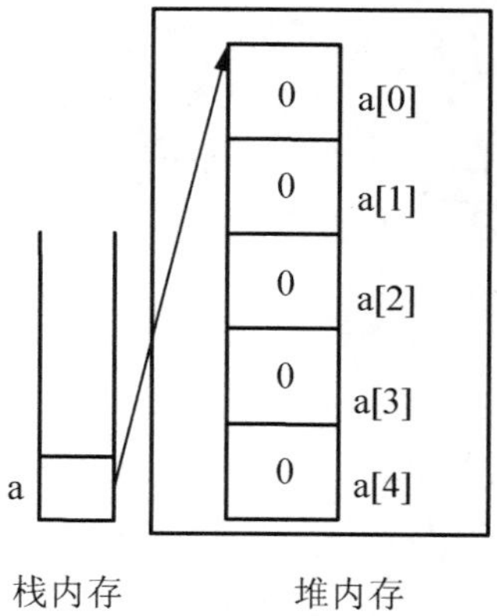

图 2.27　创建数组的内存分配图

(1) 静态初始化

静态初始化是指在定义数组的同时就为数组元素分配空间并赋值，这种方式通常用于数组元素个数不多的情况。其具体语法格式如下。

数据类型[] 数组名={元素 1, 元素 2, ……, 元素 n};

或者

数据类型 数组名[]={元素 1, 元素 2, ……, 元素 n};

其中，元素 1，……，元素 n 必须具有相同的类型。

例如：int a[] = {1, 2, 3, 4}
String[]week= { "Monday", "Tuesday", "Wednesday", "Thursday", "Friday", "Saturday", "Sunday" }

在上面的初始化中，虽然没有指定数组的长度，但给出了初值个数，这时，系统会自动根据所给的初值个数计算出数组的长度，并根据数据类型分配相应的空间。上面的第一行代码定义了含有 4 个整型元素的数组，系统会自动计算出该数组的长度为 4，即 a.length 的值为 4。第二行代码定义了含有 7 个 String 型元素的 String 型数组，系统会自动计算出该数组的长度为 7，即 week.length 的值为 7。

(2) 动态初始化

动态初始化是指数组的声明与为数组分配空间和赋值的操作分开进行。

【例 2-26】一维数组动态初始化示例。

```java
// InitArray1.java
public class InitArray1{
    public static void main(String[] args) {
        int[] a = new int[5];
        //初始化数组
        for(int i = 0;i<a.length;i++){
            a[i] = i;
        }
        //打印数组元素
        for(int i = 0;i<a.length;i++){
            System.out.println("a["+i+"]="+a[i]);
        }
    }
}
```

案例运行效果如图 2.28 所示。

图 2.28　例 2-26 运行结果

图 2.29 给出初始化后数组元素为整型的数组 a 的内存分配图。

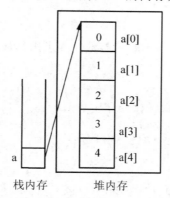

图 2.29 数组初始化的内存分配图

4. 一维数组的使用

当定义了一个数组,并用 new 运算符为其分配完内存空间后,就可以通过数组名和下标来引用数组中的每个元素了。一维数组元素引用的具体语法格式如下。

```
数组名[index];
```

说明：index 表示数组元素的下标,是整型的常量或表达式,它从 0 开始,取值范围是 0~(数组长度-1)。

例如：

```
int[] a=new int[10];        //创建含有 10 个整型元素的数组
a[3]=25;                    //正确的赋值语句
a[3+6]=90;                  //正确的赋值语句
a[10]=8;                    //错误的赋值语句,下标越界
```

Java 语言与 C、C++不同,它对数组元素进行越界检查,以保证安全性。当数组下标越界,会抛出异常,如将例 2-26 中的 "a.length" 改成 6,抛出如图 2.30 所示的异常。

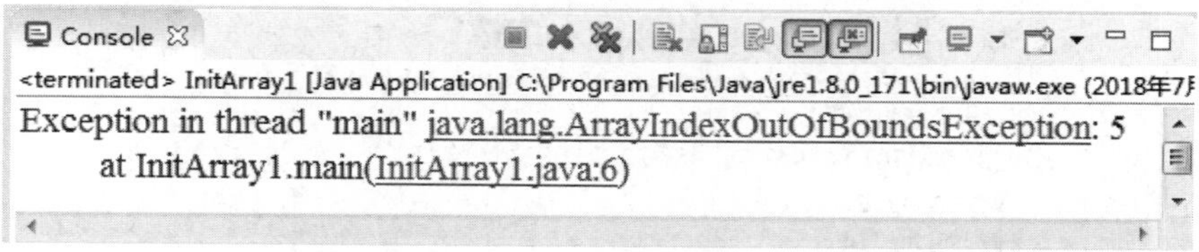

图 2.30 数组下标越界异常

Java 语言中,创建的数组长度一般用数组的数据成员 length 表示,这样在程序运行的过程中,可以动态地指定数组的大小而不容易出错。

例如：

```
int[ ] a=new int[10];
for(int i =0;i<=a.length-1;i++){
   a[i] = i;
}
```

a.length 的值为 10，数组的下标从 0～(a.length-1)，即 0～9。

5. 一维数组的举例

【例 2-27】随机产生 10 个 1～100 的整数，并求出其最大值与最小值。

```java
// Ran.java
public class Ran{
    public static void main(String[] args){
        int[] a = new int[10];                        //定义含 10 个整数的数组
        for(int i = 0;i<a.length;i++){
            a[i] = (int)(Math.random()*100)+1;        //用随机数为每个数组元素赋初值
        }
        System.out.println("这十个随机数为：");
        for(int i = 0;i<a.length;i++){                //用 a.length 获取数组的长度
            System.out.print(a[i]+" ");
        }
        System.out.println();
                                                      //将最大值和最小值都设成第一个数
        int max = a[0];
        int min = a[0];
        for (int i = 1; i < a.length; i++) {
            if (a[i] > max)
                max = a[i];                           //遍历数组,如果大于 max,就把它的值赋给 max
            if (a[i] < min)
                min = a[i];                           //同上，如果小于 min,就把它的值赋给 min
        }
        System.out.println("最大值为："+max);
        System.out.println("最小值为："+min);
    }
}
```

案例运行效果如图 2.31 所示。

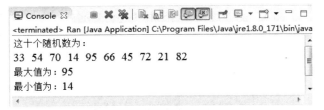

图 2.31　例 2-27 运行结果

【教学视频】

说明：Math 类位于 java.lang 包下，可以直接使用，不需要导入。该类中包含用于执行基本数学运算的方法和常量，如初等指数、对数、平方根、三角函数和常量 PI 等。对于 Math 类的详细讲解读者可参看 5.4 节 Math 类。

【例 2-28】使用选择排序对给定的数据排序，并将数组作为方法的参数。

```java
// SelectSort.java
public class SelectSort {
    public static void selectionSort(int[] b) {
        for(int i=0; i<b.length; i++) {
            int k=i;                    //变量k用来保存数组中未排序元素值最小的下标
            for(int j = i+1; j < b.length; j++) {
                if(b[k] > b[j])
                    k=j;
            }
            if(k!=i){
                int temp = b[i];
                b[i] = b[k];
                b[k] = temp;
            }
        }
    }
    public static void main(String args[]) {
        int[] a ={1,7,3,9,2,5,8,4,6};          //静态初始化
        System.out.println("要排序的数据为：");
        for(int i=0;i<a.length;i++){
            System.out.print(a[i]+" ");
        }
        selectionSort(a);        //将数组a作为方法的参数，传递的实际是该数组对象的句柄
        System.out.println("\n排序后的数据为：");
        for(int i=0;i<a.length;i++){
            System.out.print(a[i]+" ");
        }
    }
}
```

案例运行效果如图 2.32 所示。

图 2.32 例 2-28 运行结果

说明：因为数组是引用数据类型，所以传递数组实际上传递的是数组的起始地址(即引用)。语句 "selectionSort(a);" 中数组名 a 作为实参，是把数组 a 的起始地址传递给方法 "selectionSort(int[] b)" 中的形参数组 b，这样，实参数组 a 和形参数组 b 共用同一段内存单元。在 "selectionSort(int[] b)" 方法中对形参数组 b 中各元素进行排序，也就是对实参数组 a 中的元素进行排序，所以，最后输出数组 a 中的数据是排序后的数据。同理，将数组作为返回值类型，返回的也是数组的起始地址(即引用)。

2.5.2 多维数组

Java语言不支持多维数组,但是一个数组元素可以被声明为任何数据类型,因而其元素也可以是数组类型。多维数组可以看作是数组的数组。以二维数组为例,二维数组可看成是一个特殊的一维数组,其每个元素都是一个一维数组。

本小节以二维数组为例讲解,高维数组的情况也是类似的。

1. 二维数组的声明

二维数组的声明方式和一维数组一样,也有两种方式,其具体语法格式如下。

数据类型[][] 数组名;

或者

数据类型 数组名[][];

说明:

(1) 数据类型可以是任何数据类型,包括基本类型和引用类型。
(2) 数组名是合法的标识符。
(3) 两个方括号"[]"表示声明的是二维数组,前面的方括号表示行,后面的方括号表示列。
(4) 两个方括号"[]"里面不能有数字,因为数组的长度不是在声明时指定的。

例如:

```
int[][] matrix;        //声明一个数据类型为整型的二维数组
char c[][];            //声明一个数据类型为字符型的二维数组
```

2. 二维数组的创建

声明二维数组类型的变量并没有真正创建二维数组,要想真正地使用二维数组,还必须为其分配内存空间,即创建二维数组(也叫作实例化二维数组)。创建二维数组使用关键字new,其具体语法格式如下。

数组名 = new 数组类型[n][m];

说明:

(1) n表示所创建的二维数组的行数。
(2) m表示所创建的二维数组的列数。
(3) n必须存在,m可以存在也可以不存在,因为Java中多维数组的声明和初始化应从高维到低维。

二维数组的声明和创建也可以采取下述语法格式一步完成。

数据类型[][] 数组名 = new 数据类型[n][m];

或者

数据类型 数组名[][]= new 数据类型[n][m];

例如：

```
matrix = new int[5][4];
```

创建一个二维整型数组，并将其引用赋值给变量 matrix。数组 matrix 的元素个数是 5，其中，每个元素都是包含 4 个整型元素的一维数组。

```
int[][] a = new int[3][];
a[0] = new int[2];
a[1] = new int[3];
a[2] = new int[4];
```

创建一个二维整型数组，并将其引用赋值给变量 a，数组 a 的元素个数是 3，其中，第一个元素是包含 2 个整型元素的一维数组，第二个元素是包含 3 个整型元素的一维数组，第三个元素是包含 4 个整型元素的一维数组。由此可见，在 Java 中，多维数组中的每个数组的长度不一定相同，也就是说，Java 中的多维数组可以是不规则的数组。

```
int b[][] = new int [][3];   //非法，必须从高维到低维
```

3．二维数组的初始化

(1) 静态初始化

静态初始化是指在定义二维数组的同时就为数组元素分配空间并赋值，这种方式通常用于数组元素个数不多的情况。

例如：

```
int a[][] = {{1,2},{3,4},{5,6,7}};
int b[3][2] = {{1,2},{3,4},{5,6}};//非法
```

对于静态初始化，不必给出二维数组每一维的大小，系统会根据给出的初始值的个数自动计算出数组每一维的大小。

(2) 动态初始化

动态初始化是指二维数组的声明与为二维数组分配空间和赋值的操作分开进行。

【例 2-29】二维数组动态初始化示例。

```
// InitiArray2.java
public class InitiArray2{
    public static void main(String[] args){
        int[][] a = new int[2][3];
        //初始化数组
        for(int i = 0;i<a.length;i++){//a.length 表示数组的行数，其值为 2
            for(int j = 0;j<a[i].length;j++){
                                        //a[i].length 表示数组第 i 行的元素个数
                a[i][j] = i+j;          //为每个数组元素赋初值，其值为行号+列号的值
                //输出每个数组元素
                System.out.print("a["+i+"]["+j+"]="+a[i][j]+"\t");
            }
            System.out.println();
```

        }
      }
    }

案例运行效果如图2.33所示。

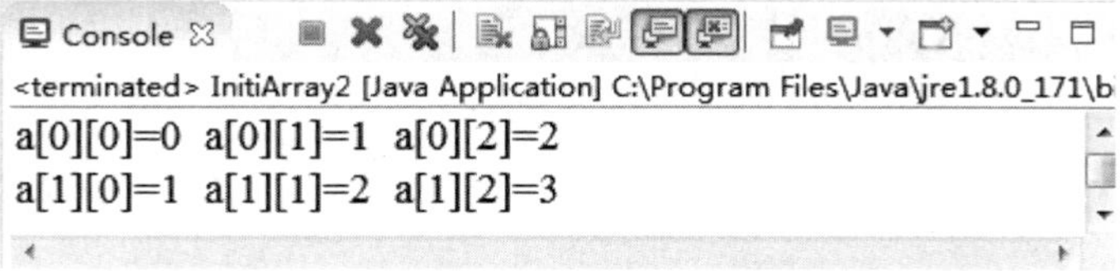

图2.33 例2-29运行结果

4. 二维数组的使用

二维数组元素引用的具体语法格式如下。

```
数组名[index1] [index2];
```

说明：index1表示数组元素所在的行，index2表示数组元素所在的列。index1和index2都是整型的常量或表达式，其取值范围是0~(该维的长度-1)。

【例2-30】两个矩阵相乘，其原理矩阵$A_{m \times n}$，$B_{n \times p}$相乘得到$C_{m \times p}$，每个元素$C_{i \times j} = \sum_{k=1}^{n} A_{ik} \times B_{kj} (i=1,\cdots,m; j=1,\cdots p)$。

```java
// MatrixMultiply.java
public class MatrixMultiply{
    public static void main(String[] args){
        int[][] a = {{2,3,7},{1,4,6}};
        int[][] b = {{3,4,5,2},{2,7,1,6},{4,3,8,1}};
        int[][] c = new int[2][4];
        for(int i = 0;i<2;i++){
            for(int j = 0;j<4;j++){
                c[i][j] = 0;
                for(int k = 0;k<3;k++)
                    c[i][j] += a[i][k]*b[k][j];
            }
        }
        System.out.println("矩阵A为: ");
        for(int i = 0;i<a.length;i++){
            for(int j = 0;j<a[i].length;j++){
                System.out.print(a[i][j]+" ");
            }
            System.out.println();
        }
        System.out.println("矩阵B为: ");
        for(int i = 0;i<b.length;i++){
            for(int j = 0;j<b[i].length;j++){
```

```
            System.out.print(b[i][j]+" ");
        }
        System.out.println();
    }
    System.out.println("矩阵 A 与 B 的乘积 C 矩阵为：");
    for(int i = 0;i<c.length;i++){
        for(int j = 0;j<c[i].length;j++){
            System.out.print(c[i][j]+" ");
        }
        System.out.println();
    }
  }
}
```

案例运行效果如图 2.34 所示。

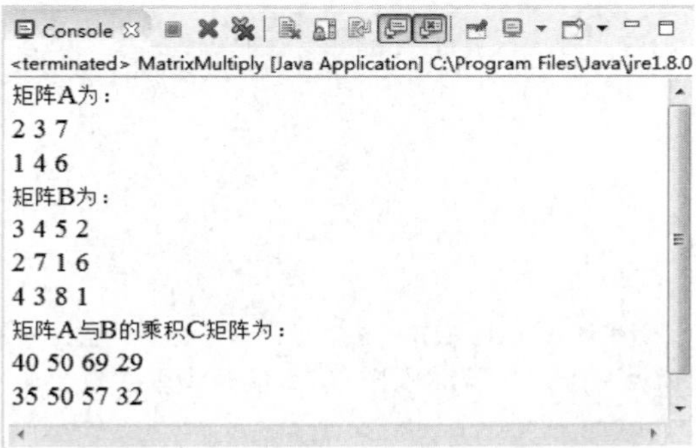

图 2.34　例 2-30 运行结果

2.6　案 例 分 析

2.6.1　最大公约数和最小公倍数

输入两个正整数 m 和 n，求其最大公约数和最小公倍数。

程序分析： 利用辗转相除法求最大公约数，具体步骤如下。

(1) 给定两个正整数 m 和 n，假定 n>m。

(2) 求 r = n MOD m。

(3) 令 n=m，m=r。

(4) 判断 r=0 是否成立，若成立，令 r=n，则 m，n 的最大公约数就是 r，输出 r；否则返回步骤(2)，继续执行。

求出最大公约数后就可以很方便地求最小公倍数，最小公倍数为 m×n÷r。

```
//GongBei.java
package example;
import java.util.Scanner;
public class GongBei {
```

```java
    public static void main(String[] args) {
        Scanner sc = new Scanner(System.in);
        System.out.println("输入第一个数: ");
        int m = sc.nextInt();
        System.out.println("输入第二个数: ");
        int n = sc.nextInt();
        System.out.println("最大公约数: " + gongyue(m, n));
        System.out.println("最小公倍数: " + gongbei(m, n));
    }
    public static int gongyue(int m, int n) {// 最大公约数
        if (m > n) {
            int t = m;
            m = n;
            n = t;
        }
        while (m != 0) {
            int r = n % m;
            n = m;
            m = r;
        }
        return n;
    }
    public static int gongbei(int m, int n) {// 最小公倍数
        int g = gongyue(m, n);//求出m, n的最大公约数
        return m * n / g;
    }
}
```

案例运行效果如图 2.35 所示。

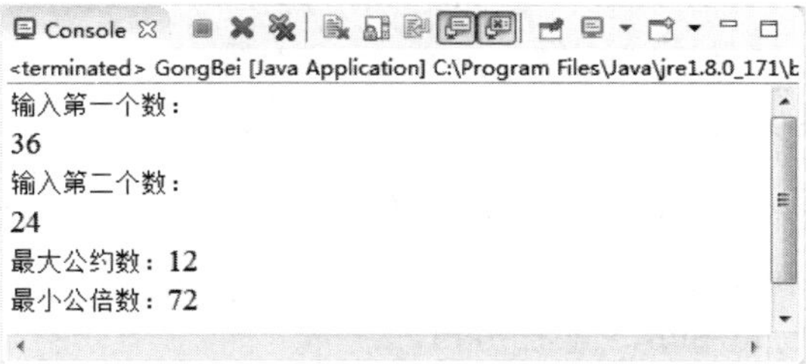

图 2.35　最大公约数和最小公倍数的运行结果

2.6.2　百鸡问题

编写百鸡问题的计算程序。公鸡 5 文钱一只，母鸡 3 文钱一只，小鸡 3 只一文钱，用 100 文钱买一百只鸡，其中公鸡、母鸡、小鸡都必须要有，问公鸡、母鸡、小鸡要各买多少只刚好凑足 100 文钱？

```
//HundredChicken.java
package example;
```

```
public class HundredChicken {
    public static void main(String[] args) {
        for (int x = 1; x < 20; x++) {            // x为可买公鸡的数量
            for (int y = 1; y < 33; y++) {        // y为可买母鸡的数量
                int z = 100 - x - y;              // z为小鸡的数量
                if ((x * 5 + y * 3 + z / 3 == 100) && z % 3 == 0) {
                    System.out.println("公鸡:" + x + "只\t母鸡:" + y
                            + "只\t小鸡:" + z+"只");
                }
            }
        }
    }
}
```

案例运行效果如图 2.36 所示。

图 2.36　百鸡问题程序结果

2.6.3　猴子吃桃子问题

猴子第 1 天摘下 N 个桃子，当时就吃了一半，还不过瘾，就又吃了一个。第 2 天又将剩下的桃子吃掉一半，又多吃了一个。以后每天都吃前一天剩下的一半零一个。到第 10 天再想吃的时候就剩一个桃子了，求第 1 天共摘下多少个桃子？

程序分析：假如每天有 x 个桃子，猴子吃了一半加一个，就是吃了 $\frac{x}{2}+1$ 个，那么剩余 $x-\left(\frac{x}{2}+1\right)=\frac{x}{2}-1$ 个；这样，第 2 天有 $\frac{x}{2}-1$ 个桃子供当天使用。

我们可以看出其规律：今天的桃子个数+1 再乘 2 等于昨天的桃子个数。用上面的表达式就是 $\left(\frac{x}{2}-1+1\right)\times 2 = x$。因此，只要知道最后一天的桃子个数以及最后一天是第几天，就可以逆推出第一天总共有多少个桃子。

```
//Peach.java
package example;
public class Peach {
    public static void main(String[] args) {
        int peach = 1;   //第10天的桃子个数
        for (int i = 10; i > 1; i--) {
            peach = (peach + 1) * 2;
        }
```

```
        System.out.println("第 1 天共摘下桃子的个数为:" + peach);
    }
}
```

说明：在以上的程序中，for 循环共执行了 9 次，第 1 次循环算出第 9 天的桃子数，第 2 次循环算出第 8 天的桃子数，以此类推，第 9 次循环算出第 1 天的桃子数。经运行，第 1 天的桃子数为 1534。

2.6.4 折半查找

折半查找的先决条件是待查找的数据元素必须有序，一般将数据元素存储在数组中。假定以升序为例，在查找过程中先以有序数列的中点位置为比较对象，如果要找的元素值小于该中点位置的元素，则将待查序列缩小为左半部分，否则为右半部分。通过一次比较，将查找区间缩小一半。折半查找明显可以减少比较次数，是一种高效的查找方法。

折半查找的主要步骤如下。

(1) 置初始查找范围：start=0，end=数组长度-1。

(2) 确定整个查找区间的中间位置 mid =(start + end)/ 2。

(3) 用待查关键字值与中间位置的关键字值进行比较：若相等，查找成功，找到的数据元素为此时 mid 指向的位置；若大于，查找范围的右端数据元素指针 end 不变，左端数据元素指针 start 更新为 mid+1；若小于，查找范围的左端数据元素指针 start 不变，右端数据元素指针 end 更新为 mid-1。

(4) 重复步骤(2)和(3)，直到查找成功或查找范围空(start>end)，即查找失败为止。

(5) 如果查找成功，返回找到元素存放的位置，即当前的中间位置 mid，否则返回查找失败标志。

```java
//BinarySearch.java
package example;
public class BinarySearch {
    public static void main(String[] args) {
        int srcArray[] = { 6, 13, 15, 19, 21, 24, 28, 38, 42, 53, 68, 73, 84,
                97, 113 };
        System.out.println("53 的位置为 : "+binSearch(srcArray, 53));//结果为 9
    }
    public static int binSearch(int srcArray[], int key) {
        int mid = srcArray.length / 2;
        if (key == srcArray[mid]) {
            return mid;
        }
        int start = 0;
        int end = srcArray.length - 1;
        while (start <= end) {
            mid = (end - start) / 2 + start;
            if (key < srcArray[mid]) {
                end = mid - 1;
            } else if (key > srcArray[mid]) {
```

```
            start = mid + 1;
        } else {
            return mid;
        }
    }
    return -1;
}
```

案例运行效果如图 2.37 所示。

```
53的位置为：9
```

图 2.37　利用折半查找查找 53 的位置

2.6.5　杨辉三角

编写 Java 程序，输出如下的杨辉三角形(8 行×8 列)。

```
                1
              1   1
            1   2   1
          1   3   3   1
        1   4   6   4   1
      1   5  10  10   5   1
    1   6  15  20  15   6   1
  1   7  21  35  35  21   7   1
```

```
//YangHui.java
package example;
public class YangHui {
    public static void main(String[] args) {
        // 创建二维数组，定义了行，没有定义列
        int[][] arr = new int[8][];
        // 动态为列开辟空间(杨辉三角每行的列数和当前行号是相同的，如：第 4 行有 4 列)
        for (int i = 0; i < arr.length; i++) {
            arr[i] = new int[i + 1];
        }
        // 赋值操作
        for (int i = 0; i < arr.length; i++) {
            arr[i][0] = 1;// 第 i 行第 1 列，即每行的第一列都是 1
            arr[i][i] = 1;// 第 i 行的第 i 列，即每行的最后一个数都是 1
            // 杨辉三角的核心部分
            // 注意这里的 j 需要从 1 开始算起，因为每一行的第一个数我们已经给赋值了
            for (int j = 1; j < i; j++) {
```

```
            // 当前数值=上一行该列的数+上一行该列的左边的第一个数
            arr[i][j] = arr[i - 1][j] + arr[i - 1][j - 1];
        }
    }
    // 等腰输出
    for (int i = 0; i < arr.length; i++) {
        for (int k = 0; k < arr.length - i; k++)
            System.out.print(" ");
        for (int j = 0; j < arr[i].length; j++) {
            System.out.print(arr[i][j] + " ");
        }
        System.out.println();
    }
}
```

案例运行效果如图 2.38 所示。

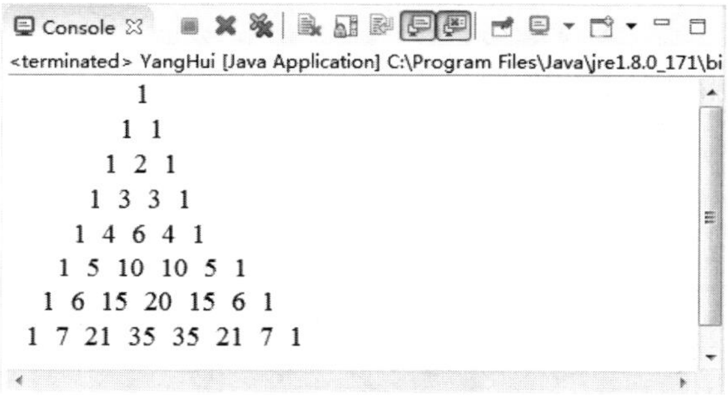

图 2.38 杨辉三角

小　　结

本章首先对 Java 语言中的标识符与关键字、基本数据类型的定义以及基本数据类型之间的相互转换、运算符与表达式和流程控制语句进行了详细的介绍；接着对数组的定义和使用进行了讲解；最后详细讲解了和本章知识点相关的经典案例。本章是学习 Java 编程的基础，为了使读者对知识点有更深的理解，本章中每个知识点都引出实例进行讲解。希望读者对本章知识点多加练习，为以后的学习打下坚实的基础。

习　　题

一、选择题

1. Java 语言是_____。
    A．区分大小写的   B．不完全区分大小写
    C．完全不区分大小写   D．以上说法都不对

2. Java 语言使用的字符码集是_____。
   A．ASC II   B．BCD   C．DCB   D．Unicode
3. 下面列出的哪个是 Java 的保留字？_____
   A．if   B．goto   C．while   D．case
4. 下面_____不是 Java 语言中合法的标识符。
   A．$money   B．point   C．_abc   D．%passwd
5. 下面_____赋值语句不会出现编译错误。
   A．byte b=12;   B．char="c";   C．float f = 2.3;   D．boolean b = null;
6. 不属于单目运算符的是_____。
   A．++   B．?:   C．-   D．!
7. 执行完下面程序段，哪个结论是合法的？_____

```
int a,b,result;
a = 3;
b = 2;
c = (a-b<3?++a:b--);
```

   A．a 的值是 4，b 的值是 1   B．a 的值是 3，b 的值是 1
   C．c 的值是 3   D．a 的值是 4，b 的值是 2
8. 分析下面的代码，输出结果正确的是_____。

```
double d = 56.36;
d++;
int integer = int d/2;
```

   A．28
   B．29
   C．编译出错，更改为 int integer = (int)d/2
   D．编译出错，更改为 int integer =int(d)/2
9. continue 语句不再执行跟在 continue 语句_____的语句，_____下一次循环。
   A．之前，启动   B．之后，启动   C．之前，停止   D．之后，停止
10. 现有下列代码片段：

```
switch(a){
    case 1: System.out.println("Result 1");break;
    case 2:
    case 3: System.out.println("Result 2");break;
    default: System.out.println("Result 3");
}
```

a 为_____值时将输出"Result 2"。
   A．1 或 2   B．1 或 2 或 3   C．2 或 3   D．3
11. 定义一个表示 5 个值为 null 的字符串数组，下面选项正确的是_____。
   A．String[] a;   B．String a[];
   C．char a[5][];   D．String a[] = new String[5];

12. 对于下列程序段，运行结果是_____。

```
int a[],b[];
a = new int[5];
for(int i=0;i<a.length;i++){
    a[i] = i+1;
}
b=a;
System.out.println( "b[0]=" +b[0] );
```

A. 输出结果是 b[0]=0   B. 输出结果是 b[0]=1
C. 输出结果是 b[0]=NaN   D. 第六行错误，导致编译失败

二、阅读程序，给出程序运行结果

1.
```
public class abc{
    public static void main(String args[ ]) {
        int i , s = 0 ;
        int a[ ] = { 11,22,33,44,55,66,77,88,99 };
        for ( i = 0 ; i < a.length ; i ++ )
        if ( a[i]%3 == 0 ) s + = a[i] ;
        System.out.println("s="+s);
    }
}
```

2.
```
public class TestArgs{
    public static void main(String[] args){
        for(int i=0;i<args.length;i++){
            System.out.println(args[i]);
        }
    }
}
```
如果用"java TestArgs first second third"运行，其输出结果是什么？

3.
```
import java.util.Scanner;
public class Result{
    public static void main(String args[]) {
        Scanner sc = new Scanner(System.in);
        System.out.println("请输入一个整数：");
        int i = sc.nextInt();
        System.out.println((i%2==1)?(i+1)/2:i/2);
    }
}
```

如果输入的整数 i 是 9，则程序运行结果是什么？

三、编程题

1. 求出所有的水仙花数。水仙花数是一个 3 位整数，其各位数的立方和等于这个数本身。

2. 编写一个 Java 程序，输出 1～100 的素数，并统计素数个数。

3. 有如下函数

$$y = \begin{cases} 3+4x & x < 0 \\ -3 & x = 0 \\ 3-4x & x > 0 \end{cases}$$

编写程序，从键盘输入一个 x 值，输出一个 y 的值。

4. 用 Java 编写一个彩票中奖模拟程序，实现下述功能：用户键入 1～100 中的一个整数。然后程序随机产生 1～100 中的 3 个不相同的数字，分别代表一等奖、二等奖和三等奖的获奖号码。最后进行比较，并输出用户是否中奖的信息。

5. 求一个 3*3 矩阵的对角线元素与反对角线元素之和。

6. 输入一组数据，以数组形式存储，最大的与第一个元素交换，最小的与最后一个元素交换，并输出交换后的数组。

【第 2 章 习题答案】

第 3 章

面向对象基础

学习目标

内　　容	要　　求
面向对象的基本特征	了解
类与对象的基本概念	熟悉
对象成员(属性与方法)与构造方法	掌握
类的继承	掌握
方法的重载与重写	掌握
关键字 this、super、static 与 final	掌握
包的创建和引用	掌握
访问控制权限	掌握

面向对象程序设计(Object Oriented Programming，OOP)方法是目前比较流行的一种程序设计方法，和面向过程程序设计方法相比，它更符合人类的自然思维方式。在面向过程程序设计中，程序=数据+算法，数据和对数据的操作是分离的，如果要对数据进行操作，需要把数据传递到特定的过程或函数中；而在面向对象程序设计中，程序=对象+消息，它把数据和对数据的操作封装在一个独立的数据结构中，该数据结构称作对象，对象之间通过消息的传递进行相互作用。由于面向对象本身固有的特性，使其程序设计已经达到了软件工程的 3 个主要目标：重用性、灵活性和可扩展性。

【第 3 章　代码下载】

3.1 面向对象的基本特征

面向对象技术具有的 3 大基本特征是：封装性、继承性和多态性。

1. 封装性

封装性就是把对象的属性和方法结合成一个独立的单位，并尽可能隐蔽对象的内部细节，即：①把对象的全部属性和方法结合在一起，形成一个不可分割的独立单位(类或对象)；②信息隐蔽，对象的使用者只是通过预先定义的接口关联到某一对象的行为和数据，而无须知道其内部细节。

封装的结果使对象以外的部分不能随意存取对象的内部数据，从而有效地避免了外部错误对它的影响，使错误局部化，大大降低了查错和排错的难度。

2. 继承性

继承的本质是在已有类的基础上进行扩充或改造，得到新的数据类型，以满足新的需要。它是存在于面向对象程序中的两个类之间的一种关系。当一个类 A 能够获取另一个类 B 中所有非私有的成员属性和行为时，就称这两个类之间具有继承关系。被继承的类 B 称为父类或超类(superclass)，继承了父类或超类的属性和行为的类 A 称为子类(subclass)。在 Java 面向对象程序设计中，一个父类可以同时拥有多个子类，每一个子类是父类的特殊化。例如：人是一个实体，而它又可以分成多个子实体，如学生、教师、工人和农民等，这些子实体都拥有人所具有的属性和行为，可以称人是它们的父类，而这些子实体为人的子类。

使用继承的好处是对于相同部分的属性和行为只需编写一次，这样可以降低代码编写中的冗余度，更好地实现代码的复用功能，从而提高了编程效率。由于降低了代码的冗余度，从而使得程序的维护非常方便。

3. 多态性

多态性一般是指在父类中定义的方法被子类继承后，可以表现出不同的行为。这使得同一个方法在父类及其各个子类中具有不同的语义。例如：动物都会有吃这个方法，针对不同的动物(如鸟和狗)，吃的方式和内容是不一样的，如图 3.1 所示。

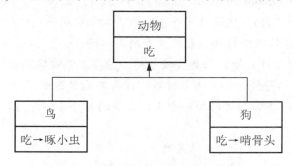

图 3.1 多态的表现

3.2 类

3.2.1 类的定义

在面向对象程序设计中,类是一个抽象的概念,描述的是一类事物的完备信息,它将具有相同属性和行为(方法)的对象组成一个集合。类在现实生活中类似于蓝图或模板,根据蓝图或模板可以创造出具体的事物。例如:建筑图纸和建筑物的关系,建筑图纸就是类,根据建筑图纸建造出的具体建筑物就是建筑图纸的具体实例,即该类的对象。再例如:学生是类,具体某个学生王强就是该类中的一个对象。由此可见,类是 Java 程序的基本要素。

【教学视频】

类的定义包括两部分:类声明和类体。具体语法格式如下。

```
[修饰符]class 类名 [extends 父类] [implements 接口1,接口2,……,接口n] {
    [修饰符] 类型 成员变量1;
    [修饰符] 类型 成员变量2;
    …
    构造方法1;
    构造方法2;
    …
    [修饰符] 返回值类型 成员方法1([参数列表]) {
        类型 局部变量;
        方法体;
    }
    [修饰符] 返回值类型 成员方法2([参数列表]) {
        类型 局部变量;
        方法体;
    }
    …
}
```

说明:

(1) 类的修饰符有 default、public、abstract 和 final。

① default(没有修饰符):被该修饰符修饰的类只能被同一包中的类访问。

② public:被该修饰符修饰的类能被所有的类访问。

③ abstract:被该修饰符修饰的类为抽象类,该类不能被实例化,但必须被继承。

④ final:被该修饰符修饰的类为最终类,该类不能被继承,即不能有子类。

⑤ abstract 和 final 不能同时修饰一个类,其他的多个修饰符可以一起使用,并且无先后顺序。

(2) class:为关键字,表示定义的是类。

(3) 类名:是所创建的该类的名字,一般用能反映该类实际意义的英文名词表示。类的命名规则是每个单词的首字母大写,其余字母小写。

(4) extends：该关键字用于说明该类所继承的父类，父类只能有一个，Java 不支持多继承。

(5) implements：该关键字用于说明该类实现的接口，可以实现多个接口。

【例 3-1】给出了一个 Person 类的定义。

```java
//Person.java
public class Person {
    // 字段定义，姓名、性别、年龄
    private String name;
    private String sex;
    private int age;
    public Person(String name, String sex, int age){// 构造方法，用来初始化对象
        this.name = name;
        this.sex = sex;
        this.age = age;
    }
    //相应字段的get与set方法
    public String getName() {
        return name;
    }
    public void setName(String name) {
        this.name = name;
    }
    public String getSex() {
        return sex;
    }
    public void setSex(String sex) {
        this.sex = sex;
    }
    public int getAge() {
        return age;
    }
    public void setAge(int age) {
        this.age = age;
    }
    public void printMessage() {  // 在控制台输出相关信息
        System.out.println("名字：" + name + " 性别：" + sex + " 年龄：" + age);
    }
}
```

3.2.2 成员变量和局部变量

1. 成员变量

(1) 成员变量的说明

类体中定义的变量称为成员变量(也叫作属性或字段)。成员变量在整个类中都有效，与它在类中定义的先后位置无关。也就是说可以在类的任何地方定义成员变量。

成员变量定义的具体语法格式如下：

[修饰符] 成员变量类型 成员变量名列表;

说明:

① 修饰符主要有 public、private、protected、default、static、final、transient、volatile。这些修饰符在以后的章节中都会详细讨论到。

② 成员变量的类型可以是 Java 中的任何一种数据类型,包括基本类型和引用类型。

③ 成员变量名通常使用名词,采用驼峰命名法,首字母小写,其后每个单词的首字母大写以分割每个单词。

④ 如果没有对成员变量赋初值,Java 会对其赋默认值。基本数据类型的成员变量赋予的默认值参见表 2-2,引用类型赋予默认值为 null。

注意:null 代表"空",表示不指向任何对象。

(2) 成员变量的访问

成员变量中有关键字 static 修饰的变量是静态变量(也叫类变量),没有 static 修饰的变量是非静态变量(也叫作实例变量)。非静态变量只能通过"对象.实例变量"访问,类变量一般通过"类名.类变量"访问,在这里只讨论实例变量(类变量将在 3.8.2 节中具体讨论)。

【例 3-2】实例变量的访问。

```java
// Variable1.java
public class Variable1 {
    //定义a、b、c、d、e5 个成员变量
    int a;                                    //尚未初始化
    int b= 10;                                //已经初始化
    String c;                                 //尚未初始化
    String d = "java";                        //已经初始化
    boolean e;                                //尚未初始化
    public static void main(String[] args){
        Variable1 ob = new Variable1 ();      //实例化具体的对象
        System.out.println(ob.a);             //访问实例变量a
        System.out.println(ob.b);
        System.out.println(ob.c);
        System.out.println(ob.d);
        System.out.println(ob.e);
    }
}
```

案例运行效果如图 3.2 所示。

图 3.2 实例变量测试结果图

说明：由程序的运行结果可以看出，当成员变量没有赋初值时，系统会自动赋予默认值。

2．局部变量

(1) 局部变量的说明

局部变量主要存在于方法、方法的参数列表和代码块的定义中。局部变量定义的具体语法格式如下。

[修饰符] 局部变量类型 局部变量名列表；

说明：

① 修饰符只能有 final 和 default。final 表示必须对该变量赋予初值并且不能修改它。

② 局部变量的类型可以是 Java 中的任何一种数据类型，包括基本类型和引用类型。

③ 局部变量名的命名规则与成员变量名的命名规则相同。

④ 它只能在方法的内部和代码块内使用，并且局部变量在使用前必须被初始化，否则编译会出错。

⑤ 当局部变量与成员变量具有相同的名字时，成员变量在所定义局部变量的方法和代码块内将被隐藏，如果想使用被隐藏的成员变量，要使用 this 关键字(this 关键字将在 3.5.3 节具体讨论)。

(2) 局部变量的访问

【例 3-3】局部变量的访问。

```
// Variable2.java
public class Variable2{
    public static void main(String[] args){
        int a;                //局部变量尚未初始化
        System.out.println(a);
    }
}
```

由于 MyEclipse 具有自动编译功能，当保存时会出现错误，如图 3.3 所示。

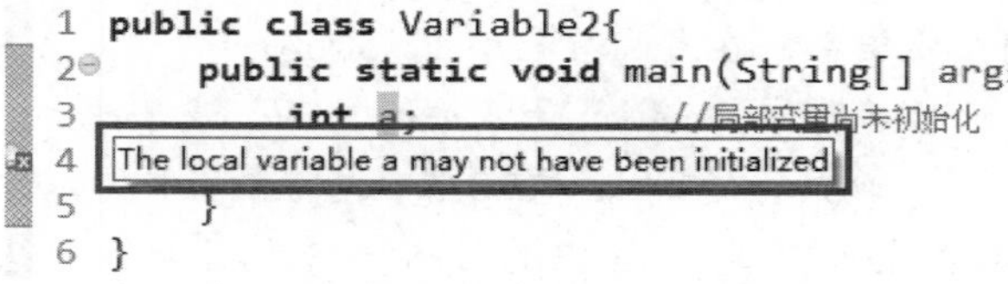

```
1  public class Variable2{
2      public static void main(String[] args){
3          int a;              //局部变量尚未初始化
4  The local variable a may not have been initialized
5      }
6  }
```

图 3.3　局部变量未初始化测试结果图

说明：由图 3.3 的运行结果可以看出，当局部变量没有初始化时，系统不会为其赋予默认值。

注意：成员变量可以不初始化，系统会根据类型为其添加默认值，局部变量必须先初始化后使用。

【例 3-4】局部变量与成员变量具有相同的名字。

```
// Variable3.java
public class Variable3{
```

```
    int a = 10;
    public static void main(String[] args){
        int a=100;                //局部变量与成员变量具有相同的名字a
        System.out.println("a="+a);
    }
}
```

案例运行效果如图 3.4 所示。

图 3.4 例 3-4 运行结果

说明：由图 3.4 的运行结果可以看出，当局部变量和成员变量具有相同的名字时，在其局部变量的作用范围内，成员变量被隐藏，局部变量有效。如果想引用成员变量，需使用 "Variable3.a"。

3.2.3 成员方法

(1) 成员方法的说明

类中定义的方法主要由成员方法和构造方法组成(构造方法将在 3.3.4 节具体讨论)。成员方法的作用主要是操作类自身的属性和与其他的类或对象进行数据交流和消息的传递。

成员方法的定义包括两部分：方法声明和方法体。具体语法格式如下。

```
[修饰符] 方法的返回类型 方法名([形参列表]){
    方法体;
}
```

说明：

① 修饰符主要有 public、private、protected、default、final、static、synchronized 和 native。其中 synchronized 为同步修饰符，在多线程程序中，要运行这个方法前需对其加锁，以防止别的进程访问，运行结束后解锁。native 为本地修饰符，表示此方法的方法体是用其他语言在程序外部编写的(其他修饰符的用法将在 3.7 节与 3.8 节中具体讨论)。

② 成员方法的返回类型可以是 Java 中的任何一种数据类型，包括基本类型和引用类型。

③ 成员方法名通常使用动词，采用驼峰命名法，首字母小写，其后每个单词的首字母大写以分割每个单词。

(2) 成员方法的访问

成员方法中有关键字 static 修饰的方法是静态方法(也叫作类方法)，没有 static 修饰的方法是非静态方法(也叫实例方法)。实例方法只能通过"对象.实例方法([实参列表])"访问，静态方法一般通过"类名.静态方法([实参列表])"访问，在这里只讨论实例方法(静态方法将在 3.8.2 节中具体讨论)。

【例3-5】成员方法的访问。

```java
// MyClass.java
public class MyClass{
   public void printInfo(){
      System.out.println("这是一个成员方法的例子");
   }
   public static void main(String[] args){
      MyClass m = new MyClass();      //实例化类MyClass的对象m
      m.printInfo();                  //通过对象.方法调用成员方法printInfo()
   }
}
```

案例运行效果如图3.5所示。

图3.5 例3-5运行结果

在类的定义中，一般将成员变量设成private，每个成员变量都对应两个public的set()和get()方法。set()方法的作用是设置成员变量的值，get()方法的作用是获取成员变量的值，但set()和get()方法不一定同时存在，要看程序的需求。

【例3-6】成员方法set()和get()的使用。

```java
// Person2.java
public class Person2 {
   private String name;
   public void setName (String name) {          //设置name属性
      this.name = name;
   }
   public String getName() {                    //取出name属性
      return name;
   }
   public static void main(String[] args){
      Person p = new Person2();
      p.setName("张三");
      System.out.println("此人的名字是"+p.getName());
   }
}
```

案例运行效果如图3.6所示。

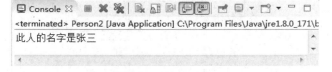

图3.6 例3-6运行结果

3.3 对象的创建和构造方法

创建一个类，实际上是定义了一种新的复合数据类型。声明该类的一个变量，就是声明该类的对象过程。创建对象包括对象的声明和实例化两步。

3.3.1 对象的声明

对象的声明主要是声明该对象是哪个类的对象，具体语法格式如下。

> 类名 变量名列表;

说明：变量名列表可包含一个对象名或多个对象名，如果含有多个对象名，对象名之间采用逗号分隔开。

例如，对例 3-1 的 Person 类声明具体的对象：Person Tom,Lucy;

注意：当声明一个对象时，就为该对象名在栈内存中分配内存空间，此时它的值为 null，表示不指向任何对象，如图 3.7 所示。

图 3.7 声明对象的内存模型

3.3.2 对象的创建

在声明对象时，并没有为该对象在堆内存中分配空间，只有通过 new 操作才能完成对象的创建，并为该对象在堆内存分配空间。

对象创建的具体语法格式如下。

> 对象名= new 构造方法([实参列表]);

例如：Tom = new Person("Tom" , "M",18);

```
/*通过类定义中含有 3 个参数的构造方法实例化对象*/
Lucy = new Person("Lucy","W",16);
```

创建完对象后存储空间分配图如图 3.8 所示。

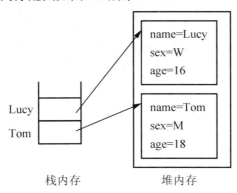

图 3.8 创建对象的内存分配图

创建对象最好采取下述语法格式一步完成。

```
类名 对象名= new 构造方法([实参列表]);
```

例如：Person Tom = new Person("Tom", "M",18);

3.3.3 对象的使用

声明并创建对象的目的就是为了使用它。对象的使用包括使用其成员变量和成员方法，运算符"."可以实现对成员变量的访问和成员方法的调用。非静态的成员变量和成员方法使用的具体语法格式如下。

```
对象名.成员变量名;
对象名.成员方法名([实参列表]);
```

编写例 3-1 的测试类，进一步掌握对成员变量的访问和成员方法的调用。

【例 3-7】例 3-1 的测试类。

```java
//TestPerson.java
public class TestPerson{
    public static void main(String[] args) {
        Person p = new Person("Jack ","M",18);
        p.printMessage();              //使用成员方法打印对象的信息
        p.setAge(20);                  //使用成员方法设置对象的年龄
        System.out.println(p.getName()+"的年龄为: "+p.getAge());
        p.printMessage();              //重新打印 p 对象的相关信息
    }
}
```

案例运行效果如图 3.9 所示。

图 3.9　例 3-7 运行结果

3.3.4 构造方法

构造方法是一种特殊的方法，主要用于初始化对象，当用 new 创建一个对象的时候被调用。在一个类中如果没有定义任何构造方法，系统就会为该类自动创建一个无参的构造方法，且方法体中没有任何语句；而当显式定义类的构造方法后，系统就不再自动创建默认的构造方法了。

定义构造方法的具体语法格式如下。

【教学视频】

```
[修饰符] 类名([参数列表]){
        初始化对象语句;
}
```

构造方法的特点如下。

(1) 构造方法是一个特殊的方法。Java 中的每个类都有构造方法，用来初始化该类的一个对象。

(2) 构造方法具有和类名相同的名称，而且不返回任何数据类型。

(3) 构造方法一般都用 public 类型来修饰，这样才能在任意的位置创建类的实例。

(4) 重载经常用于构造方法。

(5) 构造方法只能由 new 运算符调用，不能用"对象.构造方法"来显式地调用。

【例 3-8】定义一个没有任何构造方法的 Student 类。

```
// Student.java
public class Student{
    private String name;
    private int age;
}
```

该类中没有定义构造方法，系统会自动添加默认的构造方法：public Student(){ }，当用 new 创建一个对象时的构造方法如下。

```
Student s=new Student(); //调用无参的构造方法
```

【例 3-9】对例 3-8 程序加以完善，定义含有多个构造方法的 Student2 类。

```
// Student2.java
public class Student2{
    private String name;
    private int age;
    public Student2(String name){              //含有一个参数的构造方法
        this.name = name;
    }
    public Student2(String name,int age){      //含有两个参数的构造方法
        this.name = name;
        this.age = age;
    }
}
```

该类中定义了两个构造方法，系统不再提供默认的构造方法。在 main()方法中实例化 Student2 对象时只能用已定义的构造方法，如下。

```
Student2 s1=new Student2("小明");
Student2 s2=new Student2("丽丽",12);
```

注意：这时实例化具体的对象再利用语句"Student2 s=new Student2();"编译将会出错。

在类的定义中还可以提供更多的构造方法，参数可以是一个或多个。构造对象时，根据已定义的构造方法来构造。

3.4 方法重载

方法重载(overload)，是指在同一个类或父子类之间创建同名的多个方法，这些方法具有不同的参数列表。所谓不同的参数列表是指方法的参数个数不同、参数的数据类型不同，或者参数的排列顺序不同。重载的方法可以是成员方法，也可以是构造方法。调用方法时通过传递给它们的不同个数和类型的参数来决定具体使用哪个方法，这也是静态多态性的表现。

【教学视频】

一般情况下，重载的方法应具有相似的功能。这样方便程序的理解，即增加程序的可读性，便于程序的维护。

注意：方法的重载与返回类型和访问修饰符无关，只与参数列表有关。

【例 3-10】成员方法重载的例子。

```java
//OverloadDemo.java
public class OverloadDemo{
    public int add(int a,int b){
        return a+b;
    }
    public double add(double a,double b){
        return a+b;
    }
    public int add(int a){
        return a+100;
    }
    public static void main(String[] args){
        OverloadDemo aa = new OverloadDemo();
        aa.add(5,10);              //调用整数相加方法
        aa.add(1.2,3.4);           //调用浮点数相加
        int result = aa.add(50);   //调用和固定整数相加
        System.out.println("aa.add(50)="+ result);
    }
}
```

说明：虽然 add()方法都是实现相加操作，但是每个 add()方法都是针对不同的数据类型的，由输入的参数决定调用哪个 add 方法。该程序展示的是成员方法 add()的重载，同时也体现了面向对象程序设计的静态多态特性。

构造方法重载的例子参看例 3-9。

【例 3-11】父子类之间方法的重载示例。

```java
// B.java
class A{
    public void method(int x){}
}
public class B extends A {
```

```
public void method (String x){}
}
```

说明：对于 B 类来说，它从父类继承了一个方法，然后又自己定义了一个同名的方法，这两个方法对 B 类来说就构成了方法的重载(要和方法重写区分开来)。

3.5 类的继承

继承(inheritance)是面向对象编程的核心机制之一，没有使用继承的程序设计，就不能称为面向对象的程序设计。

3.5.1 继承的定义

特殊类的对象拥有一般类的全部属性与行为，称为特殊类对一般类的继承。例如，车、自行车；人、学生。一个类可以是多个一般类的特殊类，也可以从多个一般类中继承属性与行为，但在 Java 语言中，不允许一个类从多个一般类中继承属性与行为，即在 Java 语言中，只支持单继承。

例如，现在已经有一个类——"人"，这个类里面有两个成员属性——"姓名"和"年龄"以及两个成员方法——"吃饭"和"睡觉"。如果现在需要一个"学生"类，因为学生也是人，所以学生也有成员属性——"姓名"和"年龄"以及成员方法——"吃饭"和"睡觉"，这个时候就可以让"学生"类来继承"人"类。继承之后，"学生"类就会把"人"类里面的所有的属性和方法都继承过来，就不用再去重新声明一遍这些成员的属性和方法，体现了代码的重用性。同时，"学生"类里面还有"学校"属性和"学习"方法，所以在"学生"类里面除了有继承自"人"类里的属性和方法之外，还有学生特有的"学校"属性和"学习"方法，这样一个"学生"类就声明完成了。从上面的分析可以看出继承也可以叫作"扩展"，"学生"类对"人"类进行了扩展，在"人"类里原有两个属性和两个方法的基础上加上一个属性和一个方法扩展出来一个新的"学生"类。

由此可见，在软件开发中，通过继承机制，可以利用已有的数据类型来定义新的数据类型。所定义的新的数据类型不仅拥有新定义的成员，而且还同时拥有旧的成员。因此，类的继承性使所建立的软件具有开放性、可扩充性，这是信息组织与分类的行之有效的方法，通过类的继承关系，使公共的特性能够共享，简化了对象、类的创建工作量，增加了代码的可重用性。

Java 中的继承使用关键字 extends，具体语法格式如下。

```
[类修饰符]class 子类名 extends 父类名{
    语句;
}
```

在 Java 中，java.lang.Object 类是所有 Java 类的最高层父类，是唯一一个没有父类的类。如果在类的声明中未使用 extends 关键字指明其父类，则默认父类为 Object 类。Java 中类的继承关系形成了以 Object 类为树根的树状层次结构。例如：

```
public class Person {
```

```
    ...
}
```

等价于

```
public class Person extends Object {
    ...
}
```

【例3-12】Person 和 Teacher 之间的继承关系。

```java
// Person.java
package personandteacher;
public class Person {
    String name;
    int age;
    void eat(String s){
        System.out.println(s);
    }
    void sleep(String s){
        System.out.println(s);
    }
}
// Teacher.java
package personandteacher;
public class Teacher extends Person{
    int salary;
    String school;
    void teach(String s){
        System.out.println(s);
    }
    public static void main(String[] args){
        Teacher t = new Teacher();              //实例化 Teacher 类对象 t
         t.name = "王强";                        //使用从父类继承来的成员变量 name
         System.out.println("教师"+t.name);
         t.eat("文雅地吃");                      //使用从父类继承来的成员方法 eat()
         t.sleep("文雅地睡");                    //使用从父类继承来的成员方法 sleep()
         t.teach("使用多媒体授课");              //使用在Teacher类中定义的teach()方法
    }
}
```

案例运行效果如图 3.10 所示。

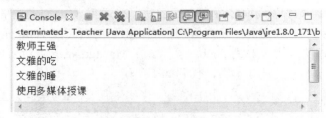

图 3.10 例 3-12 运行结果

说明：上面代码在 Teacher 类中没有定义 name 字段和 eat()、sleep()方法，是由于子类 Teacher 继承自父类 Person，所以对于 Teacher 类的对象可以调用 Person 类中非私有的 name 字段和 eat()、sleep()方法，而无须再在 Teacher 类中重新定义 name 字段和 eat()、sleep()方法，只需在 Teacher 类中添加新的功能代码，从而实现代码的复用，大大节省了程序的开发时间。

注意：成员变量和成员方法可以被继承，但是构造方法不能被继承。

3.5.2 成员变量的隐藏和方法重写(覆盖)

在类的层次结构中，当子类发现继承自父类的成员变量或方法不满足自己的要求时，就会对其重新定义。当子类的成员变量与父类成员变量同名时(声明的类型可以不同)，子类的成员变量会隐藏父类成员变量；当子类的方法与父类的方法具有相同的名字、参数列表、返回值类型时，子类的方法就叫作重写(override)父类的方法(也叫作方法的覆盖)。方法的重写是动态多态性的表现。

【教学视频】

当隐藏的成员变量或重写的方法在子类对象中调用时，它总是参考子类中定义的版本，父类中相应的定义就被隐藏。如果想使用父类中被隐藏的成员变量或被重写的成员方法，就要使用 super 关键字(super 关键字的用法将在 3.5.3 节中具体讨论)。

【例 3-13】一个关于在子类中隐藏父类的成员变量和重写父类的成员方法的例子。

```
//Employee.java
package employee;
public class Employee {
    String name;
    int salary;                              //父类中定义 salary 成员变量
    public Employee(){                       //无参构造方法
    }
    public Employee(String name,int salary){ //含有两个参数的构造方法
        this.name = name;
        this.salary = salary;
    }
    public void printInfo() {                //输出员工的相关信息
        System.out.println("Name: " + name + " \n" + "Salary: " + salary);
    }
}
```

在现实生活中，员工分为很多种类，如经理、普通工人、临时工等，他们都是员工的子类。下面以经理为例，经理的工资通常都很高，由于工资超过 5000 元就要缴纳个人所得税，所以，最后经理的工资一般为 double 类型。在 Manager.java 中对 salary 进行重新定义，并对父类的 printInfo ()方法进行重写，代码如下所示。

```
//Manager.java
package employee;
public class Manager extends Employee {
```

```java
    double salary;        //子类中定义salary成员变量，隐藏了父类的salary成员变量
    String department;
    public Manager(){//无参构造方法
    }
    //含三个参数的构造方法
    public Manager(String name,double salary,String department){
        this.name = name;         //使用从父类继承的name属性
        this.salary = salary;
        this.department = department;
    }
    public void printInfo() {//对父类的printInfo()进行重写，输出管理者的相关信息
        System.out.println("Name: " + name + "\nDepartment:" +
            department+"\nSalary: " + salary);
    }
}
//测试类Test.java
package employee;
public class Test{
    public static void main(String[] args){
        Employee e = new Employee("小辉",3600);
        e. printInfo();
        System.out.println(e.name+"的工资为："+e.salary+"\n");
        Manager m = new Manager("小明",8735.6,"清华同方");
        m. printInfo() ;
        System.out.println(m.name+"的工资为："+m.salary+"\n");
        Employee s =  new Manager("小丽",7945.4,"北大方正");
        s. printInfo();
    }
}
```

案例运行效果如图3.11所示。

图3.11 案例运行结果

Manager类中定义的printInfo()方法是对父类Employee中的printInfo()方法进行了重写，在Test.java中e是Employee对象，m是Manager对象，所以e.printInfo()和m.printInfo()

将执行不同的代码。

如果创建实例"Employee s=new Manager("小丽",7945.4,"北大方正");",那么 s.printInfo()将调用哪个方法呢？对象 s 的引用类型是父类型 Employee，但它进行 new 操作，实际指向的是子类型 Manager 的对象(即父类的引用指向子类对象)，所以 s.printInfo()将执行 Manager 类中的方法。这是面向对象语言的一个重要特征，也是动态多态性的一个重要特征。

如果在 Test.java 中添加以下语句"Manager s2 = new Employee("小丽",7945);"，那么编译将出错，这是因为将管理者说成是员工没问题，如果将员工说成是管理者就有问题了。不是所有的员工都是管理者，这是个转型的问题。在类的层次结构图中，只能向上转型，不能向下转型。错误信息如图 3.12 所示。

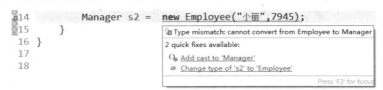

图 3.12 转型错误

下面给出方法重写的规则。

(1) 方法的重写一定要有继承关系。

(2) 方法的重写要求子类与父类的方法名相同、参数列表相同、返回值类型相同，不能抛出比父类更多的异常。

(3) 重写父类的方法时不能降低父类方法的可见性。

(4) 父类中的私有方法，不能被子类继承，就是说即使子类中将其覆盖了也不会有多态。

(5) static 类型的方法是不能被重写的。

下面用示例程序对规则(3)加以说明，其他的规则自己可编程加以理解。

【例 3-14】规则(3)的示例程序。

```java
// Rule3.java
class A{
    double computer(double x,double y){
        return x+y;
    }
}
class B extends A{
    double computer(double x,double y){            //合法，访问权限相同
        return x-y;
    }
}
class C extends A{
    protected double computer(double x,double y){  //合法，提高了访问权限
        return x*y;
    }
```

```
}
class D extends A{
    private double computer(double x,double y){      //非法，降低了访问权限
        return x*y;
    }
}
```

3.5.3 this 与 super 关键字

在 Java 中，this 和 super 关键字是与继承密切相关的。this 和 super 可以看成是变量：this 用来指向当前对象或类的实例变量，super 用来指向当前对象的直接父类对象。

1. this 关键字的用法

(1) 用来区分成员变量与局部变量的冲突

当方法中的某个局部变量与当前类的某个成员变量具有相同的名字时，为了不混淆，使用 this 区分。用 this 引用的是成员变量，没有 this 的是局部变量。

【教学视频】

【例 3-15】使用 this 区分成员变量与局部变量。

```
// Person.java
package thisjava;
public class Person{
    private String name;
    public void setName(String name){
        this.name = name;    //name 代表形参里的 name, this.name 代表成员变量 name
    }
    public String getName(int age){
        return name;
    }
}
```

(2) 作为方法的返回值，返回对象本身

【例 3-16】将 this 作为方法的返回值。

```
// Step.java
package thisjava;
public class Step{
    int i = 0;
    Step(int i) {                //构造方法
        this.i = i;
    }
    Step increament () {         //该方法的功能是使 i 加 1，并返回 Step 对象本身
        i++;
        return this;             //返回当前对象
    }
    void print () {
        System.out.println("i="+i);
```

```
    }
    public static void main(String args[]) {
        Step step = new Step(10);
        //每调用一次increament()方法i,就增加1
        step.increament().increament().print();
    }
}
```

案例运行效果如图3.13所示。

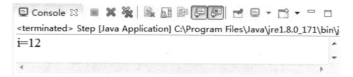

图3.13 例3-16 运行结果

说明：语句 step.increament().increament().print()中有两个 increament()方法，然后才是 print()方法，在执行第一个 increament()方法后，step 对象中的 i 值变为 11，并返回当前对象的引用 this，即 this 和 step 指向的是同一个对象，所以，当执行第二个 increament()方法时，实际上就是对 step 指向的对象中的变量 i 操作，在原来 i 值的基础上加 1，这时 i 的值变为 12，然后返回当前对象的引用 this，这时 this 和 step 指向的还是同一个对象，那么调用的 print()方法就应是 step 指向对象的 print()方法，所以最后输出的结果是：i=12。

(3) 用于构造方法的重载

在类的某个构造方法中使用 this([实参列表])来调用本类的其他构造方法，该语句必须放在此构造方法的第一行。

【例 3-17】使用 this 进行构造方法的重载。

```
// Student.java
package thisjava;
class Student{
    private String name;
    private int age;
    private String school;
    Student() {
        this("zhangsan",18);              //调用含有两个参数的构造方法
    }
    //没使用this关键字调用该类中的其他构造方法
    Student(String name,int age,String school) {
        this.name = name;
        this.age = age;
        this.school = school;
    }
    Student(String name,int age){
        this(name,age,"qqhr");            //调用含有3个参数的构造方法
    }
}
```

说明：在使用 this 关键字进行构造方法的重载时需要有一个出口，也就是说至少有一个构造方法没有用 this([实参列表])调用其他的构造方法，否则调用是循环调用，将会造成死循环。

如果一个类中有多个构造方法，最好在参数少的构造方法中使用 this([实参列表])来调用参数多的构造方法，这样可以增加类的可读性和可维护性。

2. super 关键字的用法

super 代表当前对象的直接父类对象。在类的继承中，可以使用 super 访问父类中被子类隐藏了的同名成员变量，访问父类中被子类覆盖了的同名成员方法，也可以在子类的构造方法中使用 super 关键字调用父类的构造方法。下面给出 super 的两种主要用法。

【教学视频】

(1) 在子类中访问父类的成员

引用直接父类中被隐藏的成员变量，具体语法格式如下。

```
super.成员变量;
```

调用直接父类中被覆盖的成员方法，具体语法格式如下。

```
super.成员方法([实参列表]);
```

【例 3-18】在子类中利用 super 访问父类的成员。

```java
// FatherClass.java
package superjava.examp1;
public class FatherClass {
    String name ;
    int age = 48;
    public void info(){
        name = "张三";
        System.out.println ("FatherClass.name="+name);
    }
}
// ChildClass.java
package superjava.examp1;
public class ChildClass extends FatherClass {
    String name ;        //对父类中的 name 属性进行重新定义，即隐藏了父类中的 name 属性
    public void info() { //对父类中的 info()方法进行重写
        super.info();        //利用 super 关键字调用被子类覆盖的父类中的 info()方法
        name = "张奇";
        System.out.println("ChildClass.value="+name);
        System.out.println(name);
        System.out.println(super.name);
                        //super.name 使用父类中被隐藏的成员变量 name
    }
}
//测试类 TestSuper.java
package superjava.examp1;
```

```
public class TestSuper {
    public static void main(String[] args) {
        ChildClass child = new ChildClass();
        child.info();
    }
}
```

案例运行效果如图 3.14 所示。

图 3.14　例 3-18 运行结果

说明：例 3-18 在测试类中实例化了子类对象，并调用了其子类的 info()方法。在子类的 info()方法中，使用 super.info()调用父类的 info()方法。在父类的 info()方法中，先用"name = "张三""对父类中的 name 属性赋值，然后输出相关信息，所以先输出"FatherClass.name=张三"。父类的 info()方法执行完毕，返回到子类的断点继续往下执行，这时"name = "张奇""是对子类中的 name 属性赋值，所以紧接着输出的应是"ChildClass.value=张奇"，下面输出的 name 应为子类中的 name 属性，为"张奇"，super.name 是调用被子类隐藏的成员变量，所以输出的应为"张三"。

（2）调用直接父类的构造方法

具体语法格式如下。

```
super([实参列表]);
```

说明：

① 调用直接父类的构造方法经常使用的语句是 super()和 super(参数)。

② super()表示调用父类中没有任何参数的构造方法。

③ super(参数)表示调用父类中含有参数的构造方法，根据传递的参数类型和个数决定调用哪个构造方法。

④ super()和 super(参数)必须出现在构造方法的第一行，而且是调用父类构造方法的唯一方式。一般通过这种方法在子类的构造方法中初始化父类中的属性。

【例 3-19】用 super 关键字调用直接父类的构造方法。

```
// SuperClass.java
package superjava.examp2;
public class SuperClass {
    public SuperClass(){                //父类中不含任何参数的构造方法
        System.out.println("SuperClass Create");
    }
    public SuperClass(String s){        //父类中含有一个字符串参数的构造方法
```

```java
            System.out.println(s+"SuperClass Create");
    }
}
// ChildClass.java
package superjava.examp2;
public class ChildClass extends SuperClass{
    public ChildClass(){
        super();                           //调用父类中没有任何参数的构造方法
        System.out.println("ChildClass Create");
    }
    public ChildClass(String s){
        super(s);                          //调用父类中含有一个字符串参数的构造方法
        System.out.println(s+"ChildClass Create");
    }
    public static void main(String[] args){
        ChildClass cc = new ChildClass();
        ChildClass fc = new ChildClass("Hello, ");
    }
}
```

案例运行效果如图 3.15 所示。

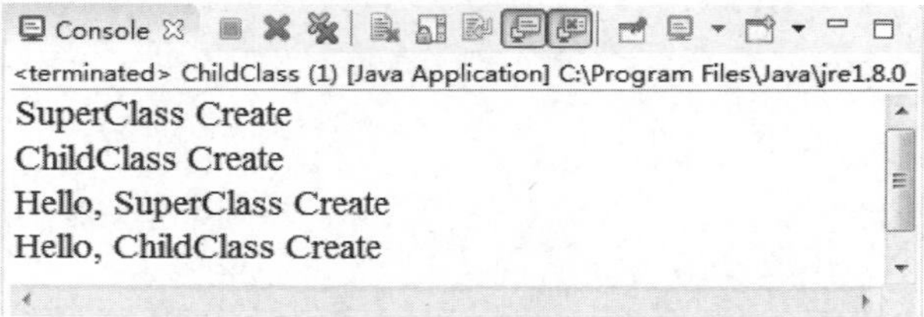

图 3.15　例 3-19 运行结果

说明：输出结果的第一行"SuperClass Create"是在创建 ChildClass 类的实例 cc 时，执行构造方法 ChildClass()中的"super();"语句调用父类 SuperClass 的无参构造方法输出的；输出结果的第二行"ChildClass Create"是执行构造方法 ChildClass()中的"System.out.println("ChildClass Create");"语句输出的；输出结果的第三行"Hello, SuperClass Create"是创建 ChildClass 类的实例 fc 时，执行构造方法 ChildClass(String s)中的"super(s);"语句调用父类 SuperClass 的含有一个字符串参数的构造方法输出的；输出结果的第四行"Hello, ChildClass Create"是执行构造方法 ChildClass(String s)中的"System.out.println(s+"ChildClass Create");"语句输出的。

3.5.4　继承中的构造方法

当创建一个类的对象时，系统会调用其构造方法初始化所属成员的变量。但在继承中创建子类对象时对继承自父类的成员变量如何初始化呢？这就涉及继承中的构造方法问题。

继承中的构造方法具体规则如下。

【教学视频】

(1) 子类的构造方法中必须显式或隐式调用父类的构造方法。

(2) 子类可以在自己的构造方法中使用 super()或 super(参数)调用父类的构造方法，使用 this([实参列表])调用本类的另外的构造方法。

(3) this([实参列表])和 super([实参列表])不能在同一个构造方法中出现，因为都必须出现在第一行。

(4) 如果子类的构造方法中没有显式地调用父类的构造方法，则系统默认调用父类中无参数的构造方法。

(5) 如果子类构造方法中既没有显式调用父类的构造方法，而父类中又没有无参的构造方法时，编译会出错。所以在写类的时候，通常要写默认无参的构造方法。

(6) 所有对象的构造都是先父后子。

完成子类对象的创建，其构造方法调用流程图如图 3.16 所示。

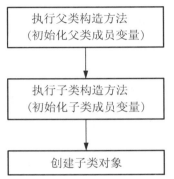

图 3.16 创建对象时构造方法的执行过程

【例 3-20】Person 和 Student 之间的构造方法问题。

```
//Person.java
package personandstudent;
public class Person {
    private String name;
    private int age;
    public Person() {                       //父类中没有任何参数的构造方法
    }
    public Person(String name) {            //父类中含有一个字符串参数的构造方法
        this.name = name;
        age = 18;
        System.out.println("调用父类构造方法 1");
    }
    public Person(String name,int age) {//父类中含有两个参数的构造方法
        this.name = name;
        this.age = age;
        System.out.println("调用父类构造方法 2");
    }
    public void printInfo() {               //输出父类中的相关信息
        System.out.print( "name: "+name+" age: "+age);
    }
}
// Student.java
package personandstudent;
public class Student extends Person {
    private String school;
    public Student(String name,String school) {   //子类中含有两个参数的构造方法
        this(name,20, school);                    //调用同一类中含有 3 个参数的构造方法
```

```
        System.out.println("调用子类构造方法 1");
    }
//子类中含有 3 个参数的构造方法
    public Student(String name,int age,String school) {
        super(name,age);                      //调用父类的构造方法
        this.school = school;
        System.out.println("调用子类构造方法 2");
    }
    public void printInfo(){                  //重写了父类中的printInfo()方法
        super.printInfo();
         System.out.println( " school: "+school);
    }
}
//测试类 TestStudent.java
package personandstudent;
public class TestStudent {
    public static void main(String[] args) {
        Student s1 = new Student("Lucy","cumtb");
        s1.printInfo();
        Student s2 = new Student("Jim",25,"cumt");
        s2.printInfo();
    }
}
```

案例运行效果如图 3.17 所示。

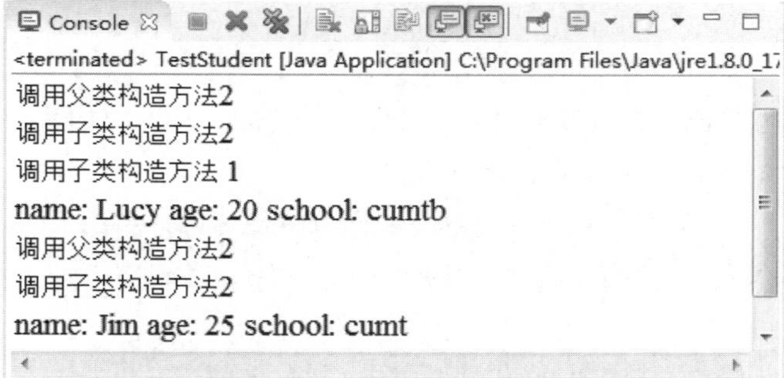

```
调用父类构造方法2
调用子类构造方法2
调用子类构造方法 1
name: Lucy age: 20 school: cumtb
调用父类构造方法2
调用子类构造方法2
name: Jim age: 25 school: cumt
```

图 3.17　例 3-20 运行结果

3.6　包

包(package)是 Java 语言中特有的概念,主要是由 Java 本身跨平台特性的需求而引入的。Java 对文件的管理同样采用目录树形结构,Java 语言中的包实际是一个文件夹的目录,它提供了一种管理文件的机制。

实际开发中,不同的 Java 源文件可能具有相同的类名,如果想区分这些类,就需要使用包,不同的包中可以具有相同名字的类。可见,使用包避免了多个重名类相冲突的问题。

同时包的概念在开发项目时将具有相似功能的类与接口放在同一包中，这对项目的组织和管理也具有重要意义。

3.6.1 包的声明

将新定义的接口或类放在自定义的包里，需要包的声明，具体语法格式如下。

```
package 包名;
```

说明：
(1) 包名可以是一个合法的标识符，也可以是由若干个标识符通过"."连接而成的。
(2) 包的命名规则为：包名称的元素全部小写。
(3) 该语句是 Java 源文件的第一条语句，并且只能有一个。

通常在做项目时，包的命名是将自己公司的网址倒过来写(每个公司的网址是唯一的)。例如：Eclipse 开发工具的网址为 www.eclipse.com，其包名可写成：com.eclipse.项目名。

下面给出包的声明的一些例子。例如：

```
package com;
```

表示在当前文件夹下创建子文件夹 com。

```
package com.src;
```

表示在当前文件夹下创建子文件夹 com，再在 com 文件夹下创建子文件夹 src。

注意：具有包声明的类和接口必须将其放到相应的包中，否则，虚拟机将无法加载这样的类。

3.6.2 包的导入

当一个类使用与自己同在一个包中的类时，直接访问即可。如果要使用其他包中的类，就需对其导入，即 import 语句，具体语法格式如下。

```
import 包名.*;        //表示将该包名下的所有类都导入当前程序中
import 包名.类名;      //表示将该包名下的某一个类导入当前程序中
```

说明：
(1) import 语句是紧跟在包的声明之后的语句。
(2) 在一个源文件中，可以有多个 import 语句，它们没有先后的要求。
(3) 对于 Java 提供的类库，除了 java.lang 包中的类，系统会自动加载而不需要导入外，其他包中的类当使用时必须导入。

3.7 权限控制

权限控制主要是指某个类以及类中的成员变量和方法(包括成员方法和构造方法)能否被其他的类使用，以及在继承中其成员变量和方法能否被子类继承。权限控制修饰符主要有 public、private、default 和 protected，其中只有 public、default 可以修饰类。在同一个类中,成员方法总是可以访问该类中的成员变量,与修饰符无关。在编程中,一般将成员变量设成 private,把成员方法设成 public。

3.7.1 公有访问修饰符:public

在 Java 中,用 public 修饰的类,表示该类为公共类,可以被所有的其他类访问、使用和继承。但这并不表明,类中的变量和方法都是公共的。用 public 修饰的成员变量和方法是公有的,可以被所有的类访问。

例 3-21 给出了用 public 修饰的类和成员可以在不同的包中被访问的程序。

【例 3-21】public 修饰符示例。

```
package publiccon.example;
public class Example {
    public int x;
    public void setX(int x){
        this.x = x;
    }
    public int getX(){
        return x;
    }
}
```

在另一个包 publiccon 下,public 修饰符示例如下。

```
package publiccon;
import publiccon.example.Example;
public class Test {
    public static void main(String[] args) {
        Example a = new Example();
        a.setX(4);
        int b = a.getX();
        System.out.println("x=" + a.x);
        System.out.println("b=" + b);
    }
}
```

案例运行效果如图 3.18 所示。

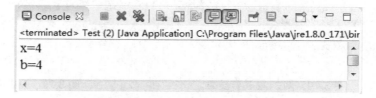

图 3.18 例 3-21 运行结果

说明:由图 3.18 可以看出,成员变量 x 和成员方法 setX() 与 getX() 都被正确地使用了,这是因为类 Example 和成员变量 x、成员方法 setX() 与 getX() 的修饰符都是 public。

3.7.2 保护访问修饰符：protected

在 Java 中，用 protected 修饰的成员变量和方法被称为受保护的成员变量和方法。受保护的成员变量和方法可以被本类、同一包中的其他类访问和使用，也可以被同一个包中的类或不同包中的类继承，但不能被不同包中的其他类访问。

【例 3-22】protected 修饰符示例。

```java
package protectedcon.example;
public class Example {
    protected int x;
    protected void setX(int x) {
        this.x = x;
    }
}
package protectedcon;
import protectedcon.example.Example;
public class Test {
    public static void main(String[] args) {
        Example a = new Example();
        a.setX(4);
        System.out.println("x=" + a.x);
    }
}
```

当 Example.java 在 Test.java 所在包的子包 example 中时，在运行时无法编译，其输出结果如图 3.19 所示。

说明：由图 3.19 可以看出，成员变量 x 和成员方法 setX()不能被正确地使用，这是因为成员变量 x 和成员方法 setX()的修饰符为 protected，不能被不在同一包中的其他类通过类的实例进行访问。

该问题的解决方法是将这两个类放在同一包中，或将成员变量和方法的修饰符改成 public。当 Example.java 和 Test.java 在同一包中，案例运行效果如图 3.20 所示。

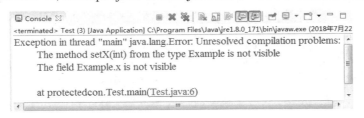
图 3.19　例 3-22 运行结果

图 3.20　改进后案例运行结果

3.7.3 默认访问修饰符：default

在 Java 中，默认访问修饰符 default 也叫包访问控制符，它的访问规则和 protected 几乎一样。当一个类或类的成员前没有任何访问限定修饰符时，其访问权限为默认类型。被 default 修饰的类和成员只能被类本身和同一包中的其他类访问和使用，被 default 修饰的类也只能被同一包中的其他类继承。

【例 3-23】default 修饰符示例。

```
package defaultcon.example;
public class Example {
    int x;
    void setX(int x) {
        this.x = x;
    }
}
package defaultcon;
import defaultcon.example.Example;
public class Test {
    public static void main(String[] args) {
        Example a = new Example();
        a.setX(4);
        System.out.println("x=" + a.x);
    }
}
```

当 Example.java 在 Test.java 所在包的子包 example 中时，在运行时无法编译，其输出结果如图 3.21 所示。

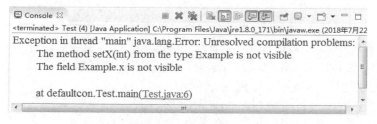

图 3.21　例 3-23 运行结果

说明：该程序的说明和解决方案参看 protected 示例程序。

3.7.4　私有访问修饰符：private

在 Java 中，用 private 修饰的成员变量和方法称为私有变量和私有方法，它们只能被该类自身所访问和调用，不能被继承。

【例 3-24】private 修饰符示例。

```
package privatecon;
public class Example {
    private int x;
    private void setX(int x) {
        this.x = x;
    }
    public static void main(String[] args) {
        Example a = new Example();
```

```
        a.setX(4);
        System.out.println("x=" + a.x);
    }
}
```

案例运行效果如图 3.22 所示。

图 3.22　例 3-24 运行结果

试想如果将例 3-24 中的 main()方法中的内容写在 Test.java 中,将会出现什么样的结果?4 种控制符的访问权限见表 3-1。

表 3-1　控制符的权限作用

修饰符	类内部	同一包	子类	任何地方
private	是			
default	是	是		
protected	是	是	是	
public	是	是	是	是

在编程的过程中,一般将成员方法设成 public,把成员变量设成 private。这样,可以在任何类中通过调用该类公有的成员方法来访问或修改私有的成员变量,保证了程序的安全性和数据的封装性。示例程序如例 3-25 所示。

【例 3-25】私有的成员变量公有的成员方法示例。

```
package privatecon.example;
public class Example{
    private int x;
    public void setX(int x){
        this.x = x;
    }
    public int getX(){
        return x;
    }
}
```

在另一个包 privatecon 下时,具体示例如下。

```
package privatecon;
import privatecon.example.Example;
public class Test {
    public static void main(String[] args){
        Example a = new Example();
```

```
        a.setX(4);
        int b = a.getX();
        System.out.println("x="+ a.getX());
        System.out.println("b="+b);
    }
}
```

案例运行效果如图 3.23 所示。

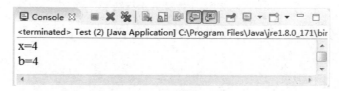

图 3.23　例 3-25 运行结果

注意：修饰符 private、public、protected 都不能用来修饰方法中的局部变量，否则编译会出错。

3.8　关键字 final 与 static

3.8.1　关键字 final

final 表示最后的、最终的、终端的。在 Java 语言中主要用在以下 4 种情况。

1. final 关键字修饰成员变量

在 Java 中，如果想将一个变量定义为常量，该变量就用关键字 final 修饰。用 final 修饰的变量系统不会为其添加默认值，必须显式赋值或在构造方法里初始化变量。一旦给 final 变量赋初值后，其值就不能再改变。

【例 3-26】final 关键字修饰成员变量。

```java
// FinalEx1.java
package finaldemo;
public class FinalEx1{
    final int i ;
    public FinalEx1(){}
    public void printMess() {
        System.out.println("i = " + i);
    }
}
```

利用 MyEclipse 的自动编译功能，当保存时会出现如图 3.24 所示的错误。

说明：由图 3.24 可以看出，由 final 修饰的成员变量 i 没有初始化，所以编译出错。可以将程序第二行修改为"final int i = 1"或在构造方法中添加相应的初始化语句。

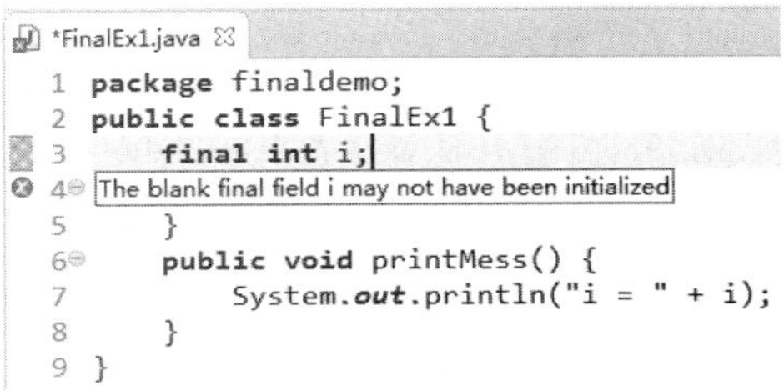

```
FinalEx1.java
1  package finaldemo;
2  public class FinalEx1 {
3      final int i;
   4  The blank final field i may not have been initialized
5      }
6      public void printMess() {
7          System.out.println("i = " + i);
8      }
9  }
```

图 3.24　例 3-26 运行结果

【例 3-27】改变 final 关键字修饰的成员变量的值。

```
// FinalEx2.java
package finaldemo;
public class FinalEx2{
    final int i ;
    public FinalEx2(int i){           //在构造方法中初始化变量 i
        this.i = i;
    }
    public void printMess() {
        i = 3;                        //将变量 i 的值重新赋值为 3
        System.out.println("i = " + i);
    }
}
```

利用 MyEclipse 的自动编译功能，当保存时会出现如图 3.25 所示的错误。

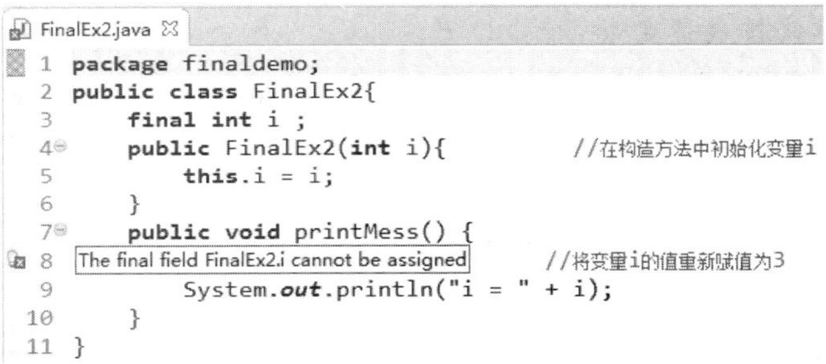

```
FinalEx2.java
1  package finaldemo;
2  public class FinalEx2{
3      final int i ;
4      public FinalEx2(int i){           //在构造方法中初始化变量i
5          this.i = i;
6      }
7      public void printMess() {
8  The final field FinalEx2.i cannot be assigned   //将变量i的值重新赋值为3
9          System.out.println("i = " + i);
10     }
11 }
```

图 3.25　例 3-27 运行结果

说明：由图 3.25 可以看出由 final 修饰的成员变量 i 在构造方法中已经被初始化，不能在 printMess() 方法中重新赋值。

2. final 修饰局部变量

在 Java 中，当 final 修饰局部变量时，可以读取使用该变量的值，但不可以改变该变量的值。

【例 3-28】final 关键字修饰方法的参数。

```
// FinalEx3.java
package finaldemo;
public class FinalEx3{
```

```
    public int plusOne(final int x) {
        return ++x;                  //将x的值加1并返回
    }
}
```

利用 MyEclipse 的自动编译功能,当保存时会出现如图 3.26 所示的错误。

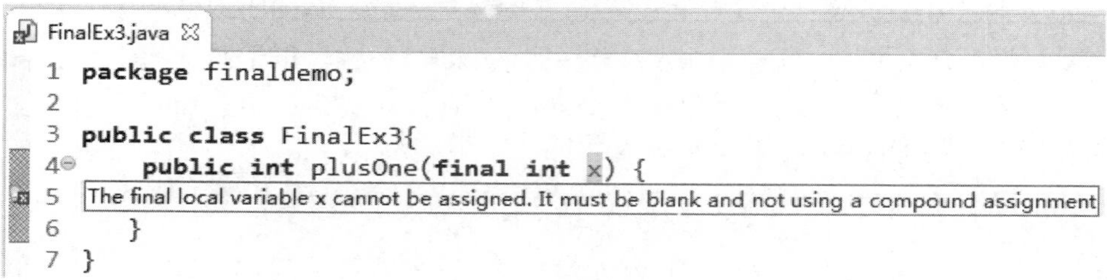

```
 1  package finaldemo;
 2
 3  public class FinalEx3{
 4      public int plusOne(final int x) {
 5  The final local variable x cannot be assigned. It must be blank and not using a compound assignment
 6      }
 7  }
```

图 3.26 例 3-28 运行结果

说明:由于本例在 plusOne()方法中试图改变 final 修饰的参数的值,所以编译出错。

3. final 关键字修饰方法

在 Java 中,如果某个方法只想被子类继承,不想被子类重写,就将该方法用 final 修饰。用 final 修饰的方法称为最终方法。

【例 3-29】final 关键字修饰方法。

```
// FinalEx4.java
package finaldemo;
public class FinalEx4{
    public final void printInfo(){
        System.out.println("该方法不能被重写");
    }
}
// SubFinal.java
package finaldemo;
public class SubFinal extends FinalEx4{
    public final void printInfo(){
        System.out.println("子类对父类中的final方法重写");
    }
}
```

利用 MyEclipse 的自动编译功能,当保存时会出现如图 3.27 所示的错误。

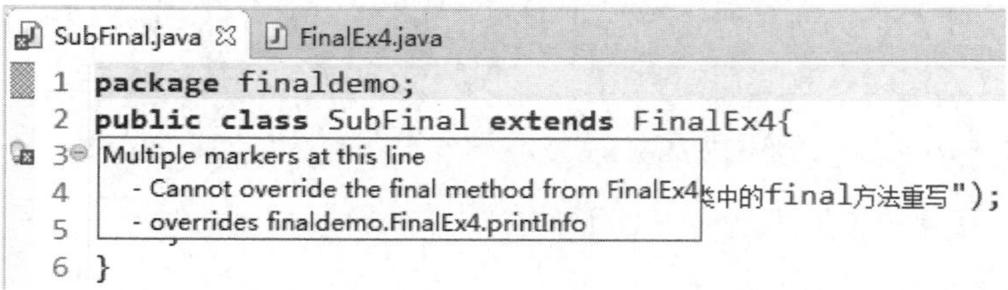

```
 1  package finaldemo;
 2  public class SubFinal extends FinalEx4{
 3  Multiple markers at this line
 4      - Cannot override the final method from FinalEx4
 5      - overrides finaldemo.FinalEx4.printInfo
 6  }
```

图 3.27 例 3-29 运行结果

说明:由图3.27可以看出当在子类中对父类中的final方法进行重写时,编译将会出错。

注意:被static或private修饰的方法默认为final类型,所以被这两个关键字修饰的方法不能被重写。

4. final 关键字修饰类

在Java中,设计类的时候,如果这个类不需要有子类,类的实现细节不允许改变,并且确信这个类不会被扩展,那么就将该类设计为final类。用final修饰的类,表示该类不能被继承,该类被称为最终类或终极类。该类中的成员方法默认都是final。

例如,经常遇到的String类的定义如下。

```
public final class String{
......
}
```

如果定义一个类subClass继承自String类,代码如下。

```
public class subClass extends String{
}
```

利用MyEclipse的自动编译功能,当保存时会出现如图3.28所示的错误。

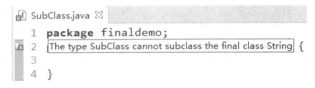

图3.28 继承String类的案例运行结果

说明:由图3.28可以看出,由于Java提供的String类为final类,不能被继承,所以编译出错。

3.8.2 关键字static

static修饰符可以修饰变量、常量、方法和代码块,分别称为static变量、static常量、static方法和static代码块。

1. static 变量

在Java中,如果希望某个变量的值能被所有的对象共享,可以将该变量声明为static变量(也叫类变量)。static变量在类装载时,只分配一块存储空间,所有此类的对象都可以操控此块存储空间,它为所有类实例提供共享的变量。当一个对象将该变量修改后,其他对象再使用该变量将会是改变后的数据。声明static变量的具体语法格式如下。

```
[权限控制符] static 成员变量类型 成员变量名;
```

访问static变量的具体语法格式如下。

```
类名.静态成员变量名(不同类中)
静态成员变量名(同一类中,也可以用上述方法访问)
```

【例3-30】访问 static 变量。

```java
// Count.java
package staticdemo;
public class Count {
    public static int counter = 0;      //统计生成对象的数目
        public int serial;              //记录对象的编号
        public Count() {
            counter++;
            serial = counter;
    }
    public static void main(String[] args){
        Count count1 = new Count();
        System.out.println(counter);
        System.out.println(count1.serial);
        Count count2 = new Count();
        System.out.println(counter);
        System.out.println(count2.serial);
    }
}
```

案例运行效果如图 3.29 所示。

图 3.29 例 3-30 运行结果

说明：static 变量 counter 在所有实例中共享，当创建一个对象调用构造方法改变 counter 的值后，被创建的下一个对象就会接受已增加的值，所以输出的是"1、1、2、2"。

2. static 常量

在 Java 中，使用 final 修饰的变量为常量，如果将 final 和 static 连用修饰一个常量，该常量就是 static 常量。static 常量一般为所有对象所共有，所以，把常量声明为 static 的情形也很多。

声明 static 常量的具体语法格式如下。

[权限控制符] static final 常量类型 常量名 = 常量值;

访问 static 常量的具体语法格式如下。

类名.静态常量名(不同类中)
静态常量名(同一类中，也可以用上述方法访问)

如：public static final double PI = 3.141592653589793;

3. static 方法

在 Java 中,被 static 修饰的方法称为 static 方法或类方法。static 方法不能直接访问所属类的非静态的成员变量和成员方法,只能访问所属类的静态成员变量和成员方法。

声明 static 方法的具体语法格式如下。

```
[权限控制符] static 返回类型 成员方法名([参数列表]){
    方法体;
}
```

访问 static 方法的具体语法格式如下。

```
类名.静态方法名([实参列表])    (不同类中)
静态方法名([实参列表])    (同一类中,也可以用上述方法访问)
```

【例 3-31】访问 static 方法。

```
// TestStatic.java
package staticdemo;
public class TestStatic{
    public static void printInfo(String s){
        System.out.println("Hello," + s);
    }
    public static void main(String[] args){
        printInfo("static");
    }
}
```

案例运行效果如图 3.30 所示。

图 3.30 例 3-31 运行结果

说明:在 main()方法(static 方法)中访问同一个类中的 printInfo(String s)static 方法,可以直接使用方法名([实参列表])即 printInfo("static ")访问,也可以使用 TestStatic. printInfo ("static")调用。如果在其他类中使用静态的 printInfo(String s)方法,就只能用 TestStatic. printInfo("static")调用。

注意:this 和 super 这两个关键字是非静态的,都无法在 static 方法内部使用。

4. static 代码块

在 Java 中,如果有些代码(如初始化数据)必须在程序启动的时候就执行,需要使用 static 代码块。static 代码块在类被装载时,自动执行一次,如果一个类中有多个 static 代码块,将按它们在类中出现的顺序依次执行。

【例 3-32】 static 代码块。

```java
// TestStatic2.java
package staticdemo;
public class TestStatic2{
    static int i = 1;
    static{
        System.out.println("Hello,static" );
    }
    static{
        System.out.println("当前i的值"+i++ );
    }
    public static void main(String[] args){
        System.out.println("当前i的值"+i++ );
    }
}
```

案例运行效果如图 3.31 所示。

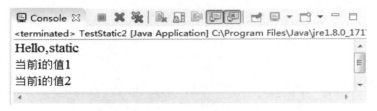

图 3.31　例 3-32 运行结果

说明：上述代码虽然在 main()方法中只有一条输出语句，但在控制台却输出 3 条信息，这是因为程序是按顺序执行 static 语句块中的代码，所以才会显示图 3.31 所示的结果。

3.9　案　例　分　析

3.9.1　图书管理系统

本案例主要实现图书的管理功能，主要功能包括：(1)查看全部书目；(2)归还书目；(3)添加书目；(4)借阅书目；(5)查找书目。

首先定义一个 Book 类，它主要包含：(1)书名、作者、是否可借和书的总数四个成员变量，其中书的总数应定义为静态的成员变量，隶属于类；(2)用于初始化对象的构造方法；(3)成员变量的 get 与 set 方法；(4)toString()方法。Book 类的具体实现如下。

```java
//Book.java
package example.book;
public class Book {
    private String name;            //书的作者的名字
    private String author;          //书的作者
    private String bool;            //是否可借
```

```java
    private static int totalBook = 0;        //书的总数
    public Book(String name,String author,String bool){
        this.name = name;
        this.author = author;
        this.bool = bool;
        totalBook ++;
    }
    public Book(){
        totalBook ++;
    }
    public Book(Book book){
        name = book.name;
        author = book.author;
        bool = book.bool;
        totalBook ++;
    }
    public String getName() {
        return name;
    }
    public void setName(String name) {
        this.name = name;
    }
    public String getAuthor() {
        return author;
    }
    public void setAuthor(String author) {
        this.author = author;
    }
    public String getBool() {
        return bool;
    }
    public void setBool(String bool) {
        this.bool = bool;
    }
    public static int getTotalBook(){
        return totalBook;
    }
    public String toString(){
        return name + '\t' + author + '\t' + bool;
    }
}
```

然后定义 BookList 类，用户对所有的书目进行统一管理与操作，在该类中包括：(1)查看全部书目；(2)归还书目；(3)添加书目；(4)借阅书目；(5)查找书目。BookList 类的具体实现如下。

```java
//BookList.java
package example.book;
```

```java
public class BookList {
    private static final int MAX = 100;        //设置最多能存的书目
    private Book bookList[] = new Book[MAX];
    private int total;
    public BookList(){
        bookList[0] = new Book("数据结构与算法","严蔚敏","是");
        bookList[1] = new Book("算法竞赛入门经典","刘汝佳","是");
        bookList[2] = new Book("操作系统","汤子瀛","是");
        total = 3;
    }

    public int getTotal(){                     //获得书的总数
        return total;
    }
    public boolean addBook(Book book){         //添加书目
        if(total > 99){
            return false;
        }
        else{
            bookList[total] = new Book(book);
            total ++;
            return true;
        }
    }
    public void borrowBook(String name) {      // 借阅书目
        int k = -1;
        for (int i = 0; i < total; i++) {
            if (bookList[i].getName().equals(name)) {
                k = i;
                if (bookList[i].getBool() == "是") {

                    bookList[k].setBool("否");
                    System.out.println("借书成功");

                    break;
                }
                else
                    {System.out.println("该书已出借");
                    break;
                    }
            }
        }
        if (k == -1) {

            System.out.println("未查找到该书籍");
        }
    }
```

```java
    public void returnBook(String name){            //归还书目
        int k = -1;
        for (int i = 0 ; i < total ; i ++){
            if(bookList[i].getName().equals(name)){
                k = i;
            }
        }
        if(k != -1){
            bookList[k].setBool("是");
        }
        else{
            System.out.println("未查找到该书籍");
        }
    }
    public String findBook(String name){            //查找书目
        int k = -1;
        for (int i = 0 ; i < total ; i ++)
        {
            if(bookList[i].getName().equals(name)){
                k = i;
                break;
            }
        }
        if(k != -1 && k < total)
            return bookList[k].getName() + '\t' + bookList[k].getAuthor() +
                '\t' + bookList[k].getBool();
        else
            return "没有找到该书目";
    }
    public int findBook(String name,String author){ //方法重载
        int k = -1;
        for (int i = 0 ; i < total ; i ++)
        {
            if(bookList[i].getName().equals(name)&&
                bookList[i].getAuthor().equals(author)){
                k = i;
                break;
            }
        }
        return k;
    }
    public String totalBook(){                      //全部书目列表
        String str = "";
        for (int i = 0 ; i < total ; i ++)
        {
            str = str + bookList[i].toString() + "\n";
        }
```

```java
            return str;
    }
}
```

下面编写测试类进行测试。BookTest 类的实现如下。

```java
//BookTest.java
package example.book;
import java.util.Scanner;
public class BookTest {
    public static void main(String args[]){
        BookList bookList = new BookList();//初始化所有记录
        do{
            Scanner reader = new Scanner(System.in);
            String input = null,cin = null;
            System.out.println("********图书管理系统********");
            System.out.println("1.L 全部书目" + '\t' + "2.R 归还书目");
            System.out.println("3.A 添加书目" + '\t' + "4.D 借阅书目");
            System.out.println("5.F 查找书目" + '\t' + "6.X 退出系统");
            System.out.println("注意:借书前请确定该书目存在");
            System.out.println("*************************");
            if(reader.hasNextLine()){
                input = reader.nextLine();
            }
            if(input.equals("L")){
                System.out.println("书库中一共有" + bookList.getTotal()
                + "本书" + "在记录中的书目有:");
                System.out.println(bookList.totalBook());
            }
            else if(input.equals("R")){
                System.out.println("请输入书目的名字、作者 中间用空格隔开");
                String[] addbook = new String[5];
                for (int i = 0 ; i < 2 ; i ++)
                {
                    addbook[i] = reader.next();
                }
                if(addbook[1] != null){
                    int k = bookList.findBook(addbook[0],addbook[1]);
                    if(k != -1){
                        bookList.returnBook(addbook[0]);
                        System.out.println("书目归还成功");
                    }
                    else{
                        System.out.println("书目归还失败");
                    }
                }
                else{
                    System.out.println("书目归还失败,请输入正确的格式");
                }
```

```java
                }
                else if(input.equals("A")){
                    System.out.println("请输入书目的名字、作者 中间用空格隔开");
                    String[] addbook = new String[5];
                    for (int i = 0 ; i < 2 ; i ++)
                    {
                        addbook[i] = reader.next();
                    }
                    if(addbook[1] != null){
                        if(bookList.addBook(
                            new Book(addbook[0],addbook[1],"是"))){
                            System.out.println("书目添加成功");
                        }
                        else{
                            System.out.println("书目添加失败");
                        }
                    }
                    else{
                        System.out.println("书目添加失败，请输入正确的格式");
                    }
                }
                else if(input.equals("D")){
                    System.out.println("请输入书的名字");
                    if(reader.hasNextLine()){
                        cin = reader.nextLine();
                    }
                    bookList.borrowBook(cin);
                    //System.out.println("借书成功");
                }
                else if(input.equals("F")){
                    System.out.println("请输入书的名字");
                    if(reader.hasNextLine()){
                        cin = reader.nextLine();
                    }
                    System.out.println(bookList.findBook(cin));;
                }
                else if(input.equals("X")){
                    System.out.println("退出成功");
                    break;
                }
                else{
                    System.out.println("输入信息错误,请重新输入");
                }
                System.out.println();
            }while(true);
        }
    }
```

运行图书管理系统，输入"L"显示全部书目，如图 3.32 所示；借阅"数据结构与算法"，第一次借阅成功，如图 3.33 所示；再次借阅"数据结构与算法"，该书已借出，如图 3.34 所示；归还"数据结构与算法"，如图 3.35 所示。

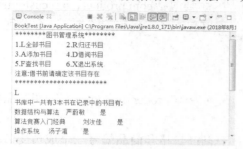

图 3.32 显示书目列表

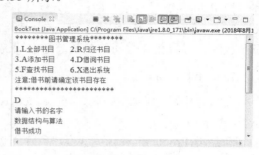

图 3.33 借阅图书成功

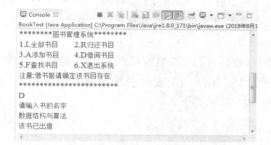

图 3.34 借阅图书已借出

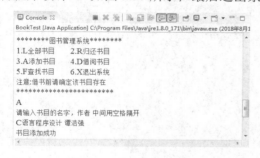

图 3.35 归还图书

添加谭浩强编写的"C 语言程序设计"，如图 3.36 所示；添加书目完成后，查找"C 语言程序设计"，如图 3.37 所示；最后退出系统，如图 3.38 所示。

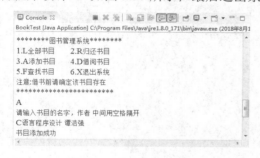

图 3.36 添加书目

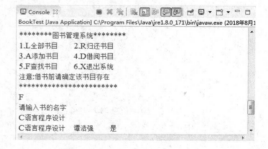

图 3.37 查找图书

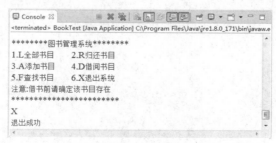

图 3.38 退出成功

3.9.2 超市售货管理系统

本案例主要是对超市的售货过程进行模拟，主要功能是收银员对普通顾客进行结账处理、对 VIP 顾客进行结账并进行积分处理。在该案例中，主要包括 com.product、com.customer、com.employee 和 com.test 四个包，分别为商品包、顾客包、员工包和测试包。下面分别对每个包的内容及相互之间的关系进行详细说明。

1. com.product 包

在该包中，主要包括商品类(Product.java)、商品列表类(ProductList.java)和购买商品信息类(ShopInfo.java)。

商品类(Product.java)中主要包括：(1)商品名字、商品价格和商品编号三个成员变量；(2)用于初始化商品类对象的构造方法；(3)成员变量的 get 与 set 方法；(4)toString()方法。

商品列表类(ProductList.java)中主要包括：(1)用于存储商品的商品列表数组和商品总数两个成员变量；(2)用于初始化商品列表类对象的构造方法；(3)成员变量的 get 与 set 方法；(4)获取商品和商品价格方法。

购买商品信息类(ShopInfo.java)中主要包括：(1)购买商品的编号和购买商品的数量两个成员变量；(2)用于初始化购买商品信息类对象的构造方法；(3)成员变量的 get 方法。

Product 类、ProductList 类和 ShopInfo 类的具体实现如下。

```java
//Product.java
package com.product;
public class Product {
    private String name;                    // 商品名字
    private double price;                   // 商品价格
    private String id;                      // 商品编号
    public Product() {    }
    public Product(String name, double price, String id) {
        this.name = name;
        this.price = price;
        this.id = id;
    }
    public String getName() {
        return name;
    }
    public void setName(String name) {
        this.name = name;
    }
    public double getPrice() {
        return price;
    }
    public void setPrice(double price) {
        this.price = price;
    }
    public String getId() {
        return id;
```

```java
    }
    public void setId(String id) {
        this.id = id;
    }
    public String toString() {
        return id + " " + name + " " + price;
    }
}
//ProductList.java
package com.product;
public class ProductList {
    // 初始化的一个商品表
    private static final int MAX = 100;  // 设置最多能存100件商品
    private Product ProductList[] = new Product[MAX];
    private int total;
    public ProductList() {
        ProductList[0] = new Product("可乐", 3, "1");
        ProductList[1] = new Product("花茶", 4, "2");
        ProductList[2] = new Product("雪碧", 3, "3");
        setTotal(3);
    }
    public int getTotal() {
        return total;
    }
    public void setTotal(int total) {
        this.total = total;
    }
    public double getPrice(String id) {
        for (int i = 0; i < total; i++) {
            Product p = ProductList[i];
            if (p.getId().equals(id)) {
                return p.getPrice();
            }
        }
        return 0;
    }
    public Product getProduct(String id) {
        for (int i = 0; i < total; i++) {
            Product p = ProductList[i];
            if (p.getId().equals(id)) {
                return p;
            }
        }
        System.out.println("查找不成功");
        return null;
    }
}
```

```java
//ShopInfo.java
package com.product;
public class ShopInfo {
    private String id;            // 购买商品的编号
    private int num;              // 购买商品的数量
    public ShopInfo(String id, int num) {
        this.id = id;
        this.num = num;
    }
    public String getId() {
        return id;
    }
    public int getNum() {
        return num;
    }
}
```

2. com.customer 包

在该包中，主要包括普通顾客类(Customer.java)和 VIP 顾客类(VIPCustomer.java)。

普通顾客类(Customer.java)中主要包括：(1)顾客编号、顾客姓名、购买商品列表以及购买商品总数四个成员变量；(2)用于初始化顾客类对象的构造方法；(3)成员变量的 get 与 set 方法。

VIP 顾客类(VIPCustomer.java)继承自普通顾客类，在普通顾客类的基础上增加了"积分"成员变量。

Customer 类和 VIPCustomer 类的具体实现如下。

```java
//Customer.java
package com.customer;
import com.product.ShopInfo;
public class Customer {
    private String id;            // 顾客编号
    private String name;          // 顾客姓名
private ShopInfo[] list ;         // 购买商品列表
    private int total = 0;        // 顾客购买的商品总数
    public Customer(String id, String name) {
        list = new ShopInfo[100];// 这里设置最多能买 100 件商品，超出后需要增大数组
        this.id = id;
        this.name = name;
    }
    public void selectProduct(String id, int num) {
        ShopInfo info = new ShopInfo(id, num);
        list[getTotal()] = info;
        setTotal(getTotal() + 1);
    }
    public ShopInfo[] getList() {
```

```java
        return list;
    }
    public ShopInfo getList(int i) {
        return list[i];
    }
    public String getId() {
        return id;
    }
    public int getTotal() {
        return total;
    }
    public void setTotal(int total) {
        this.total = total;
    }
}
//VIPCustomer.java
package com.customer;
public class VIPCustomer extends Customer {
    private int jifen;
    public VIPCustomer(String id, String name, int jifen) {
        super(id, name);
        this.jifen = jifen;
    }
    public int getJifen() {
        return jifen;
    }
    public void setJifen(int d) {
        this.jifen += d;
    }
}
```

3. com.employee 包

在该包中，主要包括雇员类(Employee.java)和收银员类(Operator.java)。

雇员类(Employee.java)中主要包括：(1)雇员编号、雇员姓名和雇员密码三个成员变量；(2)用于初始化雇员类对象的构造方法；(3)雇员编号的 get 与 set 方法；(4)雇员登录方法。

收银员类(Operator.java)继承自雇员类。在该类中主要包括：(1)销售日期(采用 Calendar 类实现，具体参看 5.5.2 节)和销售流水号两个成员变量；(2)用于初始化收银员类对象的构造方法；(3)对顾客进行结账的方法。

Employee 类和 Operator 类的具体实现如下。

```java
//Employee.java
package com.employee;
import java.util.Scanner;
public class Employee {
    private String id;                    // 雇员编号
```

```java
    private String name;                    // 雇员姓名
    private String password;                // 雇员密码
    public Employee(String id, String name, String password) {
        this.id = id;
        this.name = name;
        this.password = password;
    }
    public boolean login() {                // 雇员登录
        Scanner cin = new Scanner(System.in);
        System.out.print("请输入员工编号:");
        String num = cin.nextLine();
        System.out.print("请输入对应密码:");
        String pwd = cin.nextLine();
        if (num.equals(id) && pwd.equals(password)) {
            return true;
        }
        return false;
    }
    public String getId() {
        return id;
    }
    public void setId(String id) {
        this.id = id;
    }
}
//Operator.java
package com.employee;
import java.util.Calendar;
import com.customer.Customer;
import com.customer.VIPCustomer;
import com.product.Product;
import com.product.ProductList;
import com.product.ShopInfo;
public class Operator extends Employee {
    private Calendar sellDate = Calendar.getInstance(); // 销售日期
    private double sid;                                 // 销售流水号
    public Operator(String id, String name, String password) {
        super(id, name, password);
    }
    public void checkOut(Customer customer) {           // 对顾客进行结账
        double price = 0;
        ShopInfo[] list = new ShopInfo[customer.getTotal()];
        for (int i = 0; i < customer.getTotal(); i++) {
            list[i] = customer.getList(i);
        }
        for (int i = 0; i < customer.getTotal(); i++) {
```

```java
            String pId = list[i].getId();
            int pNum = list[i].getNum();
            if (pId != null) {
                ProductList pList = new ProductList();
                double temp = pList.getPrice(pId);
                price += temp * pNum;
            } else {
                break;
            }
        }
        if (customer instanceof VIPCustomer) {
            VIPCustomer vipCustomer = (VIPCustomer) customer;
            vipCustomer.setJifen((int) (price / 100));
        }
        printMessage(super.getId(), customer.getId(), list, price);
    }

    public void printMessage(String operatorId, String customerId,
                             ShopInfo[] sellList, double price) {
        String str = "*************欢迎光临XX超市*************";
        str += '\n';
        str += "日期:" + sellDate.getTime().toString() + '\n' + "收银员:"
                + operatorId + '\t' + "顾客编号:" + customerId + '\t'
                + "流水号:" + sid + '\n';
        str += "---------------列表清单---------------" + '\n';
        for (int i = 0; i < sellList.length; i++) {
            String pId = sellList[i].getId();
            int num = sellList[i].getNum();
            ProductList pList = new ProductList();
            Product p = pList.getProduct(pId);
            str += p.toString() + '\t' + "数量:" + num + '\n';
        }
        str += "------------------------------------" + '\n';
        str += "总收款金额: " + price + '\n';
        str += "*********************************";
        System.out.println(str);
    }
}
```

4. com.test 包

在该包中，主要包含测试类(Test.java)。在测试类中主要定义了普通顾客类对象、VIP顾客类对象以及收银员类对象，完成超市售货管理。Test类的具体实现如下。

```java
//Test.java
package com.test;
import com.customer.Customer;
```

```java
import com.customer.VIPCustomer;
import com.employee.Operator;
public class Test {
    public static void main(String args[]) {
        System.out.println("欢迎来到超市购物");
        Customer s1 = new Customer("0001", "张三");
        s1.selectProduct("1", 6);
        s1.selectProduct("2", 8);
        VIPCustomer s2 = new VIPCustomer("0002", "王五", 1008);
        s2.selectProduct("1", 10);
        s2.selectProduct("3", 20);
        Operator o1 = new Operator("1", "李四", "123456");
        if (o1.login()) {
            System.out.println("登录成功");
            o1.checkOut(s1);
            o1.checkOut(s2);
            System.out.println("-------------结算完成--------------");
        } else {
            System.out.println("登录失败,请重新进入系统并登录");
        }
    }
}
```

运行超市售货管理系统,如图 3.39 所示。

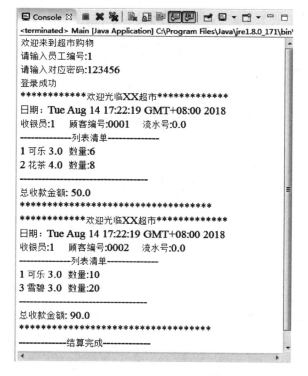

图 3.39　超市售货管理系统

小　结

本章首先简单介绍了面向对象程序设计的思想；然后对面向对象程序设计中涉及的基本概念进行了详细的讲解，例如对象、类、构造方法、继承和包等；接着对 Java 语言常用的修饰符进行了讲解，例如 public、protected、default、private、final、static 等；最后利用图书管理系统和售货管理系统深入讲解了面向对象的编程思想。通过本章的学习，读者能够掌握面向对象的基本原理，为后面学习更多其他面向对象的知识打下坚实的基础。

习　题

一、选择题

1. Java 语言中基本的编程单元是_____。
   A．方法　　　　　　B．数据　　　　　　C．类　　　　　　D．对象
2. 在 Java 中，所有类的根类是_____。
   A．java.lang.Object　　　　　　B．java.lang.Class
   C．java.applet.Applet　　　　　　D．java.awt.Frame
3. 构造方法的返回类型为_____。
   A．void　　　　　　B．static　　　　　　C．无返回类型　　　　D．以上说法都不对
4. 继承使用的关键字是_____。
   A．this　　　　　　B．super　　　　　　C．static　　　　　　D．extends
5. 成员变量与局部变量重名时，若想在方法内使用成员变量，要使用关键字_____。
   A．this　　　　　　B．import　　　　　　C．super　　　　　　D．return
6. 在 Java 中，"包"是为了解决_____问题。
   A．同名类冲突　　　　B．程序代码过大以便于管理
   C．安装打包问题　　　D．以上都包括
7. 以下各代码段在程序中正确的排列顺序是_____。

```
1.  import java.util.Scanner;
2.  public class TestScanner{ … }
3.  package mytool;
```

   A．1、2、3　　　　B．2、3、1　　　　C．1、3、2　　　　D．3、1、2
8. 方法覆盖与方法重载的关系是_____。
   A．覆盖方法可以不同名，而重载方法必须同名
   B．覆盖只有发生在父类与子类之间，而重载可以发生在同一个类中
   C．final 修饰的方法可以被覆盖，但不能被重载
   D．覆盖与重载是同一回事
9. 在类设计中，类的成员变量要求只能够被同一个 package 下的类访问，请问应该使

用下列哪个修饰词？_____
   A．protected   B．public   C．private   D．不需要任何修饰词
10．关于继承的说法正确的是：_____
   A．子类将继承父类的非私有属性和方法
   B．子类将继承父类所有的属性和方法
   C．子类只继承父类 public 方法和属性
   D．子类只继承父类的方法，而不继承属性
11．当编译并且运行以下程序的时候，会发生什么情况？_____

```
public class MyClass{
    String s;
      public static void main(String[] args) {
         MyClass m = new MyClass();
         m.go();
      }
    void MyClass(){
      s = "HelloWorld";
    }
    void go(){
      System.out.println(s);
    }
}
```

   A．代码不能编译
   B．代码能编译，但是运行时会抛出一个异常
   C．代码能运行，并且在标准输出中显示"HelloWorld"
   D．代码能运行，并且在标准输出中显示"null"

12．以下程序的输出结果是_____。

```
public class Test {
    public static void main(String[] args) {
        A a = new A();
    }
}
class A {
    int i = 1;
    static int j = 2;
    {
        System.out.print("i is " + i + " .");
    }
    static {
        System.out.print("j is " + j + " .");
    }
}
```

   A．i is 1. j is 2   B．j is 2. i is 1   C．i is 1   D．j is 1

二、简答题

1. 面向对象的基本特征是什么？
2. 什么是成员变量、局部变量、类变量和实例变量？
3. 解释方法的重载和重写的含义，并说明它们之间的差别。
4. 简述 this 与 super 关键字的作用。

三、阅读程序题

1. 指出以下程序段的错误。

```java
public class A{
   void printInfo () {
      private int a = 10;
      System.out.println("a="+a);
   }
}
```

2. 指出以下程序段的错误。

```java
final class A{
   public static final double R = 2.0;
     public final void method(){
        System.out.println("父类中的method方法");
     }
}
public class B extends A{
   public final void method(){
     System.out.println("子类覆盖父类的方法");
   }
   public static void main(String[] args){
     R = 3.0;
   }
}
```

3. 请写出下面程序运行结果。

```java
public class FatherClass {
    public FatherClass() {
        System.out.println("FatherClass Create");
    }
}
public class ChildClass extends FatherClass {
    public ChildClass() {
        System.out.println("ChildClass Create");
```

```
        }
        public static void main(String[] args) {
            FatherClass fc = new FatherClass();
            ChildClass cc = new ChildClass();
        }
}
```

4. 请写出下面程序运行结果。

```
public class Count{
    static int x1=4;
    int x2=5;
    public static void main(String args[]){
        Count obj1 = new Count();
        Count obj2 = new Count();
        obj1.x1 = obj1.x1+1;
        obj1.x2 = obj1.x2+2;
        obj2.x1 = obj2.x1+3;
        obj2.x2 = obj2.x2+4;
        x1 = x1+5;
        System.out.println(obj1.x1);
        System.out.println(obj1.x2);
        System.out.println(obj2.x2);
        System.out.println(Count.x1);
    }
}
```

5. 现有类说明如下，请回答问题。

```
class A
{
   int x=10;
   int getA(){return x;}
}
class B extends A
{
   int x=100;
   int getB(){return x;}
}
```

问题：(1) 类 B 是否能继承类 A 的属性 x？

(2) 若 b 是类 B 的对象，则 b.getB() 的返回值是什么？

(3) 若 b 是类 B 的对象，则 b.getA() 的返回值是什么？

(4) 类 A 和类 B 都定义了 x 属性，这种现象称为什么？

四、编程题

1．定义一个 Cat 类，有名字、毛色和年龄等属性，定义构造方法来初始化类的属性，定义 printInfo()方法输出 Cat 对象的相关信息。最后编写测试类 Test 来调用 Cat 类。

2．创建一个 complexdemo 包，包中定义一个复数类 Complex，它包括两个属性：实部 real 和虚部 image。并实现以下复数的方法：构造方法、设置实部、得到实部、设置虚部、得到虚部、复数的加法、减法、乘法和 toString 方法；另一个类为 ComplexTest 类，用于创建对象，并进行相应的计算。

3．(1) 定义一个矩形类 Retangle，包括两个成员变量：长(length)和宽(width)。并实现以下方法：构造方法、计算面积和周长的方法以及 toString 方法。

(2) 定义一个正方形类 Square，该类中不定义成员变量，继承矩形类中的成员变量。并实现以下方法：构造方法、计算面积和周长的方法以及 toString 方法。

(3) 编写 Test 类进行测试。

【第 3 章　习题答案】

第 4 章

抽象类、接口与内部类

学习目标

内　　容	要　　求
抽象类	理解
接口的定义	掌握
抽象类与接口的异同	掌握
JDK8 接口新特性	掌握
多态的概念及多态的实现	掌握
内部类的定义与使用	掌握

在 Java 语言中，抽象类和接口是支持抽象类定义的两种机制。多态性是面向对象程序设计代码重用的一个强大机制，动态多态性的概念也可以被说成"一个接口，多个方法"。内部类可实现多重继承。正是由于这些机制的存在，才赋予了 Java 强大的面向对象功能。

【第 4 章　代码下载】

4.1 抽 象 类

抽象类在概念上描述的是抽象世界。例如，图形相对于具体的长方形、圆等就是一个抽象的概念；动物相对于具体的猫、狗等也是一个抽象的概念。抽象类刻画了公有行为的特征，并通过继承机制传送给它的派生类。抽象类使用关键字 abstract 修饰，具体语法格式如下。

【教学视频】

```
abstract class 类名{
    类体;
}
```

抽象方法是指在抽象类中某些成员方法没有具体的实现，只有方法声明。抽象方法使用关键字 abstract 修饰，具体格式如下。

```
public abstract 返回类型 方法名([参数列表]);
```

抽象类和抽象方法的具体规则如下。

(1) 用 abstract 关键字修饰一个类时，该类叫作抽象类；用 abstract 来修饰一个方法时，该方法叫作抽象方法。

(2) 含有抽象方法的类必须被声明为抽象类，抽象类必须被继承，抽象方法必须被重写。

(3) 抽象方法只需声明，不需实现。

(4) 在抽象类中可以有数据成员，可以有零个或多个抽象方法，也可以有非抽象方法。

(5) 抽象类不能被实例化。

(6) static、private、final 方法不能是抽象的。

(7) final 类型的类不能包含抽象方法。

(8) 抽象类的子类必须实现父类中所有的抽象方法，否则，该类必须定义为抽象类。

对于图形，一般都拥有 computeArea() 和 computePerimeter() 方法分别用于计算图形的面积和周长。但是，各种具体图形的面积和周长的计算方法显然是不同的，所以继承了此图形类的矩形和圆都必须覆盖 computeArea() 和 computePerimeter() 方法。图 4.1 给出了类的继承关系图，其程序如例 4-1 所示。

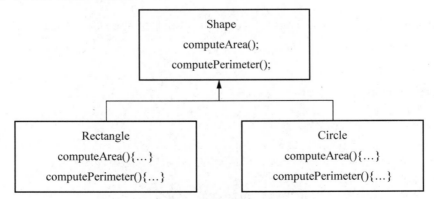

图 4.1 类的继承关系图

【例 4-1】 定义如图 4.1 所示继承关系的类。

```java
//Shape.java
package abstractclass;
public abstract class Shape{              //定义抽象类 Shape
    public abstract double computeArea();//定义抽象方法 computeArea()
    public abstract double computePerimeter();
                                          //定义抽象方法 computePerimeter()
}
//Circle.java
package abstractclass;
public class Circle extends Shape{        //定义 Shape 类的子类 Circle
    private double radius;                //定义半径成员变量
    public Circle(double r)    {
        radius = r;
    }
    public double computeArea()    {      //对父类的 computeArea()方法重写
        return Math.PI * radius * radius;
    }
    public double computePerimeter()    { //对父类的 computePerimeter()方法重写
        return Math.PI * radius * 2;
    }
}
// Rectangle.java
package abstractclass;
public class Rectangle extends Shape{     //定义 Shape 类的子类 Rectangle
    double length;
    double width;
    public Rectangle(double length,double width){
        this.length = length;
        this.width = width;
    }
    public double computeArea()    {      //对父类的 computeArea()方法重写
        return length*width;
    }
    public double computePerimeter(){     //对父类的 computePerimeter()方法重写
        return 2*(length+width);
    }
}
//测试类 TestAbstract.java
package abstractclass;
public class TestAbstract{
    public static void main(String[] args){
        //Shape s = new Shape();编译出错,抽象类不能被实例化
        Circle c= new Circle(2.0);
        Rectangle r = new Rectangle(1.0,2.0);
        System.out.println("圆的周长为"+c.computePerimeter()+
```

```
            "面积为"+c.computeArea());
        System.out.println("长方形的周长为"+r.computePerimeter()+
            "面积为"+r.computeArea());
    }
}
```

案例运行效果如图 4.2 所示。

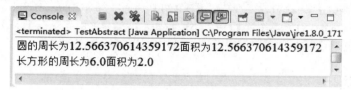

图 4.2　例 4-1 运行结果

说明：类 Shape 是一个抽象类，无法想象它是什么对象，得不到具体的图形，所以实例化 Shape 编译出错。子类 Circle 和 Rectangle 对抽象类 Shape 中的抽象方法 computePerimeter()和 computeArea()分别进行了重写，这样对于具体圆的对象和矩形的对象就可以进行相应的周长和面积计算了。

4.2　接　　口

4.2.1　接口的定义

接口是特殊的抽象类。接口的出现弥补了 Java 只支持单继承的不足，它可以用来完成多继承的一些功能。在 Java 中，使用关键字 interface 来定义接口。接口的定义和类的定义很相似，分为接口的声明和接口体。但在接口中，所有方法都是抽象的，所有变量都是 static 常量。具体语法格式如下。

```
[修饰符] interface 接口名 [extends 父接口列表]{
    静态常量；
    方法声明；
}
```

说明：

(1) 接口的修饰符只有 public 和默认修饰符两种。

(2) 接口名是所创建的该接口的名字，一般用能反映该接口实际意义的英文名词表示。接口的命名规则和类的命名规则一样，也是每个单词的首字母大写，其余的小写。

(3) 接口中的数据成员默认是 public static final 修饰的，即接口中的数据成员是全局静态常量，必须在定义时赋予常量初始值。

(4) 在接口中所有的方法都是 public abstract 的。

(5) 接口只能继承接口，不能继承类，但通过接口可以实现多重继承。

(6) 接口没有构造方法，它们不能直接被实例化，但允许有接口类型的变量。

【例 4-2】将例 4-1 中的 Shape 抽象类用接口描述。

```
// Shape.java
package interfacedemo;
public interface Shape{              //定义 Shape 接口
    //定义抽象方法 computeArea()的默认修饰符为 public abstract
    double computeArea();
    //定义抽象方法 computePerimeter()的默认修饰符为 public abstract
    double computePerimeter();
}
```

4.2.2 接口的实现

【教学视频】

在 Java 中，使用 implements 关键字来实现接口，具体语法格式如下。

```
public class 类名 [extends 父类]implements 接口列表{
    类体;
}
```

【例 4-3】Shape 接口的实现类 Circle.java。

```
//Circle.java
package interfacedemo;
public class Circle implements Shape {
    private double radius;                //定义半径成员变量
    public Circle(double r)    {
        radius = r;
    }
    public double computeArea()    { //实现接口中的 computeArea()方法
        return Math.PI * radius * radius;
    }
    public double computePerimeter(){ //实现接口中的 computePerimeter()方法
        return Math.PI * radius * 2;
    }
    public static void main(String[] args){
      Circle c= new Circle(2.0);
      System.out.println("圆的周长为"+c.computePerimeter()+
        "面积为"+c.computeArea());
    }
}
```

案例运行效果如图 4.3 所示。

```
<terminated> Circle [Java Application] C:\Program Files\Java\jre1.8.0_171\bin\ja
圆的周长为12.566370614359172面积为12.566370614359172
```

图 4.3 例 4-3 运行结果

说明：由于 Circle 类实现了 Shape 接口，所以 Circle 类必须实现接口 Shape 中的所有方法，否则该类必须声明为抽象类。本程序也可以将 main()方法中的第一条语句 "Circle c= new Circle(2.0);" 修改为 "Shape c= new Circle(2.0);"，也就是通过接口声明对象，使用实现接口的类创建对象，这也是经常使用的方式，通过哪个类创建的接口对象，就访问哪个类的方法。

4.2.3 抽象类和接口的异同

由以上可以看出，抽象类和接口定义的支持方面具有很大的相似性，甚至可以相互替换。其实，两者之间还是有很大区别的，它们的选择往往反映出对问题领域本质的理解、对设计意图的理解是否正确、合理。

那么，在面向对象程序设计中，抽象类和接口的选择依据是什么呢？它们的设计原则是什么呢？这是大家比较关心的问题。在面向对象程序设计中要遵循一个核心原则：ISP(Interface Segregation Principle)，一般将某类事物本身固有的属性和行为定义在抽象类中，它表示的是 "is-a" 的关系，将某类事物可能具有的额外功能定义在接口中，它表示的是 "like-a" 的关系。

【例 4-4】鸟是一种动物，它具有吃和飞行的行为，吃的行为是所有的动物都具有的行为，而飞行是鸟这种飞行类动物特有的本领。为了便于程序的扩展，在本例中应将 Animal 定义为抽象类，它有一个抽象方法——"吃"；将 Flyable 定义为接口，它有一个抽象方法——"飞行"。

```java
// Animal.java
package birddemo;
abstract class Animal {                      //定义 Animal 抽象类
    private String name;
    Animal(String name) {this.name = name;}
    public void setName(){
        this.name = name;
    }
    public String getName(){
        return name;
    }
    public abstract void eat(String s);  //定义 eat()抽象方法
}
// Flyable.java
package birddemo;
interface Flyable{                            //定义飞行接口
    int speed = 10;
    void fly(Animal animal);
}
// Bird.java
package birddemo;
public class Bird extends Animal implements Flyable{
    public Bird(String name){
```

```
        super(name);
    }
    public void eat(String s){              //重写Animal类中的eat()方法
        System.out.println(super.getName()+s);
    }
    public void fly(Animal animal){         //实现Flyable类接口的fly()方法
        System.out.println(animal.getName()+"以"+Bird.speed+"的速度自由飞翔");
    }
    public static void main(String[] args){
        Bird b = new Bird("小燕子");
        b.eat("捕捉害虫吃");
        b.fly(b);
    }
}
```

案例运行效果如图 4.4 所示。

图 4.4　例 4-4 运行结果

说明：抽象类和接口的异同点如下。

相同点：

(1) 都不能被实例化。

(2) 都可应用于多态。

不同点：

(1) 反映的设计理念不同。抽象类表示的是"is-a"的关系，接口表示的是"like-a"的关系。

(2) 抽象类表示的是一种继承关系，一个类只能继承一个父类。但是，一个类却可以实现多个接口。

(3) 在抽象类中可以有自己的数据成员，也可以有非抽象的成员方法，而在接口中，只能有常量和抽象方法。

4.2.4　JDK8 接口新特性

在 JDK7 及以前的版本中，接口中都是抽象方法，不能定义方法体。从 JDK8 开始，接口中可以定义静态的非抽象方法，直接使用接口名调用静态方法，但是它的实现类的类名或者实例却不可以调用接口中的静态方法；也可以定义普通的非抽象方法，普通的非抽象方法要在返回值前加上 default，对于普通的非抽象方法必须使用子类的实例来调用。

【例 4-5】利用接口新特性定义接口。

```
//JDK8Interface1.java
package jdk8;
```

```java
public interface JDK8Interface1 {
    //定义静态方法
    public static void staticMethod(){
        System.out.println("JDK8Interface1 接口中的静态方法");
    }
    //定义普通方法的方法体
    public default void defaultMethod(){
        System.out.println("JDK8Interface1 接口中的默认方法");
    }
}
//JDK8InterfaceImpl.java
package jdk8;
public class JDK8InterfaceImpl implements JDK8Interface1 {

}
//TestJDK8Interface.java
package jdk8;
public class TestJDK8Interface {
    public static void main(String args[]) {
        //可以直接使用接口名.静态方法来访问接口中的静态方法
        JDK8Interface1.staticMethod();
        //接口中的默认方法必须通过它的实现类来调用
        new JDK8InterfaceImpl().defaultMethod();
    }
}
```

案例运行效果如图 4.5 所示。

图 4.5　例 4-5 运行结果

说明：在实现接口的类 JDK8InterfaceImpl 中，因为默认方法不是抽象方法，所以可以不重写，但是如果开发需要，也可以重写；在 JDK8 中只允许使用接口名.静态方法来访问接口中的静态方法，而接口中的默认方法必须通过它的实现类来调用。

如果有两个接口中的静态方法一模一样，并且一个实现类同时实现了这两个接口，此时并不会产生错误，因为 JDK8 不允许使用接口的实现类调用接口中的静态方法。但是如果两个接口中定义了一模一样的默认方法，并且一个实现类同时实现了这两个接口，那么必须重写默认方法，否则编译通不过。

【例 4-6】实现类中实现具有相同静态方法和默认方法的多个接口。

```java
//JDK8Interface2.java
package jdk8;
public interface JDK8Interface2 {
```

```
    //接口中定义静态方法
    public static void staticMethod(){
        System.out.println("JDK8Interface2 接口中的静态方法");
    }
    //定义普通方法的方法体
    public default void defaultMethod(){
        System.out.println("JDK8Interface2 接口中的默认方法");
    }
}
//JDK8InterfaceImpl2.java
package jdk8;
public class JDK8InterfaceImpl2 implements JDK8Interface1,JDK8Interface2{
    public void defaultMethod() {
        System.out.println("JDK8InterfaceImpl2 实现接口中的默认方法");
    }
}
//TestJDK8Interface2.java
package jdk8;
public class TestJDK8Interface2 {
    public static void main(String args[]) {
        JDK8Interface1.staticMethod();
        JDK8Interface2.staticMethod();
        new JDK8InterfaceImpl2().defaultMethod();
    }
}
```

案例运行效果如图 4.6 所示。

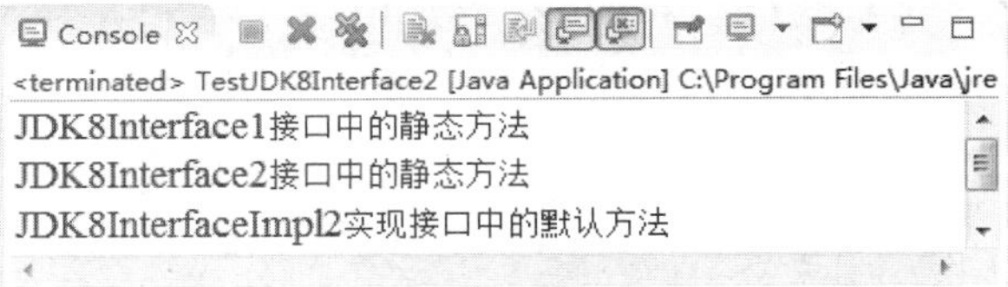

图 4.6 例 4-6 运行结果

4.3 多 态

多态是一种机制，它体现了程序的可扩展性。在面向对象程序设计中，描述一个对象时，多态指的是一个对象的行为方式可以有多种形态，即根据对象的不同进行不同的操作，因此多态是与具体对象关联的，这种关联叫作绑定(binding)。绑定分为静态绑定和动态绑定，静态绑定是在编译时完成的，动态绑定则是在程序运行时完成的。

Java 类中方法的重载呈现出多态的特性，它属于静态绑定，是静态多态性。例如，在例 3-10 中实现两个数的相加有：整数的相加、浮点数的相加和一个整数与固定整数 100 的相加等。它由返回类型和输入参数决定调用哪个 add 方法，这体现了面向对象程序设计的静态多态特性。构造方法的多态参看例 3-9。

绑定与类的继承相结合即方法重写，可体现出动态绑定的多态特性，即动态多态性。方法重写在执行期间判断所引用对象的实际类型，根据其实际的类型调用其相应的方法。动态多态性存在的 3 个条件是继承、方法重写、父类引用指向子类对象。

【例 4-7】创建一个 Animal 类，该类中定义了一个 eat()方法，它有两个子类 Cat 和 Dog，分别对 Animal 类中的 eat()方法进行重写。在创建 Animal 类的对象时，根据具体实例化的对象调用相应的 eat()方法。

```java
//父类:Animal.java
package polymorphism;
public class Animal {
    String name;
    Animal(String name) {this.name = name;}
    public String eat(){
        return "吃食物......";
    }
}
//子类:Cat.java
package polymorphism;
public class Cat extends Animal {
    Cat(String name) {super(name); }
    public String eat(){
        return "吃新鲜的小鱼......";
    }
}
//子类:Dog.java
package polymorphism;
public class Dog extends Animal {
    Dog(String name) {super(name); }
    public String eat(){
        return "吃大骨头......";
    }
}
// Test.java
package polymorphism;
    public class Test {
    public static void main(String args[]){
        Animal c = new Cat("小猫");           //创建子类 Cat 实例
        Animal d = new Dog("小狗");           //创建子类 Dog 实例
        System.out.println(c.name+c.eat());   //动物 c 将会吃新鲜的小鱼
        System.out.println(d.name+d.eat());   //动物 d 将会吃大骨头
    }
}
```

案例运行效果如图 4.7 所示。

图 4.7　例 4-7 运行结果

说明：上面代码说明了 Java 的动态多态性，虽然对象 c 和 d 都声明为 Animal 对象，但它们实际实例化为 Cat 对象和 Dog 对象，所以在执行"c.eat();"和"d.eat();"语句时将输出"吃新鲜的小鱼……"和"吃大骨头……"。

4.4　内　部　类

Java 允许在一个类的类体之内再定义一个类，该情况下外面的类称为"外部类"，里面的类称为"内部类"。内部类是外部类的一个成员，并且依附于外部类而存在。内部类的作用为：(1)内部类可以很好地实现隐藏，一般的非内部类，是不允许有 private 与 protected 权限的，但内部类可以；(2)内部类拥有外部类的所有元素的访问权限；(3)可实现多重继承；(4)可以不用修改接口而实现同一个类中两种同名方法的调用。

内部类一般来说包括成员内部类、局部内部类、静态内部类和匿名内部类四种。下面重点介绍成员内部类。

成员内部类是最普通的内部类，就是在"外部类"的内部定义一个类。成员内部类的定义如例 4-8 所示。

【教学视频】　　　【例 4-8】成员内部类的定义与使用。

```
//Circle.java
package innerdemo;
public class Circle {
    private double radius = 0;
    public Circle(double radius) {
        this.radius = radius;
    }
    class Draw {                              //内部类
        public void drawShape() {
            System.out.println(radius);    //访问外部类的private成员
        }
    }
}
```

类 Draw 像是类 Circle 的一个成员，Circle 称为外部类。成员内部类可以无条件访问外部类的所有成员变量和成员方法(包括 private 成员和静态成员)。上述代码编译后，会生成两个 class 文件：一个是外部类的 class 文件 Circle.class，另一个是内部类的 class 文件 Circle$Draw.class。内部类的 class 文件形式都是"外部类名$内部类名.class"。

内部类可以拥有 private、public、protected 和 default 访问权限。比如例 4-8，如果成员

内部类用 private 修饰,则只能在外部类的内部访问;如果用 public 修饰,则任何地方都能访问;如果用 protected 修饰,则只能在同一个包下或者继承外部类的情况下访问;如果是 default 访问权限,则只能在同一个包下访问。这一点和外部类稍有不同,外部类只能被 public 和默认访问两种权限修饰。

不过要注意的是,当成员内部类拥有和外部类同名的成员变量或者方法时,会发生隐藏现象,在成员内部类中默认情况下访问的是成员内部类的成员。如果要访问外部类的同名成员,需要以下两种形式进行访问。

```
外部类.this.成员变量
外部类.this.成员方法
```

虽然成员内部类可以无条件地访问外部类的成员,但外部类想访问成员内部类的成员却不是这么随心所欲。在外部类中如果要访问成员内部类的成员,必须先创建一个成员内部类的对象,再通过指向这个对象的引用来访问。

【教学视频】

【例 4-9】内部类与外部类成员的相互访问。

```java
//Circle2.java
package innerdemo;
public class Circle2 {
    private double radius = 0;
    public Circle2(double radius) {
        this.radius = radius;
        getDrawInstance().drawShape(); // 必须先创建成员内部类的对象,再进行访问
    }
    private Draw getDrawInstance() {
        return new Draw();
    }

    class Draw { // 内部类
        private double radius = 0;

        public void drawShape() {
            System.out.println("内部类的private成员" + radius);
            System.out.println("外部类的private成员" + Circle2.this.radius);
        }
    }
    public static void main(String args[]) {
        Circle2 c = new Circle2(2);
    }
}
```

案例运行效果如图 4.8 所示。

成员内部类是依附外部类而存在的,也就是说,如果要创建成员内部类的对象,前提是必须存在一个外部类的对象。创建成员内部类的对象如例 4-10 所示。

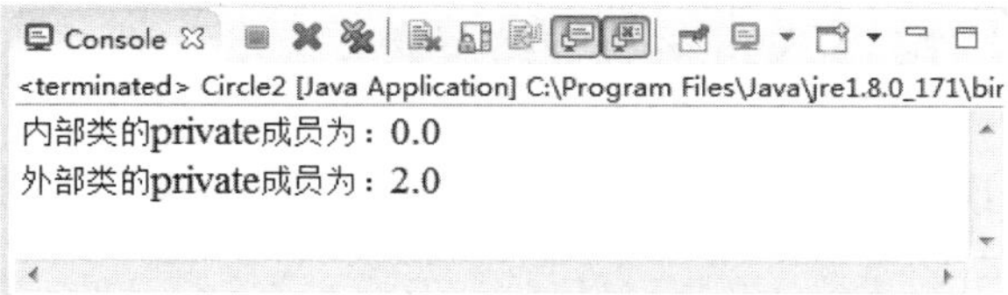

图 4.8 例 4-9 运行结果

【例 4-10】创建成员内部类的对象。

```java
//TestInner.java
package innerdemo;
public class TestInner {
    public static void main(String[] args) {
        // 第一种方式：
        Outter outter = new Outter();
        Outter.Inner inner = outter.new Inner(); // 必须通过 Outter 对象来创建
        // 第二种方式：
        Outter.Inner inner1 = outter.getInnerInstance();
    }
}
class Outter {
    private Inner inner = null;
    public Outter() {

    }
    public Inner getInnerInstance() {
        if (inner == null)
            inner = new Inner();
        return inner;
    }
    class Inner {
        public Inner() {

        }
    }
}
```

4.5 案 例 分 析

本案例主要是模拟员工工资结算的管理系统。在该系统中，员工分为普通员工和管理人员两类。普通员工的工资由基本工资、奖金和加班费组成；管理人员的工资在普通员工的工资上增加了福利。员工工资结算管理系统主要功能包括：(1)查看全部普通员工信息；(2)添加普通员工；(3)普通员工工资结算；(4)查看全部管理人员信息；(5)添加管理人员；(6)管理人员工资结算。

在该案例中，主要包括 com.employee、com.salary 和 com.test 三个包，分别为员工包、工资包和测试包。下面分别对每个包的内容及相互之间的关系进行详细说明。

1. com.employee 包

在该包中，主要包括 People 类(People.java)、雇员接口(Employee.java)、员工类(Worker.java)和管理人员类(Manager.java)。

People 类(People.java)中主要包括：(1)姓名、性别和年龄三个成员变量；(2)用于初始化 People 类对象的构造方法；(3)成员变量的 get 与 set 方法；(4)toString()方法。

雇员接口(Employee.java)中主要包括计算工资、显示雇员信息和获取雇员编号三个抽象方法。

员工类(Worker.java)继承自 People 类，并实现了雇员接口，体现了 Java 的多继承思想。在该类中还包括：(1)工号、基本工资、奖金和加班费四个成员变量；(2)用于初始化员工类对象的构造方法；(3)对雇员接口中的计算工资、显示雇员信息和获取雇员编号三个抽象方法进行重写。

管理人员类(Manager.java)继承自员工类。在该类中还包括：(1)福利一个成员变量；(2)用于初始化管理人员类对象的构造方法；(3)对员工类中的计算工资、显示雇员信息两个方法进行重写。

People 类、Employee 接口、Worker 类和 Manager 类的具体实现如下。

```java
//People.java
package com.employee;
public class People {
    private String name;
    private String sex;
    private int age;
    public People(String name,String sex,int age){
        this.name = name;
        this.sex = sex;
        this.age = age;
    }
    public People(People people){
        name = people.name;
        sex = people.sex;
        age = people.age;
    }
    public People() {

    }
    public String getName() {
        return name;
    }
    public void setName(String name) {
        this.name = name;
    }
```

```java
        public String getSex() {
            return sex;
        }
        public void setSex(String sex) {
            this.sex = sex;
        }
        public int getAge() {
            return age;
        }
        public void setAge(int age) {
            this.age = age;
        }
        public String toString(){
            return name + '\t' + sex + '\t' + age + '\t';
        }
    }
    //Employee.java
    package com.employee;
    public interface Employee {
        abstract double cost();
        abstract String showMessage();
        abstract String getId();
    }
    //Worker.java
    package com.employee;
    public class Worker extends People implements Employee{
        private String id;                  //工号
        private double basicWage;           //基本工资
        private double bonus;               //奖金
        private double overtime;            //加班费用
        public Worker(String name,String sex,int age,String id,double basicWage,
double bonus,double overtime){
            super(name,sex,age);
            this.id = id;
            this.basicWage = basicWage;
            this.bonus = bonus;
            this.overtime = overtime;
        }
        public Worker(Worker worker){
            super(worker.getName(),worker.getSex(),worker.getAge());
            id = worker.id;
            basicWage = worker.basicWage;
            bonus = worker.bonus;
            overtime = worker.overtime;
        }
        public double cost(){
            return basicWage + bonus + overtime;
```

```java
    }
    public String showMessage(){
        String s = super.toString() + id + '\t' + basicWage + '\t' + bonus
                                    + '\t' + overtime ;
        return s;
    }
    public String getId() {
        return id;
    }
}
//Manager.java
package com.employee;
public class Manager extends Worker{
    private double welfare;//管理人员福利
    public Manager(String name,String sex,int age,String id,double basicWage,double bonus,double overtime,double welfare){
        super(name,sex,age,id,basicWage,bonus,overtime);
        this.welfare = welfare;
    }
    public Manager(Manager manager) {
        super(manager);
        welfare = manager.welfare;
    }
    public double cost(){
        return super.cost() + welfare;
    }
    public String showMessage(){
        String s = super.showMessage() + '\t' + welfare ;
        return s;
    }
}
```

2. com.salary 包

在该包中，主要包括员工工资列表类(WorkerSalaryList.java)、管理人员工资列表类(ManagerSalaryList.java)和工资结算员类(Operator.java)。

员工工资列表类(WorkerSalaryList.java)中主要包括：(1)员工列表和员工总人数两个成员变量；(2)用于初始化员工工资列表类对象的构造方法；(3)成员变量员工总人数的 get 与 set 方法；(4)返回第 i 个员工全部信息的方法；(5)添加员工的方法；(6)输出所有员工信息的方法；(7)按员工编号查找员工的方法。

管理人员工资列表类(ManagerSalaryList.java)与员工工资列表类相似。在该类中主要包括：(1)管理人员列表和管理人员总人数两个成员变量；(2)用于初始化管理人员工资列表类对象的构造方法；(3)成员变量管理人员总人数的 get 与 set 方法；(4)返回第 i 个管理人员全部信息的方法；(5)添加管理人员的方法；(6)输出所有管理人员信息的方法；(7)按管理人员编号查找管理人员的方法。

工资结算员类(Operator.java)继承自 People 类，在该类中主要包括：(1)结算员编号一个成员变量；(2)用于初始化结算员类对象的构造方法；(3)查看所有普通员工信息的方法；(4)查看所有管理人员信息的方法；(5)添加普通员工的方法；(6)添加管理人员的方法；(7)对普通员工工资结算的方法；(8)对管理人员工资结算的方法。

WorkerSalaryList 类、ManagerSalaryList 类和 Operator 类的具体实现如下。

```java
//WorkerSalaryList.java
package com.salary;
import com.employee.Employee;
import com.employee.Worker;
public class WorkerSalaryList {
    private static final int MAX = 100;        //设置最多能存100个员工
    private Worker WorkerList[] = new Worker[MAX];
    private int total;
    public WorkerSalaryList(){
        WorkerList[0] = new Worker("李四","男",45,"W1",5000,1500,600);
        WorkerList[1] = new Worker("王一","男",50,"W2",5500,1800,800);
        WorkerList[2] = new Worker("赵含","男",55,"W3",6000,2000,900);
        setTotal(3);
    }
    public int getTotal() {
        return total;
    }
    public void setTotal(int total) {
        this.total = total;
    }
    public Worker getWorkerList(int i) {      //获取第i个员工的全部属性
        return WorkerList[i];
    }
    public void addWorker(Worker worker){     //添加员工
        if(total > 99){
            System.out.println("添加信息失败");
        }
        else{
            WorkerList[total] = new Worker(worker);
            total ++;
            setTotal(total);
            System.out.println("添加信息成功");
        }
    }
    public void findAllWorker(){
        for (int i = 0 ; i < total ; i ++){
            Worker man = WorkerList[i];
            System.out.println(man.showMessage() + '\t' + "总工资是:"
                                                   + man.cost());
```

```java
    }
    public void checkOut(String userId)
    {
        boolean flg = false;
        for (int i = 0 ; i < total ; i ++){
            Employee work = WorkerList[i];
            if(work.getId().equals(userId)){
                flg = true;
                System.out.println(work.showMessage() + '\t'
                                + "总工资是:" + work.cost());
            }
        }
        if(flg == false){
            System.out.println("未找到该工号,请检查该工号是否正确,并且重新输入");
        }
    }
}
//ManagerSalaryList.java
package com.salary;
import com.employee.Employee;
import com.employee.Manager;
public class ManagerSalaryList {
    private static final int MAX = 100;              //设置最多能存100个管理人员
    private Manager ManagerList[] = new Manager[MAX];
    private int total;
    public ManagerSalaryList(){
        ManagerList[0] = new Manager("宋明","男",45,"M1",5000,1500,600,2000);
        ManagerList[1] = new Manager("张伟","男",50,"M2",5500,1800,800,2500);
        ManagerList[2] = new Manager("王山","男",55,"M3",6000,2000,900,3000);
        setTotal(3);
    }
    public int getTotal() {
        return total;
    }
    public void setTotal(int total) {
        this.total = total;
    }
    public Manager getManagerList(int i) {         //获取第i个管理人员的全部属性
        return ManagerList[i];
    }
    public void addManager(Manager manager){       //添加管理人员
        if(total > 99){
            System.out.println("添加信息失败");
        }
        else{
            ManagerList[total] = new Manager(manager);
```

```java
            total ++;
            setTotal(total);
            System.out.println("添加信息成功");
        }
    }
    public void findAllManager(){
        for (int i = 0 ; i < total ; i ++){
            Manager man = ManagerList[i];
            System.out.println(man.showMessage() + '\t'
                            + "总工资是:" + man.cost());
        }
    }
    public void checkOut(String userId)
    {
        boolean flg = false;
        for (int i = 0 ; i < total ; i ++)
        {
            Employee man = ManagerList[i];
            if(man.getId().equals(userId)){
                flg = true;
                System.out.println(man.showMessage() + '\t'
                            + "总工资是:" + man.cost());
            }
        }
        if(flg == false){
            System.out.println("未找到该工号,请检查该工号是否正确,并且重新输入");
        }
    }
}
//Operator.java
package com.salary;
import java.util.Scanner;
import com.employee.Manager;
import com.employee.People;
import com.employee.Worker;
public class Operator extends People{
    ManagerSalaryList mSalaryList = new ManagerSalaryList();
    WorkerSalaryList wSalaryList = new WorkerSalaryList();
    private String id;//结算员的编号
    public Operator(String name, String sex, int age , String id) {
        super(name, sex, age);
        this.id = id;
    }
    public void checkManager(String userId){
        System.out.println("**************管理者工资结算信息***************");
        System.out.println("结算人员 Id" + id + '\t' + "雇员 Id:" + userId);
        mSalaryList.checkOut(userId);
```

```java
            System.out.println("*****************************************");
            System.out.println();
        }
        public void checkWorker(String userId){
            System.out.println("*************普通工作人员工资计算*************");
            System.out.println( "结算人员 Id:" + id + '\t' + "雇员 Id:" + userId);
            wSalaryList.checkOut(userId);
            System.out.println("*****************************************");
            System.out.println();
        }
        public void findAllManager(){
            mSalaryList.findAllManager();
        }
        public void addManager(){
            Scanner cin = new Scanner(System.in);
            System.out.println("请依次输入管理人员的姓名、性别、年龄、工号、
                              基本工资、奖金、加班费和福利");
            mSalaryList.addManager(new Manager(cin.next(),cin.next(),
                           cin.nextInt(),cin.next(),cin.nextDouble(),
                    cin.nextDouble(),cin.nextDouble(),cin.nextDouble()));
        }
        public void findAllWorker(){
            wSalaryList.findAllWorker();
        }
        public void addWorker(){
            Scanner cin = new Scanner(System.in);
            System.out.println("请依次输入员工的姓名、性别、年龄、工号、
                              基本工资、奖金和加班费");
            wSalaryList.addWorker(new Worker(cin.next(),cin.next(),
                           cin.nextInt(),cin.next(),cin.nextDouble(),
                           cin.nextDouble(),cin.nextDouble()));
        }
    }
}
```

3. com.test 包

在该包中，主要包含测试类(Test.java)。在测试类中主要定义了工资结算员对象，由工资结算员来对普通员工和管理人员进行相应的操作。Test 类的具体实现如下。

```java
//Test.java
package com.test;
import java.util.Scanner;
import com.salary.Operator;
public class Test {
    public static void main(String[] args) {
        Scanner cin = new Scanner(System.in);
        boolean flg = true;
```

```java
            System.out.println("请输入工资结算员的工号");
            Operator operator = new Operator("admin", "男", 18, cin.next());
            while (flg == true) {
                menuIndex();
                String ch = cin.next();
                if (ch.equals("1")) {
                    System.out.println("全部普通员工信息如下：");
                    operator.findAllWorker();
                } else if (ch.equals("2")) {
                    operator.addWorker();
                } else if (ch.equals("3")) {
                    System.out.println("请输入雇员Id");
                    String userId = cin.next();
                    operator.checkWorker(userId);
                } else if (ch.equals("4")) {
                    System.out.println("全部管理人员信息如下：");
                    operator.findAllManager();
                } else if (ch.equals("5")) {
                    operator.addManager();
                } else if (ch.equals("6")) {
                    System.out.println("请输入雇员Id");
                    String userId = cin.next();
                    operator.checkManager(userId);
                } else if (ch.equals("7")) {
                    System.out.println("退出成功");
                    flg = false;
                } else {
                    System.out.println("输入错误，请重新输入");
                }
            }
        }
        public static void menuIndex() {
            System.out.println("---------------工资结算系统-----------------");
            System.out.println("1.查看全部普通员工信息" + '\t'
                            + "2.添加普通员工" + '\t' + "3.普通员工工资结算");
            System.out.println("4.查看全部管理人员信息" + '\t' + "5.添加管理人员"
                            + '\t'+"6.管理人员工资结算" + '\t' + "7.退出系统");
            System.out.println("-----------------------------------------");
        }
    }
```

运行工资结算系统，首先输入工资结算员的工号"001"，显示工资结算系统的功能，如图4.9所示；输入"1"查看全部普通员工信息，如图4.10所示；输入"2"添加普通员工，如图4.11所示；输入"3"对普通员工进行工资结算，现对编号为"W1"的普通员工进行工资结算，如图4.12所示；输入"4"查看全部管理人员信息，如图4.13所示；输入"5"添加管理人员，如图4.14所示；输入"6"对新添加的编号为"M4"的管理人员进行工资结算，如图4.15所示。

图 4.9　显示工资结算系统功能

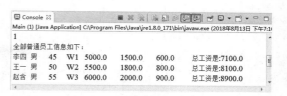

图 4.10　查看全部普通员工信息

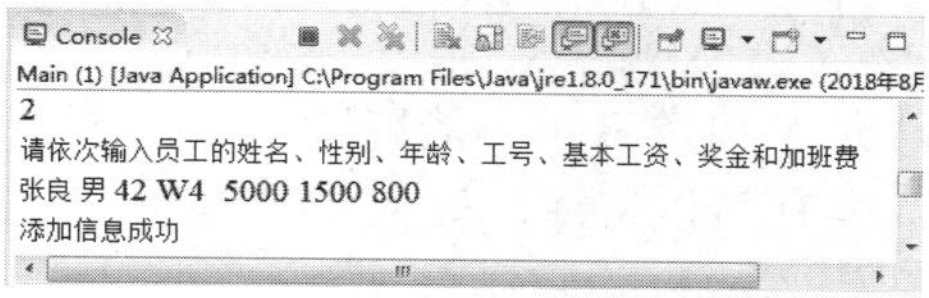

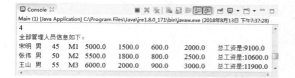

图 4.11　添加普通员工

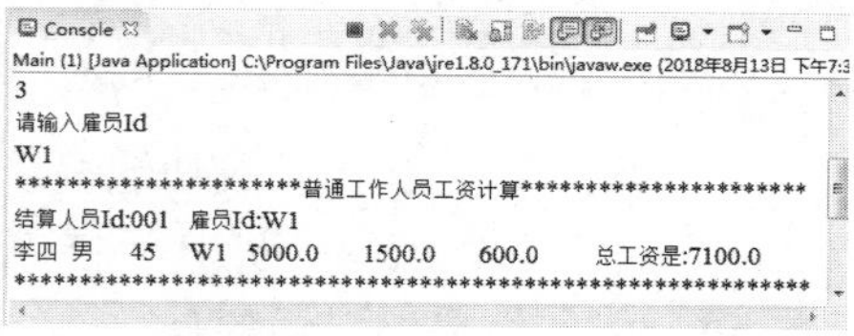

图 4.12　对"W1"普通员工进行工资结算

图 4.13　查看全部管理人员信息　　　　　图 4.14　添加管理人员

图 4.15　对"M4"管理人员进行工资结算

小　　结

本章介绍面向对象中的高级实现，重点讲解了抽象类的使用场合及定义方法、接口的定义与实现、抽象类和接口的异同、JDK8 接口的新特性、多态必须满足的条件以及它的优势、内部类的定义及使用方法。通过本章的学习，能够透彻理解方法重写的原理，掌握使用继承、抽象类、接口、内部类编程的方法。

习　　题

一、选择题

1．下面哪个声明是正确的？_____
　　A．abstract final class A{…}　　　　B．abstract private cry(){…}

C. protected private x;   D. public abstract class Person{…}
2. 实现接口的关键字是_____。
   A. abstract   B. interface   C. extends   D. implements
3. 在源程序中定义类 A 和类 B，编译时得到的结果是_____。

```
abstract class A {
    abstract void printInfo();
}
abstract class B extends A{}
```

   A. 类 A 和类 B 都可成功地编译   B. 类 A 和类 B 都不能编译
   C. 类 A 可以编译，类 B 不能编译   D. 类 B 可以编译，类 A 不能编译
4. 关于多态性描述错误的是_____。
   A. 多态性是指"一种定义、多种实现"
   B. 多态性分为动态多态性和静态多态性两种
   C. 多态性可以加快代码的运行速度
   D. 多态性是面向对象的核心特征之一
5. 关于接口的描述错误的是_____。
   A. 接口可以使得设计与实现相分离
   B. 接口中定义的数据成员分为常量和变量两种
   C. 一个类可以实现多个接口，表示的是一种多重继承关系
   D. 如果没有指定接口中方法和成员变量的访问权限，Java 将其隐式地声明称 public
6. 已知接口 A 定义如下，那么可以实现接口 A 的类 B 是_____。

```
interface A {
    int method1(int i, int j);
    int method2(int k);
}
```

A.
```
class B implements A
{
    int method1(int i, int j) {}
    int method2(int k) {}
}
```

B.
```
class B
{
    int method1(int i, int j) {}
    int method2(int j) {}
}
```

C.
```
class B extends A
{
    int method1(int i, int j) {}
    int method2(int k) {}
}
```

D.
```
class B implements A
{
    int method1(int j) {}
    int method2(int i) {}
}
```

二、简答题

1. 简述抽象类和接口的异同。
2. 什么是多态与动态绑定？

三、阅读程序题

1. 指出以下程序段的错误。

```
class A{
    int x = 0;
}
interface B{
    int x =1;
}
class C extends A implements B {
  public void printX(){
        System.out.println(x);
  }
  public static void main(String[] args) {
        C c = new C();
        c.printX();
  }
}
```

2. 请写出下面程序运行结果。

```
interface A {
    void printInfoA();
    void sayInfoA();
}
interface B{
    void printInfoB();
```

```java
}
abstract class C implements A,B{
    public void printInfoA(){
        System.out.println("接口A的方法printInfoA");
    }
    public void printInfoB(){
        System.out.println("接口B的方法printInfoB");
    }
}
class D extends C{
    public void sayInfoA() {
        System.out.println("接口A的方法sayInfoA");
    }
}
public class Test{
    public static void main(String args[]) {
        D d = new D();
        d.printInfoA();
        d.printInfoB();
        d.sayInfoA();
    }
}
```

四、编程题

1．学校中有教师和学生两类人，而在职博士生既是教师又是学生。设计两个接口StuInterface 和 TeaInterface。其中，StuInterface 接口包括对学费的 set()和 get()方法，分别用于设置和获取学生的学费；TeaInterface 接口包括对工资的 set()和 get()方法，分别用于设置和获取教师的工资。

定义一个博士生类 Doctor，实现 StuInterface 接口和 TeaInterface 接口，它的成员变量有 name(姓名)、sex(性别)、age(年龄)、fee(每学期学费)、pay(月工资)，如果收入减去学费不足 3000 元，则输出"provide a loan"(需要贷款)信息。编写测试类，测试所创建的 Doctor 类。

2．设计一个类层次，定义一个抽象类——形状，其中包括求形状的面积的抽象方法。继承该抽象类定义三角形、矩形、圆。分别创建一个三角形、矩形、圆存入一个数组中，将数组中各类图形的面积输出。

注：三角形面积 s=sqrt(p*(p-a)*(p-b)*(p-c)) 其中，a、b 和 c 为三条边，p=(a+b+c)/2。

【第 4 章 习题答案】

第 5 章

Java 常用类

学习目标

内容	要求
基本数据类型的封装类	掌握
装箱和拆箱	熟悉
Object 类中常用方法	掌握
字符串处理类	掌握
Math 类	掌握
日期处理类	掌握

  Java 为编程者提供了功能强大的、大量的标准 API 包。学习 Java 不但要学会自己定义类，更重要的是在学习了 Java 基础编程知识后，掌握 Java 标准的 API，能够在不同的应用中使用它们。开发一个 Java 应用程序时，恰当地引用系统已定义的类可迅速构建应用程序，从而提高开发效率。本章主要介绍在 Java 语言中比较常用的一些工具类，主要包括基本数据类型的封装类、Object 类、字符串处理类、Math 类和日期处理类。

【第 5 章 代码下载】

5.1 基本数据类型的封装类

在 Java 语言中,基本数据类型不能作为对象使用,但 Java 的许多方法都需要对象作为参数,因此,Java 为其 8 种基本数据类型提供了对应的封装类,通过这些封装类可以把 8 种基本类型的值封装成对象进行使用。

基本数据类型与封装类的对应关系见表 5-1。

表 5-1 基本数据类型与封装类的对应关系

基本数据类型	对应的封装类
byte	Byte
short	Short
int	Integer
long	Long
float	Float
double	Double
char	Character
boolean	Boolean

5.1.1 封装类的构造方法

在 JDK1.5 之前,将基本数据类型变量封装成对象,需要通过对应的封装类的构造方法来实现,主要有以下两类构造方法。

(1) 每个封装类都有一个构造方法,可以通过一个相应的基本类型值生成实例对象。例如:

```
Integer obj1 = new Integer(15);           //obj1 是 Integer 类对象,值为 15
Float   obj2 = new Float(2.3f);           //obj2 是 Float 类对象,值为 2.3f
Double  obj3 = new Double(2.3);           //obj3 是 Double 类对象,值为 2.3
Character obj4 = new Character('a');      //obj4 是 Character 类对象,值为'a'
Boolean obj5 = new Boolean(true);         //obj5 是 Boolean 类对象,值为 true
```

(2) 除了 Character 类,其他封装类都有一个构造方法,可以通过一个表示相应基本类型的字符串生成实例对象。但如果传入的字符串不能表示其对应的基本类型值,则除了 Boolean 类以外的封装类的构造方法均会抛出 NumberFormatException 异常。同时,对于 Boolean 类的构造方法可以接受任意字符串,如果字符串忽略大小写为"true",则生成的 Boolean 类对象的值为 true,否则为 false。例如:

```
Integer obj1 = new Integer("246");        //obj1 是 Integer 类对象,值为 246
Float   obj2 = new Float("2.3f");         //obj2 是 Float 类对象,值为 2.3f
Double  obj3 = new Double("2.3");         //obj3 是 Double 类对象,值为 2.3
Boolean obj4 = new Boolean("True");       //obj4 是 Boolean 类对象,值为 true
Boolean obj5 = new Boolean("yes");        //obj5 是 Boolean 类对象,值为 false
Boolean obj6 = new Boolean("null");       //obj6 是 Boolean 类对象,值为 false
```

5.1.2 封装类的常用方法

1. xxxValue()方法

在每个封装类中，都有形为 xxxValue()的方法，将对象转换为对应的基本类型数据，这里的"xxx"为相应的基本数据类型名。将 5.1.1 节中的第一类构造方法实例化的对象转换为基本类型变量，如下所示。

```
int i = obj1.intValue();                //i=15
float f = obj2.floatValue();            //f=2.3f
double d = obj3.doubleValue();          //d=2.3
char c = obj4.charValue();              //c='a'
boolean b = obj5.booleanValue();        // b=true
```

2. parseXxx(String s)方法

除了 Character 类以外，每个封装类中均提供 parseXxx(String s)的静态方法。该方法是把字符串转换为对应的基本类型数据，这里的"Xxx"为相应的基本数据类型名。例如：

```
int i = Integer.parseInt("246");            //i=246
float f = Float.parseFloat("12.34");        //f=12.34f
double d = Double.parseDouble("123a");      //抛出 NumberFormatException 异常
boolean b = Boolean.parseBoolean("True");   // b=true
```

3. valueOf(String s)方法

除了 Character 类以外，每个封装类中均提供 valueOf(String s)的静态方法。该方法将基本类型值的字符串生成相应类型的对象。例如：

```
Integer obj1 = Integer.valueOf("246");      //obj1 是 Integer 类对象，值为 246
Float obj2 = Float.valueOf("2.3f");         //obj2 是 Float 类对象，值为 2.3f
Double obj3 =Double.valueOf("2.3");         //obj3 是 Double 类对象，值为 2.3
Boolean obj4 = Boolean.valueOf("true");     //obj4 是 Boolean 类对象，值为 true
```

5.1.3 自动装箱与自动拆箱

JDK1.5 之前，基本数据类型变量和封装类之间的转换比较烦琐，两者之间不能直接转换。从 JDK1.5 之后，Java 提供了自动装箱(AutoBoxing)、自动拆箱(AutoUnBoxing)功能。Java 自动将原始类型值转换成对应的对象，比如将 int 的变量自动转换成 Integer 对象，这个过程叫作自动装箱；反之将 Integer 对象自动转换成 int 类型值，这个过程叫作自动拆箱。自动装箱时编译器调用 valueOf()方法将原始类型值转换成对象；自动拆箱时，编译器通过调用类似 xxxValue()这类方法(如 intValue()、doubleValue())将对象转换成原始类型值。

【例 5-1】自动装箱与拆箱示例。

```
//AutoBoxing.java
public class AutoBoxing{
    public static void main(String args[]){
```

【教学视频】

```
            Integer obj1 = 123 ;        // 自动装箱成 Integer
            Float obj2 = 24.3f ;        // 自动装箱成 Float
            int x = obj1 ;              // 自动拆箱为 int
            float y = obj2;             // 自动拆箱为 float
    }
}
```

5.2　Object 类

在 Java 中，java.lang.Object 类是所有 Java 类的最高层父类，是唯一一个没有父类的类。如果在类的声明中未使用 extends 关键字指明其父类，则默认父类为 Object 类。Java 中类的继承关系形成了以 Object 类为树根的树状层次结构。例如：

```
public class Person {
    …
}
```

等价于

```
public class Person extends Object {
    …
}
```

由于 Object 类是所有类的父类，根据继承的特点，在 Object 类中定义的成员变量和方法，在其他类中都可以调用。Object 类中的常用方法见表 5-2。

表 5-2　Object 类的常用方法

方法	功能说明
protected Object clone()	创建并返回该对象的副本
public int hashCode()	返回该对象的哈希码值
public boolean equals(Object obj)	比较两个类变量所指向的是否为同一个对象，是则返回 true，否则返回 false
public final Class<?> getClass()	返回该对象的运行时类
public String toString()	返回该对象的字符串表示形式
protected void finalize()	当垃圾回收器确定不再有对该对象的引用时，由对象的垃圾回收器调用此方法

5.2.1　toString()方法

【教学视频】

Object 类中定义的 toString()方法返回该对象的字符串表示形式。该字符串由类名(对象是该类的一个实例)、"@"标记符和此对象哈希码的无符号十六进制表示组成。它的值等于：getClass().getName() + '@' + Integer.toHexString(hashCode())。一般情况下需要重写此方法，输出对象的属性值。

【例5-2】toString()方法的使用。

```
// ToStringTest.java
public class ToStringTest {
    public static void main(String[] args) {
        Object obj1 = new Object();
        Object obj2 = new Object();
        Person per = new Person();
        System.out.println(obj1);        //自动调用Object类中的toString()方法
        //等价于System.out.println(obj2)
        System.out.println(obj2.toString());
        System.out.println(per);         //自动调用Object类中的toString()方法
    }
}
// Person.java
public class Person {
    private String name;
    private String sex;
    private int age;
    public Person(){}                    //没有参数的构造方法
    public Person(String name,String sex, int age){//构造方法，用来初始化对象
        this.name = name;
        this.sex = sex;
        this.age = age;
    }
}
```

案例运行效果如图5.1所示。

图5.1 例5-2程序运行结果

【例5-3】重新定义Person类，并重写其toString()方法。

```
// Person1.java
public class Person1 {
    private String name;
    private String sex;
    private int age;
    public Person1(){}     //没有参数的构造方法
    public Person1(String name,String sex,int age){//构造方法，用来初始化对象
        this.name = name;
         this.sex = sex;
```

```
        this.age = age;
    }
    public String toString() {
        return "Person:name="+name+",sex="+sex+",age="+age;
    }
    public static void main(String[] args) {
        Person1 per = new Person1("王芳","女",18);
        System.out.println(per);
    }
}
```

案例运行效果如图 5.2 所示。

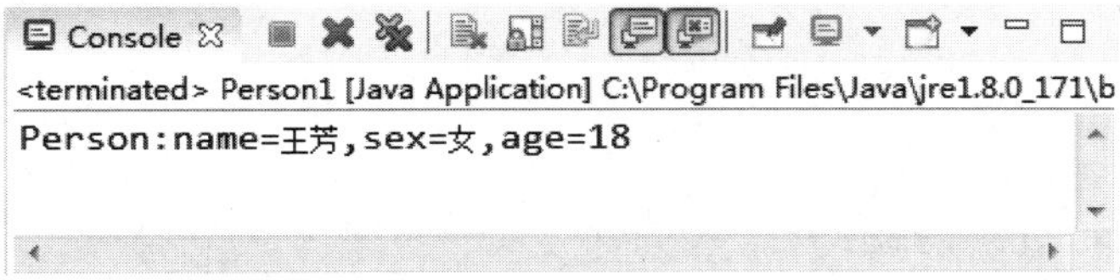

图 5.2 例 5-3 程序运行结果

由于在类 Person1 中对 Object 类中的 toString()方法进行了重写，所以在输出一个对象时自动调用该类中重写的 toString()方法，"System.out.println(per);"等价于"System.out.println(per.toString());"。建议在自定义的每一个类中重写 toString()方法来输出对象属性信息。

5.2.2 equals(Object obj)方法

Object 类中的 equals(Object obj)方法用于监测一个对象是否等于另外一个对象。但是，如果只是在 Object 类当中，这个方法仅仅只判断两个对象是否具有相同的引用。如果两个对象具有相同的引用，它们一定是相等的。从 equals(Object obj)方法的具体实现代码可以看出，Object 中的 equals 方法是用 "==" 运算符执行相等的比较。

Object 类中该方法的具体实现代码如下。

```
public boolean equals(Object obj) {
    return(this==obj);
}
```

两个基本数据类型的变量比较是否相等时，直接使用 "==" 运算符即可，但两个引用类型的对象比较是否相等时，则有两种方式：使用 equals(Object obj)方法，或使用 "=="运算符。在两个对象比较是否相等时，equals(Object obj)方法和 "==" 运算符的区别如下：(1)equals(Object obj)方法用于比较两个对象的内容是否相同；(2) "==" 运算符比较的是两个对象的地址是否相同，即引用的是否为同一个对象。

【例 5-4】equals(Object obj)方法和 "==" 运算符比较。

```
// EqualsDemo.java
public class EqualsDemo {
    public static void main(String[] args) {
```

```java
        Integer obj1 = new Integer(6);
        Integer obj2 = new Integer(16);
        Integer obj3 = new Integer(6);
        Integer obj4 = obj1;
        System.out.println("obj1.equals(obj1):"+obj1.equals(obj1));
        System.out.println("obj1==obj1:"+(obj1==obj1));
        System.out.println("-------------------------------------");
        System.out.println("obj1.equals(obj2):"+obj1.equals(obj2));
        System.out.println("obj1==obj2:"+(obj1==obj2));
        System.out.println("-------------------------------------");
        System.out.println("obj1.equals(obj3):"+obj1.equals(obj3));
        System.out.println("obj1==obj3:"+(obj1==obj3));
        System.out.println("-------------------------------------");
        System.out.println("obj1.equals(obj4):"+obj1.equals(obj4));
        System.out.println("obj1==obj4:"+(obj1==obj4));
    }
}
```

案例运行效果如图 5.3 所示。

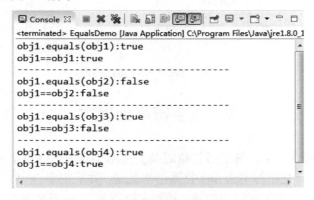

图 5.3　例 5-4 程序运行结果

从运行结果看，Integer 类中的 equals(Object obj)方法是进行内容的比较，因为 Integer 类重写了 equals(Object obj)方法，该方法用于比较整数的值是否相等。

对于多数类来说，经常会重写 Object 类中的 equals(Object obj)方法，以达到比较内容是否相等的目的。例如，两个 Person 对象，需要判断的是两个对象的 name、sex 和 age 是否相等，而不仅仅是判断两个对象是否具有相同的引用。但要注意，在重写 equals(Object obj)方法时，要同时重写 hashCode()方法，以维护 hashCode()方法的常规约定：equals 相等的对象必须具有相等的哈希码。

5.2.3　getClass()方法

getClass()方法返回调用该方法的对象所属的类。通过 Class 对象，可以获取该类的各种信息。

【例 5-5】getClass()方法应用实例。

```
//GetClassTest.java
public class GetClassTest {
    public static void main(String args[]) {
        Character ch = 'a';                                       // 装箱
        System.out.println("类名："+ch.getClass().getName());// 获取类名
        System.out.println("父类： "
            + ch.getClass().getSuperclass().getName());   // 获取父类名
        System.out.println(ch.getClass().getName() + "实现的接口有：");
        // 获取所实现的接口，并输出
        for (int i = 0; i < ch.getClass().getInterfaces().length; i++)
            System.out.println(ch.getClass().getInterfaces()[i]);
    }
}
```

案例运行效果如图 5.4 所示。

图 5.4 例 5-5 程序运行结果

5.3 字符串处理类

Java 语言中处理像人名这样的数据值时就会使用字符串。字符串是字符的序列，包含零或多个字符。C 语言把字符串当作字符数组来处理，并规定字符'\0'为字符串的结束标志。在 Java 语言中，字符串当作对象来处理，被封装在双引号中(不是单引号，单引号封装的是 char 类型的数据)。它提供了一系列方法对整个字符串进行操作，使得对字符串的处理更加容易和规范。

java.lang 包中定义了 String、StringBuffer 和 StringBuilder 三个类来封装字符串，并提供了一系列方法来操作字符串对象。在运行中其值不能被改变的字符串，用 String 类存储；其值能被改变的字符串用 StringBuffer 类和 StringBuilder 类来存储。StringBuffer 中的方法大都采用了 synchronized 关键字进行修饰，因此是线程安全的，而 StringBuilder 没有这个修饰，没有线程安全控制。在单线程程序下，StringBuilder 效率更快，因为它不需要加锁，不具备多线程安全控制，而 StringBuffer 则每次都需要判断锁，效率相对较低。

String、StringBuffer 和 StringBuilder 类都被声明为 final，因此都不能被继承。

5.3.1 String 类

1．String 类对象的创建

String 类的对象可用字符串常量对其初始化，也可调用其构造方法来进行。例如：

```
String s="Hello Java! ";        //使用字符串常量"Hello Java! "初始化 s 对象
```

说明：利用字符串常量对 String 类的对象赋值，为该对象在常量池中分配内存空间。

经常使用的创建字符串的另一个方法是使用 String 类的构造方法。String 类主要构造方法见表 5-3。

表 5-3 String 类的主要构造方法

方　　法	功　　能	示　　例
String()	初始化一个新创建的 String 对象，使其表示一个空字符序列	String s = new String(); s 的内容为""（空）
String(String original)	初始化一个新创建的 String 对象，使其表示一个与参数相同的字符序列；换句话说，新创建的字符串是该参数字符串的副本	String s=new String("Hello"); s 的内容为"Hello"
String(char[] value)	分配一个新的 String，使其表示字符数组参数中当前包含的字符序列	char[] ch={'H','e','l','l','o'}; String s = new String(ch); s 的内容为"Hello"
String(char[] value, int offset, int count)	分配一个新的 String，它包含取自字符数组参数一个子数组的字符	char[] ch={'H','e','l','l','o',' ','J','a','v','a'}; String s = new String(ch,0,5); s 的内容为"Hello"

注意：Java 语言不能将字符串看作字符数组。使用 new 操作创建的字符串对象在堆内存中为其分配空间。

2. String 类的常用方法

String 类的功能很强大，几乎覆盖了所有的字符串运算操作。表 5-4 给出了一些常用的 String 类的方法，其他方法请参见 API 帮助文档。

表 5-4 String 类的常用方法

方　　法	功　　能	示　　例
char charAt(int index)	返回指定索引处的 char 值	String s="Hello Java! "; char c = s.charAt(6); c 的值为'J'
String concat(String str)	将指定字符串连接到此字符串的结尾	String s1="Hello"; String s2=" Java! "; s1 = s1.concat(s2); s1 的内容为"Hello Java! "
boolean equals(Object anObject)	将此字符串与指定的对象比较；当且仅当该参数不为 null，并且是与此对象表示相同字符序列的 String 对象时，结果才为 true	String s1=" Hello Java! "; String s2=new String("Hello Java! "); boolean b = s1.equals(s2); b 的值为 true

续表

方法	功能	示例

int indexOf(int ch)	返回指定字符在此字符串中第一次出现处的索引	int x = 97;//对应小写字母 a
		String s="Hello Java! ";
		int index = s.indexOf(x);
		index 是小写字母 a 在字符串 s 中第一次出现的索引值，即 7

int indexOf(String str)	返回指定子字符串在此字符串中第一次出现处的索引	String s="Hello Java! "; int index = s.indexOf("Hello"); index 是字符串"Hello"在字符串 s 中第一次出现的索引值，即 0

boolean isEmpty()	当且仅当 length()为 0 时返回 true	String s1="";
		String s2=" Hello Java! ";
		boolean b1 = s1.isEmpty();
		boolean b2 = s2.isEmpty();
		b1 的值为 true，b2 的值为 false

int length()	返回此字符串的长度，字符串的下标是从 0～(length-1)	String s="Hello Java! "; int l = s.length(); l 的值为 11
String substring(int beginIndex, int endIndex)	返回从 beginIndex 位置到 endIndex-1 之间的所有字符组成的新字符串	String s1="Hello Java! "; String s2 = s1.substring(6,10); s2 的内容为"Java"
String toLowerCase()	使用默认语言环境的规则将此 String 中的所有字符都转换为小写	String s1="Hello Java! "; String s2 = s1.toLowerCase(); s2 的内容为"hello java! "
String toUpperCase()	使用默认语言环境的规则将此 String 中的所有字符都转换为大写	String s1="Hello Java! "; String s2 = s1.toUpperCase(); s2 的内容为"HELLO JAVA! "
static String valueOf(type value)	返回相应类型参数的字符串表示形式，即将基本数据类型转换为字符串类型	int value = 123; String s1=String.valueOf(value); String s2=String.valueOf(153.2); s1 的内容为"123"，s2 的内容为"153.2"

注意：(1)包含一个空格字符的字符串不是空串；(2)区分数组中的 length 属性与 String 类中的 length()方法。

【例 5-6】String 类常用方法的应用。

```
//TestString.java
public class TestString{
    public static void main(String[] args){
        String str="I love the Java programming language!";
        int n=str.length();
        System.out.println("字符串的长度："+n);
        String str1=str.substring(2,6);
```

```
        System.out.println("str1 提取的字符串："+str1);
        int str1Begin1=str.indexOf('l');
        int str1Begin2=str.indexOf("love");
        System.out.println("str1 子串起始位置："+str1Begin2);
        String str2=str.substring(str1Begin2,str1Begin2+4);
        System.out.println("str2 提取的子串："+str2);
        if(str2.equals(str1)){
            System.out.println("str1 和 str2 提取的子串相同");
        }
        System.out.println(str+"转换成大写\n"+str.toUpperCase());
    }
}
```

案例运行效果如图 5.5 所示。

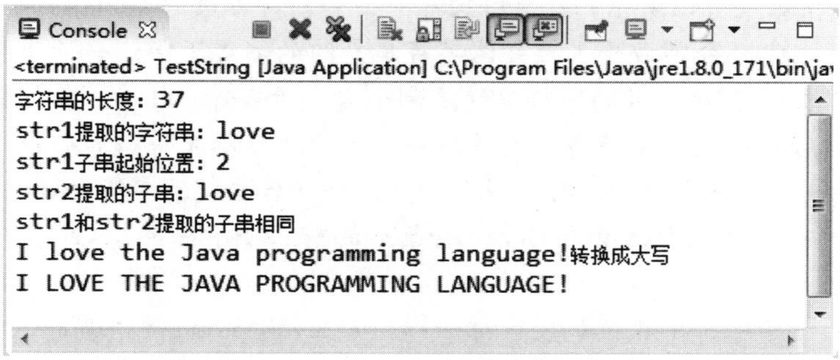

图 5.5　例 5-6 运行结果

【例 5-7】使用 split()方法对字符串进行分割。

```
//SplitDemo.java
public class SplitDemo {
    public static void main(String[] args) {
        String weeks="Monday,Tuesday,Wednesday,Thursday,Friday, Saturday,
                    Sunday" ;
        String[] week1 = weeks.split(",");         //不限制元素个数
        String[] week2 = weeks.split(",",4);       //限制元素个数为 4
        System.out.println("一周为：" );
        for(int i=0;i<week1.length;i++) {
            System.out.println(week1[i]);
        }
        System.out.println("一周的前四天为：" );
        for(int i=0;i<week2.length;i++) {
            System.out.println(week2[i]);
        }
    }
}
```

案例运行效果如图 5.6 所示。

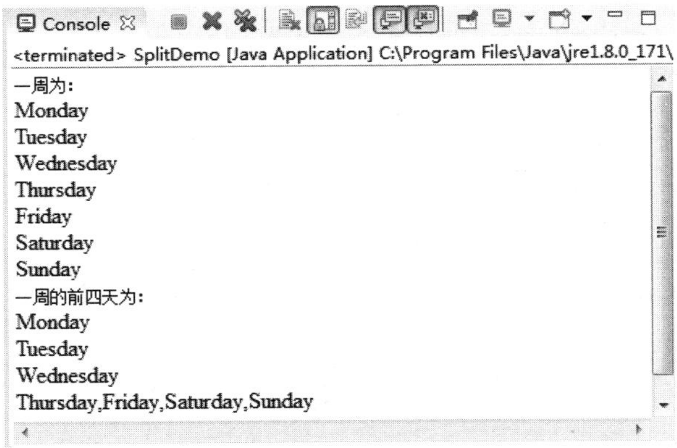

图 5.6 例 5-7 运行结果

说明：从输出结果可以看出，当使用只有一个分割符参数的 split()方法时，根据参数值将整个目标字符串完全分割成子串，并以字符串数组的形式返回；当使用包含两个参数的 split()方法时，指定分割后生成的字符串的限制个数大于或等于 1 时，数组的前几个元素为目标字符串分割后的前几个字符串，而最后一个元素为目标字符串的剩余部分。比如在该例中，指定了 week2 的长度为 4，而字符串 weeks 分割后组成的字符串数组长度为 7，因此会将 week2 中的前三个元素赋值为 weeks 分割后的前三个字符串，week2 中的第四个元素为其剩余的部分。

【例 5-8】若一个字符串正读和反读都一样，如 level、noon 等，就称之为回文。编写一个程序，验证输入的字符串是否为回文串。

```java
// HuiWen.java
import java.util.Scanner;
public class HuiWen{
    static boolean isHuiWen(String str) {
        int low=0,up=str.length()-1;          //str.length()是获取字符串 str 的长度
        while(low<up){
            if((str.charAt(low))!=str.charAt(up)) return false;
            else {low++;up--;}
        }
        return true;
    }
    public static void main(String[] args) {
        Scanner sc = new Scanner(System.in);
        String s = sc.nextLine();              //输入一个字符串
        while (s.length()!=0){                 //直接按回车键表示空字符串，结束循环
            if(isHuiWen(s))
                System.out.println("输入的字符串\t"+s+"\t 是回文串");
            else
                System.out.println("输入的字符串\t"+s+"\t 不是回文串");
            s = sc.nextLine();
        }
    }
}
```

案例运行效果如图 5.7 所示。

图 5.7　例 5-8 运行结果

【例 5-9】使用关系运算符"=="和 String 类的 equals 方法进行字符串的比较。

```
// TestEquals.java
public class TestEquals {
    public static void main(String[] args) {
        String s1 = "Hello Java Book!";                          // 代码 1
        String s2 = new String("Hello Java Book!");              // 代码 2
        String s3 = "Hello Java Book!";                          // 代码 3
        String s4 = new String("Hello Java Book!");              // 代码 4
        // 关系运算符"=="比较的是两个对象的引用是否相等
        System.out.println("s1 == s2 为"+(s1 == s2));
        System.out.println("s1.equals(s2)为"+s1.equals(s2));
        // equals 比较的是两个字符串的内容是否相等
        System.out.println("s1 == s3 为"+(s1 == s3));
        System.out.println("s1.equals(s3)为"+s1.equals(s3));
        System.out.println("s2 == s4 为"+(s2 == s4));
    }
}
```

案例运行效果如图 5.8 所示。

图 5.8　例 5-9 运行结果

说明：代码 1 使用字符串直接量"Hello Java Book!"，字符串直接量在常量池中分配内存空间，s1 为该对象的引用。代码 2 使用 new 操作创建字符串对象"Hello Java Book!"，只要使用 new 操作创建的对象，都直接为该对象在堆内存中新开辟其内存空间，s2 为该对象的引用，所以"s1==s2"为 false。代码 3 也是使用字符串直接量"Hello Java Book!"，它的存放原则是先在常量池中查找是否有该字符串，若有该字符串，s3 也是该对象的引用，否则，在常量池中为该字符串分配内存空间，由于在常量池中有字符串"Hello Java Book!"，所以 s1 与 s3 为同一个字符串直接量 "Hello Java Book!" 的引用，"s1==s3" 为 true。代码 4 使用 new 操作创建字符串对象"Hello Java Book!"，s4 为该字符串对象的引用，所以在堆内存中为该字符串开辟其内存空间，"s2==s4" "s1==s4" 均为 false。每个字符串中的内容都是 "Hello Java Book!"，所以使用 equals 方法比较任意两个字符串的内容都为 true。

5.3.2 StringBuffer 类

StringBuffer 字符缓冲区类是一种线程安全的可变字符序列。它允许字符串在创建之后对其进行插入、删除和修改等操作。它的每一个对象都有初始容量，只要字符串缓冲区所包含的字符序列的长度没有超出此容量，就不需要再分配新的内部缓冲容量，否则将自动增大。

1. StringBuffer 类对象的创建

与 String 字符串的创建不同，StringBuffer 类对象的创建方法只有一种，即使用构造方法来创建对象。StringBuffer 类主要构造方法见表 5-5。

表 5-5　StringBuffer 类的主要构造方法

方　法	功　能	示　例
public StringBuffer()	构造一个没有字符的字符串缓冲区，初始容量为 16 个字符	StringBuffer s = new StringBuffer (); s 的内容为"" (空)，容量为 16 个字符
public StringBuffer(int capacity)	构造一个没有字符的字符串缓冲区和指定的初始容量	StringBuffer s=new StringBuffer (8); s 为一个含有 8 个字符容量的字符串缓冲区
public StringBuffer(String str)	构造一个初始化为指定字符串内容的字符串缓冲区。字符串缓冲区的初始容量为 16 加上字符串参数的长度。str 为缓冲区的初始内容	StringBuffer s=new StringBuffer ("java"); s 为一个含有 20 个字符容量的字符串缓冲区，s 的内容为"java"

2. StringBuffer 类的常用方法

StringBuffer 类的常用方法见表 5-6，其他方法请参见 API 帮助文档。

表 5-6　StringBuffer 类的常用方法

方　法	功　能
public StringBuffer append(String s)	将指定的字符串追加到此字符序列的末尾
public StringBuffer reverse()	反转字符串序列
public delete(int start, int end)	删除从 start 位置开始直到 end-1 位置的字符序列
public StringBuffer insert(int offset, String str)	将字符串插入此字符序列的指定位置
public StringBuffer replace(int start, int end, String str)	将指定开始下标和结束下标之间的内容替换成指定子字符串的内容
public int capacity()	返回当前容量
public int length()	返回字符串的长度

方　　法	功　　能
public void setCharAt(int index, char ch)	指定索引处的字符设置为 ch
public String toString()	返回此序列中数据的字符串表示形式
public String subString(int start)	返回从 start 位置开始到结束的子字符串
public String subString(int start, int end)	返回从 start 位置开始到 end-1 位置结束的子字符串

【例 5-10】StringBuffer 类的常用方法示例。

```java
// StringBufferDemo.java
public class StringBufferDemo {
    public static void main(String[] args) {
        StringBuffer buffer = new StringBuffer();//创建 StringBuffer 类对象
        System.out.println("字符串的初始容量为："+buffer.capacity());
        System.out.println("字符串的初始长度为："+buffer.length());
        String str = new String("Java Programing Language!");
        buffer.append(str);              //向 StringBuffer 类对象追加 str 字符串
        System.out.println("追加后的字符串为："+buffer);
        buffer.insert(0, "i love ");
        System.out.println("插入后的字符串为："+buffer);
        buffer.setCharAt(0, 'I');        //替换 0 位置的字符为 I
        buffer.setCharAt(2, 'L');        //替换 2 位置的字符为 L
        System.out.println("替换字符后的字符串为："+buffer);
        buffer.replace(0, 1,"You");
        System.out.println("替换字串后的字符串为："+buffer);
        buffer.delete(buffer.indexOf("Java"), buffer.indexOf("Java")+5);
        System.out.println("删除字串后的字符串为："+buffer);
        buffer.reverse();
        System.out.println("反转后的字符串为："+buffer);
        System.out.println("字符串的最终长度为："+buffer.length());
    }
}
```

案例运行效果如图 5.9 所示。

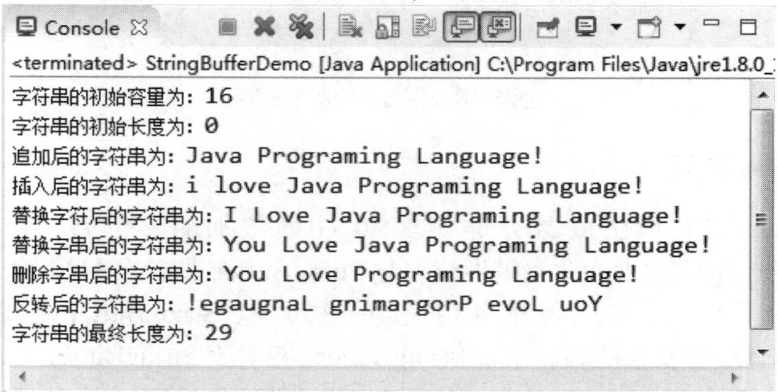

图 5.9　例 5-10 运行结果

【例 5-11】 使用 StringBuffer 类来实现回文串的判断。

```java
// HuiWenBuff.java
import java.util.Scanner;
public class HuiWenBuff {
    static boolean isHuiWen(String str) {
        StringBuffer strb = new StringBuffer(str);
        if (strb.reverse().toString().equals(str))
            return true;
        else
            return false;
    }
    public static void main(String[] args) {
        Scanner sc = new Scanner(System.in);
        String s = sc.nextLine();          // 输入一个字符串
        while (s.length() != 0) {          // 直接按回车键表示空字符串，结束循环
            if (isHuiWen(s))
                System.out.println("输入的字符串\t" + s + "\t是回文串");
            else
                System.out.println("输入的字符串\t" + s + "\t不是回文串");
            s = sc.nextLine();
        }
    }
}
```

在该程序中，StringBuffer 类的 strb 对象首先调用 reverse()方法将字符串反转，然后调用 toString()方法，将该对象转换为 String 类对象，最后与原字符串中的值进行比较，若返回为 true，则为回文串，否则不是回文串。

案例运行效果如图 5.10 所示。

图 5.10 例 5-11 运行结果

5.3.3 StringBuilder 类

StringBuilder 字符串生成器类是 JDK5.0 中新增加的一个类，该类被设计用作 StringBuffer 的一个简易替换。此类提供一个与 StringBuffer 兼容的 API，除了在构造方法上与 StringBuffer 不同，其他方法的使用完全一样。但 StringBuffer 是线程安全的，而 StringBuilder 没有线程安全控制。由于 StringBuilder 相对于 StringBuffer 有速度优势，所以多数情况下建议使用 StringBuilder 类。然而在应用程序要求线程安全的情况下，则必须使用 StringBuffer 类。

5.4 Math 类

Math 类是数学工具类，该类中包含了用于执行基本数学运算的属性和方法，如 PI、E、初等指数、对数、平方根和三角函数等。Math 的属性和方法都被定义为 static 形式，所以，可直接通过 Math.成员变量和 Math.成员方法调用。

Math 类的常用方法见表 5-7，其他方法请参见 API 帮助文档。

表 5-7 Math 类的常用方法

方　　法	功　　能
public static double abs(double a)	返回 a 的绝对值，该方法经常用于方法的重载
public static double sqrt(double a)	返回 a 的正平方根
public static double pow(double a, double b)	返回 a 的 b 次方的值
public static double cbrt(double a)	返回 a 的立方根
public static double exp(double a)	返回 e 的 a 次幂
public static double sin(double a)	返回角的三角正弦，参数以弧度为单位
public static double cos(double a)	返回角的三角余弦，参数以弧度为单位
public static double tan(double a)	返回角的三角正切，参数以弧度为单位
public static double log(double a)	返回 a 的自然对数
public static double log10(double a)	返回 a 的底数为 10 的对数
public static int min(int a, int b)	返回 a 和 b 中较小值，该方法经常用于方法的重载
public static int max(int a, int b)	返回 a 和 b 中较大值，该方法经常用于方法的重载
public static double random()	返回带正号的 double 值，该值大于或等于 0.0 且小于 1.0
public static int round(float a)	返回最接近参数的 int
public static long round(double a)	返回最接近参数的 long
public static double ceil (double a)	返回大于或等于 a 的最小整数
public static double floor(double a)	返回小于或等于 a 的最大整数

【例 5-12】Math 类的常用方法示例。

```
// MathDemo.java
public class MathDemo {
    public static void main(String[] args) {
        System.out.println("Math.E=" + Math.E);         // 输出自然数 e
        System.out.println("Math.PI=" + Math.PI);       // 输出圆周率 pi
        // abs 绝对值函数，对各种数据类型求绝对值
        System.out.println("Math.abs(-10)=" + Math.abs(-10));
        // 输出 4.0 的平方根
        System.out.println("Math.sqrt(4.0)=" + Math.sqrt(4.0));
        // 输出 8.0 的立方根
        System.out.println("Math.cbrt(8.0)=" + Math.cbrt(8.0));
        System.out.println("Math.max(3,5)=" + Math.max(3, 5));
        System.out.println("Math.min(4.6,-2.7)=" + Math.min(4.6, -2.7));
```

```
        System.out.println("Math.log(Math.E)=" + Math.log(Math.E));
        System.out.println("Math.log10(100)=" + Math.log10(100));
        System.out.println("Math.exp(2)=" + Math.exp(2));// 输出 E^2 的值
        // 输出 2.0 的 3.0 次方
        System.out.println("Math.pow(2.0, 3.0)=" + Math.pow(2.0, 3.0));
        // 输出最接近 1.21 的 int 类型数据
        System.out.println("Math.round(1.21f)=" + Math.round(1.21f));
        // 输出最接近 1.81 的 long 类型数据
        System.out.println("Math.round(1.81)=" + Math.round(1.81));
        // 产生 0-99 的随机数
        System.out.println("产生的随机数为: " + (int) (Math.random() * 100));
        // 返回大于 1.218 的第一个整数所对应的浮点数(值是整的, 类型是浮点型)
        System.out.println("Math.ceil(1.218)=" + Math.ceil(1.218));
        // 返回小于 1.218 的第一个整数所对应的浮点数
        System.out.println("Math.floor(1.218)=" + Math.floor(1.218));
    }
}
```

案例运行效果如图 5.11 所示。

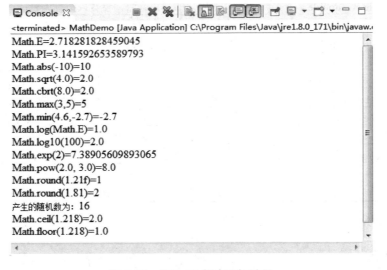

图 5.11　例 5-12 程序运行结果

5.5　日期处理类

在程序开发过程中，经常需要对时间和日期进行处理。Java 语言中提供了 Date 类和 Calendar 类来对时间和日期进行操作，它们都位于 java.util 包。

5.5.1　Date 类

Date 是表示时间实例的一个类，它的精度为毫秒。Date 类的常用方法见表 5-8。

表 5-8　Date 类的常用方法

方　　法	功　　能
public Date()	默认构造方法,创建一个 Date 对象并以当前系统时间来初始化该对象
public Date(long date)	构造方法,根据给定的毫秒值创建日期对象
public boolean after(Date when)	测试日期是否在指定日期之后
public boolean before(Date when)	测试日期是否在指定日期之前
public int compareTo(Date anotherDate)	比较两个日期的顺序。如果等于指定日期,则返回值 0;如果在指定日期之前,则返回小于 0 的值;如果在指定日期之后,则返回大于 0 的值
public long getTime()	返回自 1970 年 1 月 1 日以来,由 Date 对象表示的 00:00:00 GMT 的毫秒数
public void setTime(long time)	设置此 Date 对象以表示 1970 年 1 月 1 日 00:00:00 GMT 后的 time 毫秒的时间点
public String toString()	将此 Date 对象转换为 String 的形式:dow mon dd hh:mm:ss zzz yyyy

【例 5-13】 Date 类的常用方法示例。

```java
//DateDemo.java
import java.util.Date;
public class DateDemo {
public static void main(String[] args) {
    Date date1 = new Date();              //使用没有参数的构造方法实例化 Date 对象
    System.out.println("date1 为: "+date1);
    long time = System.currentTimeMillis();
    Date date2 = new Date(time);          //以指定的 long 值初始化 Date 对象
    System.out.println("date2 为: "+date2);
    System.out.println("date2.getTime():"+date2.getTime());
    date2.setTime(1000000000000L);        //参数为 long 类型
    System.out.println("setTime 后 date2 的时间为: "+date2);
    Date date3 = new Date(1000);
    Date date4 = new Date(2000);
    System.out.println("date3.before(date4): "+date3.before(date4));
    System.out.println("date3.after(date4): "+date3.after(date4));
    System.out.println("date3.compareTo(date4):
                "+date3.compareTo(date4));
    }
}
```

案例运行效果如图 5.12 所示。

说明:由于 Date 类中对 toString()方法进行了重写,所以 println()方法打印对象时,其实是自动调用了对象的 toString()方法,返回被打印对象的字符串表示形式。

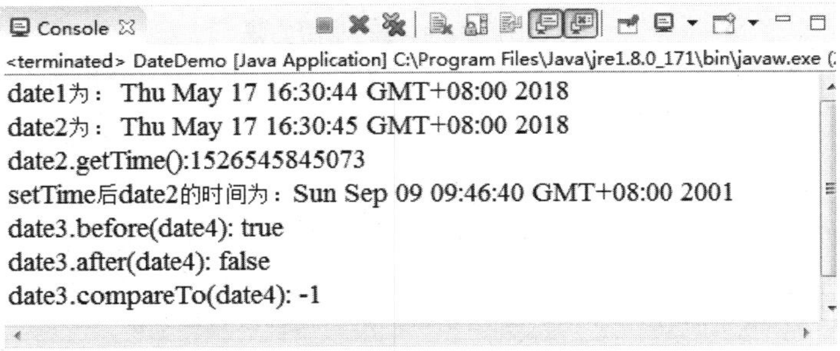

Console
<terminated> DateDemo [Java Application] C:\Program Files\Java\jre1.8.0_171\bin\javaw.exe
date1为： Thu May 17 16:30:44 GMT+08:00 2018
date2为： Thu May 17 16:30:45 GMT+08:00 2018
date2.getTime():1526545845073
setTime后date2的时间为：Sun Sep 09 09:46:40 GMT+08:00 2001
date3.before(date4): true
date3.after(date4): false
date3.compareTo(date4): -1

图 5.12　例 5-13 程序运行结果

5.5.2　Calendar 类

从 JDK1.1 版本开始，在处理日期和时间时，系统推荐使用 Calendar 类进行实现(Date 的一些方法都过时了)。在设计上，Calendar 类的功能要比 Date 类强大很多，而且在实现方式上也比 Date 类要复杂一些，下面介绍一下 Calendar 类的使用。

Calendar 类是一个抽象类，在实际使用时实现特定的子类对象，创建对象的过程对程序员来说是透明的，只需要使用 getInstance()方法创建即可。

1. Calendar 对象的创建

由于 Calendar 类是抽象类，且 Calendar 类的构造方法是 protected 的，所以无法使用 Calendar 类的构造方法来创建对象，API 中提供了 getInstance()方法用来创建对象。使用该方法获得的 Calendar 对象就代表当前的系统时间，由于 Calendar 类的 toString()实现的没有 Date 类那么直观，所以直接输出 Calendar 类的对象意义不大。返回一个 Calendar 对象的代码如下：

```
Calendar c = Calendar.getInstance();
```

【教学视频】

2. Calendar 类中的 set()方法和 get()方法

Calendar 对象可以调用 set()方法将日历翻到任何一个时间，当参数 year 取负值时表示公元前。Calendar 对象调用 get()方法可以获取有关年、月、日等时间信息。

set()方法声明如下。

```
public final void set(int year,int month,int date)
public final void set(int field,int value)
public final void set(int year, int month, int day, int hour, int minute,
                     int second, int millisecond)
```

get()方法声明如下。

```
public int get(int field)
```

set()方法和 get()方法中参数 field 的有效值由 Calendar 静态常量指定，其常见类型及意义见表 5-9。Calendar 类的其他方法参看 API 帮助文档。

表 5-9　Calendar 静态常量及意义

静态常量	意　　义
Calendar.YEAR	年份
Calendar.MONTH	月份，该值加 1 才是真正的月份
Calendar.DATE	日期
Calendar.DAY_OF_MONTH	日期，和 Calendar.DATE 字段完全相同
Calendar.HOUR	12 小时制的小时数
Calendar.HOUR_OF_DAY	24 小时制的小时数
Calendar.MINUTE	分钟
Calendar.SECOND	秒
Calendar.DAY_OF_WEEK	星期几

【例 5-14】 Calendar 类中的 set()方法和 get()方法示例。

```
//CalendarDemo.java
import java.util.Calendar;
public class CalendarDemo {
    public static void main(String args[]) {
        Calendar calendar = Calendar.getInstance();   // 获取当前的系统时间
        int year = calendar.get(Calendar.YEAR);         // 获取当年的年份
        int month = calendar.get(Calendar.MONTH)+1;  // 获取当年的实际月份
        int day = calendar.get(Calendar.DAY_OF_MONTH);
        int hour = calendar.get(Calendar.HOUR);
        int minute = calendar.get(Calendar.MINUTE);
        int second = calendar.get(Calendar.SECOND);
        // 获取当前的星期，在 Calendar 类中，周日是 1，周一是 2，周二是 3，依次类推
        int week = calendar.get(Calendar.DAY_OF_WEEK) - 1;
        System.out.println("当前的日期和时间为：");
        System.out.print(year + "-" + month + "-" + day + " ");
        System.out.print(hour + ":" + minute + ":" + second + " ");
        weekPrint(week);
        // 以下重新设置 calendar 的年、月、日
        calendar.set(Calendar.YEAR, 2020);              // 设置 2020 年
        calendar.set(Calendar.MONTH, 8);                // 设置 8 月
        calendar.set(Calendar.DAY_OF_MONTH, 22);        // 设置日期为 22 日
        year = calendar.get(Calendar.YEAR);
        month = calendar.get(Calendar.MONTH) + 1;
        day = calendar.get(Calendar.DAY_OF_MONTH);
            // 星期会根据前面的年、月、日动态地改变
        week = calendar.get(Calendar.DAY_OF_WEEK) - 1;
            System.out.println("\n 重置后的日期为：");
        System.out.print(year + "-" + month + "-" + day + " ");
        weekPrint(week);
    }
```

```java
static void weekPrint(int week) {                    // 打印实际的星期
    switch (week) {
    case 0:
        System.out.println("星期日");
        break;
    case 1:
        System.out.println("星期一");
        break;
    case 2:
        System.out.println("星期二");
        break;
    case 3:
        System.out.println("星期三");
        break;
    case 4:
        System.out.println("星期四");
        break;
    case 5:
        System.out.println("星期五");
        break;
    case 6:
        System.out.println("星期六");
        break;
    default:
        System.out.println("星期不合法");
        break;
    }
}
```

案例运行效果如图 5.13 所示。

图 5.13　例 5-14 程序运行结果

说明：由例 5-14 可以看出，在 Calendar 类中：年份的值是实际的年份；月份的值为实际的月份值减 1，所以在用 get 方法获取月份时，实际的月份值应该做加 1 操作；日期的值是实际的日期值；星期的值周日是 1，周一是 2，周二是 3，依次类推，为了更加直观地显示星期，在该例中定义了 weekPrint 方法打印准确的星期。

5.6 案例分析

5.6.1 进制转换

编写程序实现二进制、八进制、十进制以及十六进制之间的自由转换，代码如下。

```java
//BaseZhuanHuan.java
import java.util.Scanner;
public class BaseZhuanHuan {
    public static void main(String[] args) {
        String number;              // 要转换的数
        int a, b;                   // a 表示转换前的进制，b 表示转换后的进制
        String result = "";         // 经过数制转换后的结果
        Scanner read = new Scanner(System.in);    // 得到用户输入的值
        System.out.println("数据    转换前进制    转换后进制");
        number = read.next();
        a = read.nextInt();
        b = read.nextInt();
        while (a != 0) {            // 当输入的待转换的数据为 0 时表示结束转换
            if (a == 10) {          // 将十进制转换成其他进制
                if (b == 2)
                    // 将十进制转换成二进制
                    result = Integer.toBinaryString(Integer.parseInt(number));
                else if (b == 8)
                    // 将十进制转换成八进制
                    result = Integer.toOctalString(Integer.parseInt(number));
                else if (b == 16)
                    // 将十进制转换成十六进制
                    result = Integer.toHexString(Integer.parseInt(number));
            } else if (a == 2) {    // 将二进制转换成其他进制
                // 将二进制转换成十进制
                int valueTen = Integer.parseInt(number, 2);
                if (b == 10)
                    // 将十进制数据转换成字符串
                    result = String.valueOf(valueTen);
                else if (b == 8)
                    result = Integer.toOctalString(valueTen);
                else if (b == 16)
                    result = Integer.toHexString(valueTen);
            } else if (a == 8) {    // 将八进制转换成其他进制
                int valueTen = Integer.parseInt(number, 8);
                if (b == 10)
                    result = String.valueOf(valueTen);
                else if (b == 2)
                    result = Integer.toBinaryString(valueTen);
```

```
            else if (b == 16)
                result = Integer.toHexString(valueTen);
        } else if (a == 16) { // 将十六进制转换成其他进制
            int valueTen = Integer.parseInt(number, 16);
            if (b == 10)
                result = String.valueOf(valueTen);
            else if (b == 2)
                result = Integer.toBinaryString(valueTen);
            else if (b == 8)
                result = Integer.toOctalString(valueTen);
        }
        System.out.println(a + "进制数据" + number + "转换成"
                            + b + "进制为" + result);
        System.out.println("数据    转换前进制   转换后进制");
        number = read.next();
        a = read.nextInt();
        b = read.nextInt();
    }
}
}
```

通过以上案例分析可以看出，将十进制转换成二进制、八进制和十六进制，可直接利用 Integer 类中的 toBinaryString(int i)、toOctalString(int i)、toHexString(int i)方法进行相应的转换。而在将二进制、八进制和十六进制转换成其他进制时，需首先使用 parseInt(String s, int radix)方法转换成十进制，再通过十进制转换成其他进制。案例运行效果如图 5.14 所示。

图 5.14　进制转换案例运行效果

5.6.2　校验文件名和邮箱地址

在使用作业提交系统提交 Java 作业时，需要对提交文件的扩展名和邮箱地址进行校验。

校验规则为：提交的文件的扩展名必须是".java"，邮箱地址必须包含"@"和"."符号。代码如下。

```java
//EmaiNameTest.java
import java.util.*;
public class EmaiNameTest {
    public static void main(String[] args) {
        boolean fileflag = false;          // 判断文件名是否合法
        boolean emailflag = false;         // 判断邮箱地址是否合法
        System.out.println("************欢迎使用作业提交系统************");
        Scanner input = new Scanner(System.in);
        System.out.println("请输入要提交的java文件名:");
        String fileName = input.next();    // 获取java文件名
        System.out.println("请输入提交作业的邮箱地址:");
        String email = input.next();       // 获取输入的邮箱地址
        // 校验输入文件名是否合法
        int index = fileName.lastIndexOf('.');// 获取.所在位置
        // 截取文件格式名(.后的字符串即为文件格式名)
        String fileFormat = fileName.substring(index + 1, fileName.length());
        if (index != -1 && index != 0 && fileFormat.equalsIgnoreCase("java"))
            fileflag = true;
        else
            System.out.println("输入的文件名非法！");
        // 校验邮箱地址是否合法
        if (email.indexOf('@') != -1 && email.indexOf('.') > email.indexOf('@'))
            emailflag = true;
        else
            System.out.println("输入的邮箱地址非法！");
        // 输出校验结果
        if (fileflag && emailflag)
            System.out.println("恭喜您，作业提交成功！");
        else
            System.out.println("抱歉，作业提交失败！");
    }
}
```

说明：只有输入的文件名是以".java"为扩展名，邮箱地址中包含"@"和"."符号，"@"符号应该在"."符号之前，"@"符号不应该在Email地址的起始位置时，校验才能通过，打印"恭喜您，作业提交成功！"，如图5.15所示；否则，打印"抱歉，作业提交失败！"，如图5.16所示。

图5.15　校验成功　　　　　　　　　　图5.16　校验失败

在该程序中，在校验文件名是否合法时，首先使用lastIndexOf()方法获取用户输入文件中的"."所在的位置，然后用substring()方法截取文件的扩展名，最后检测"."之后的字符串是否是"java"，即用"index != -1 && index != 0 && fileFormat.equalsIgnoreCase("java")"进行判断，若返回 true，则扩展名合法，否则非法。在校验邮箱地址是否合法时，首先使用indexOf()方法检测输入的邮箱地址中是否包含"@"符号，然后判断邮箱地址中的"."符号是否在"@"符号之后，若两者都满足，则邮箱地址合法，否则非法。

5.6.3 批量单词替换和统计问题

该案例要求实现以下功能：
(1) 从键盘上输入一段英文，并输出这段英文。
(2) 输入英文中存在的一个单词和一个新单词，用新单词替换英文中原单词后，输出修改后的英文并统计单词个数。

代码如下。

```java
//EnglishWord.java
public class EnglishWord {
    public static void main(String[] args) {
        Scanner in = new Scanner(System.in);
        StringBuffer words = new StringBuffer();
        System.out.println("请输入英文句子：");
        words.append(in.nextLine());
        //System.out.println(words);
        System.out.println("请输入句子中要替换的一个词：");
        String oldWord = in.next();
        System.out.println("请输入一个新词：");
        String newWord = in.next();
        while (true) {
            int start = words.indexOf(oldWord);
            if (start < 0) {
                break;
            }
            int end = start + oldWord.length();
            words.replace(start, end, newWord);
        }
        System.out.println("替换后的英文句子为：");
        System.out.println(words);
        System.out.println("共" + wordCount(words.toString()) + "个英文单词.");
    }
    // 返回 str 中代表的单词个数
    public static int wordCount(String str) {
        int count = 0;
        boolean isWhiteSpace = true;// 标记当前是否处在"空格"模式
        for (int i = 0; i < str.length(); i++) {
            char c = str.charAt(i);
```

```
            // 如果碰到的是分隔符,else 语句不会执行
            if (c == ' ' || c == '\t' || c == '\n')
                isWhiteSpace = true;
            else if (isWhiteSpace)// 当碰到非分隔符,且刚好处在 "空格"模式时,单词计数加1
            {
                count++;
                isWhiteSpace = false;
            }
        }
        return count;
    }
}
```

案例运行效果如图 5.17 所示。

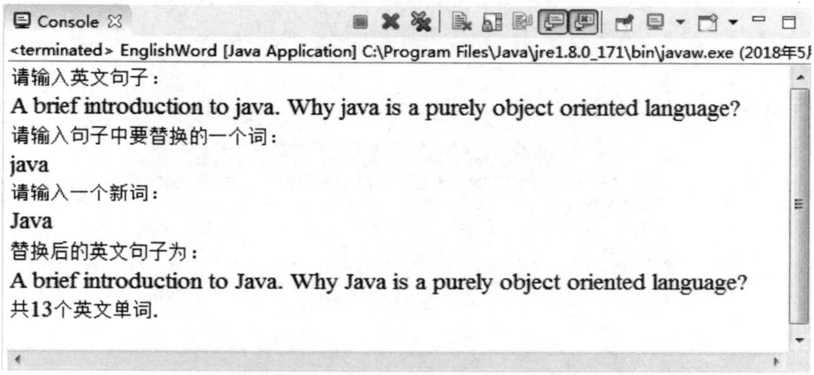

图 5.17 批量单词替换和统计问题案例运行效果

5.6.4 万年历

利用 Calendar 类实现动态输入年份和月份来显示万年历。

```
//CalendarDemo2.java
import java.util.Calendar;
import java.util.Scanner;
public class CalendarDemo2 {
    public static void main(String[] args) {
        Scanner sc = new Scanner(System.in);
        Calendar nowc = Calendar.getInstance();
        System.out.println("请输入年份");
        int year = sc.nextInt();
        System.out.println("请输入月份");
        int month = sc.nextInt();
        //获取指定日期的当月总天数
        int days = nowc.getActualMaximum(Calendar.DAY_OF_MONTH);
        nowc.set(year, month - 1, 1);
        int week = nowc.get(Calendar.DAY_OF_WEEK) - 1;
        int[] wnl = new int[42];
```

```
            for (int i = 1; i <= days; i++) {
                wnl[week++] = i;
            }
            System.out.println("日\t一\t二\t三\t四\t五\t六");
            for (int i = 0; i < week; i++) {
                if (wnl[i] != 0) {
                    System.out.print(wnl[i] + "\t");
                    if ((i + 1) % 7 == 0) {
                        System.out.println("");
                    }
                } else {
                    System.out.print(" " + "\t");
                }
            }
        }
    }
```

案例运行效果如图 5.18 所示。

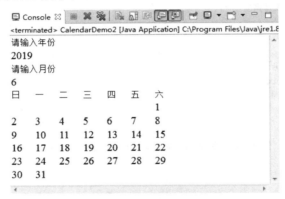

图 5.18　万年历案例运行效果

说明：一个日历 6 行，每周 7 天，需要创建一个存放 42 个数值的数组。在日历中主要分三部分显示：第一个星期，中间几个星期，最后一个星期。因为每个星期有 7 天，第一个星期和最后一个星期可能不会显示完，而中间的几个星期是可以将 7 天都显示完全的。第一个星期要注意在 1 号之前的星期几显示空格，中间的几个星期日期依次累加即可，最后一个星期只显示到最后一天。如果第一个星期是从星期天开始的，则将其归到中间的几个星期一起显示，否则单独处理。如果最后一个星期在该月只有星期天一天，则只显示这天即可，否则日期累加显示到最后一天。

小　　结

本章主要讲解了基本数据类型的封装类、Object 类、字符串处理类、Math 类及日期处理类等 Java 常用类。Java 为其 8 种基本数据类型提供了对应的封装类，通过这些封装类可以把 8 种基本类型的值封装成对象进行使用。Object 类是所有类的父类，位于 java.lang 包中。任何类的对象，都可以调用 Object 类中的方法，包括数组对象。在字符串处理类中用 String 创建的字符串是不可变的；StringBuffer 字符缓冲区类是一种线程安全的可变字符序列；StringBuilder 字符串生成器类也是创建可变的字符串序列，但没有线程安全控制，所以在不要求线程安全的情况下建议使用 StringBuilder 类。Math 类中提供了一系列基本数学运算和几何运算的方法，该类的构造方法被修饰为 private，因此不能实例化，该类中的所有方法都是静态的，可以通过类名直接调用以完成各种运算。Date 类可以得到一个完整的日期，但是日期格式不符合大家平常看到的格式，时间也不能精确到毫秒，要想按照用户自己的格式显示时间，可以使用 Calendar 类完成操作。Calendar 类可以将取得的时间精确到毫秒，但是此类为抽象类，要想使用抽象类，必须依靠对象的多态性。

习　　题

一、选择题

1. int 基本数据类型对应的封装类是_____。
   A．Int　　　　　　B．Integer　　　　C．Short　　　　D．Long
2. float 对应的封装类是_____。
   A．double　　　　B．float　　　　　C．Float　　　　D．Double
3. 关于装箱和拆箱说法错误的是_____。
   A．装箱是指将基本类型数据值转换成对应的封装类对象
   B．装箱是将栈中的数据封装成对象存放到堆中的过程
   C．拆箱是将封装的对象转换成基本类型数据值
   D．拆箱是指将基本类型数据值转换成对应的封装类对象
4. 关于 Object 类说法不正确的是_____。
   A．Object 类是所有类的顶级父类
   B．Object 对象类定义在 java.util 包
   C．在 Java 体系中，所有类都直接或间接地继承了 Object 类
   D．任何类型的对象都可以赋给 Object 类型的变量
5. 定义一个表示 5 个值为 null 的字符串数组，下面选项正确的是_____。
   A．String[] a;　　　　　　　　　B．String a[];
   C．char a[5][];　　　　　　　　 D．String a[] = new String[5];
6. 假设"s="Happy New Year!""，则下面语句返回"New"的是_____。
   A．s.substring(7,9)　　　　　　 B．s.substring(7,10)
   C．s.substring(6,9)　　　　　　 D．s.substring(6,10)
7. 编译以下代码，将出现什么情况？_____

```
class MyString extends String {
}
```

A．可以成功编译
B．无法编译，因为没有 main 方法
C．无法编译，因为 String 是抽象类
D．无法编译，因为 String 是 final 类

8．System.out.println("abc"+1+2)输出的结果是_____。
A．abc12　　　　B．abc3　　　　C．"abc"+1+2　　D．abc

9．关于 String、StringBuffer 和 StringBuilder 说法错误的是_____。
A．String 创建的字符串是不可变的
B．StringBuffer 创建的字符串是可变的，而所引用的地址一直不变
C．StringBuffer 是线程安全的，因此性能比 StringBuilder 好
D．StringBuilder 没有实现线程安全，因此性能比 StringBuffer 好

10．用作数学运算的类是？_____
A．Date　　　　B．Meth　　　　C．Math　　　　D．Time

11．Calendar 类中_____常量表示毫秒。
A．YEAR　　　　B．SECOND　　　C．MILLISECOND　D．MINUTE

12．Calendar 类中_____方法根据默认的时区实例化日期对象。
A．after　　　　B．getInstance　　C．before　　　　D．get

二、简答题

1．"=="运算符与 equals()方法的区别。

2．String、StringBuffer 和 StringBuilder 之间的区别。

3．Date 类和 Calendar 类有什么区别和联系？

三、阅读程序题

1．请写出下面程序的运行结果。

```java
public class IntegerTest {
    public static void main(String[] args) {
        Integer integer1 = new Integer(246);
        Integer integer2 = new Integer("246");
        Integer integer3 = 246;
        if(integer1==integer2) {
            System.out.println("integer1=integer2");
        }
        else if(integer1==integer3) {
            System.out.println("integer1=integer3");
        }
        else if(integer2==integer3) {
            System.out.println("integer2=integer3");
        }
        else{System.out.println("全不等");}
    }
}
```

2. 用 "java TestArgs first second third" 运行，其输出结果是什么？

```java
public class TestArgs{
    public static void main(String[] args){
        for(int i=0;i<args.length;i++){
            System.out.println(args[i]);
        }
    }
}
```

3. 请写出下面程序的运行结果。

```java
public class Equivalence {
    public static void main(String[] args) {
        String s1 = "Merry Christmas";
        String s2 = "Merry Christmas";
        String s3 = new String("Merry Christmas");
        System.out.println(s1== s2);
        System.out.println(s1 == s3);
        System.out.println(s2 == s3);
        System.out.println(s1.equals(s2));
        System.out.println(s1.equals(s3));
    }
}
```

四、编程题

1．编写程序统计所给字符串中大写英文字母的个数、小写英文字母的个数以及非英文字母的个数。

2．设计一个简单的登录程序。若用户输入正确的用户名和密码，则显示欢迎信息，否则输错超过 3 次后自动退出系统。

3．黑色星期五。问题描述：如果某个月的 13 号正好是星期五，有些西方人就会觉得这个日子不太吉利。请你利用 Calendar 类编写程序，输出某些特定的年份中，出现黑色星期五的日期。

【第 5 章　习题答案】

第 6 章

I/O 流与异常

学习目标

内　　容	要　　求
File 类的创建及主要方法	掌握
流的概念及分类	了解
常用的字节流和字符流的使用	掌握
对象序列化与解序列化	掌握
异常的概念	了解
使用 try、catch、finally 块处理异常	掌握
关键字 throws 和 throw 的功能与区别	熟练
自定义异常	熟练

　　I/O(输入/输出)是程序设计中非常重要的一部分。在程序设计中,经常需要与外部设备进行数据交换,例如从键盘上或文件中读取数据,向控制台或文件输出数据等。Java 把这些不同类型的输入输出源抽象为流(Stream),Java 语言定义了许多类专门负责各种方式的输入和输出流,这些类都放在 java.io 包中。另外 Java 程序在进行 I/O 操作时经常伴随着异常发生,如文件不存在等,因此本章的后面还介绍了异常的概念、异常的分类、异常的抛出和异常的处理等内容。

【第 6 章　代码下载】

6.1 File 类

File 类提供了多种操作文件的有用操作。它提供了将路径名分解的方法,用于查询与路径名所指文件有关的文件系统。

一个 File 对象实际上表示的是一个文件的路径,而不是文件本身。例如,为了判断一条路径名是否表示一个已存在的文件,可以使用该路径名创建一个 File 对象,接着调用该对象的 exists()方法,并根据该方法的返回值进行判断。

File 类同时也提供了一组丰富的实例方法,可以对相应的文件或者目录进行各种操作。例如:判断文件是否存在、访问文件的属性(是否可读写)、创建文件或目录、列出目录包含的文件等。

6.1.1 File 类的构造方法

创建一个 File 对象的常用构造方法有 3 种。

1. File(String pathname)

该构造方法通过给定的文件路径字符串来创建一个新 File 实例对象,如果给定的字符串是空字符串,那么创建的 File 对象将不代表任何文件和目录。

【教学视频】

pathname:文件路径字符串,包括文件名称。

2. File(String parent, String child)

该构造方法根据父路径名字符串和子路径名字符串创建一个新 File 实例。如果 parent 是 null,则只使用 child。如果 parent 是一个空字符串,则 child 被解析成一个系统相关的默认目录。另外,这与使用只有一个参数的构造方法 File(parent+File.Separator+child)的效果是相同的。

parent:父路径名字符串。

child:子路径名字符串。

3. File(File parent, String child)

该构造方法根据父抽象路径名和子路径名字符串创建一个新 File 实例,即在 File 对象 parent 命名的目录下,创建一个名为 child 的文件。这和使用 File(parent.getPath(), child)相同。

parent:父抽象路径名。

child:子路径名字符串。

6.1.2 File 类的成员方法

一旦产生了 File 实例,就可以调用其相应的方法判断其所标识的文件或者目录是否存在,甚至建立之。下面介绍 File 类定义的若干常用实例方法。

【教学视频】

1. 访问属性

(1) boolean canRead()
测试 File 实例所指文件或目录是否可读。

(2) boolean canWrite()
测试 File 实例所指文件或目录是否可写。

(3) boolean exists()
测试 File 实例所标识的文件或目录是否存在。

(4) File getAbsoluteFile()
返回 File 实例的绝对路径。

(5) String getName()
返回由 File 实例表示的文件或目录的名称。

(6) String getParent()
返回 File 实例所指文件或目录的父目录的路径名，如果此路径名没有指定父目录，则返回 null。

(7) String getPath()
返回 File 实例所表示的路径名。

(8) boolean isDirectory()
测试 File 实例所标识的文件是否是一个目录。

(9) boolean isFile()
测试 File 实例所标识的文件是否是一个标准文件。

2. 新建、更名与删除

(1) boolean createNewFile()
当 File 实例所标识的文件不存在而其父路径存在时，新建一个空的普通文件并返回 true。若文件已存在或不能被创建则返回 false。

(2) boolean mkdir()
当 File 实例所标识的目录不存在而其父路径存在时，新建一个目录并返回 true。

(3) boolean mkdirs()
当 File 实例所标识的目录不存在时，新建一个目录以及父路径中的各级原先不存在的父目录，并返回 true。

(4) boolean delete()
删除由 File 实例所指的文件或者目录。若删除的是目录，那么该目录必须为空。

(5) boolean renameTo(File dest)
将当前 File 实例所指的文件或者目录更改为由参数 dest 标识。该方法既可以实现文件或目录的更名，也可以实现文件或目录的移动。在实现移动时，方法会自动创建需要的各级父目录。

3. 目录列表

(1) String[] list()

返回 File 实例所指目录中的所有文件或子目录的名字组成的字符串数组。若当前 File 实例表示的是普通文件而不是一个目录，则返回 null。

(2) File[] listFiles()

如果 File 实例所指的不是一个目录，那么此方法将返回 null。否则返回一个 File 对象数组，每个数组元素对应目录中的每个文件或目录。如果目录为空，那么数组也将为空。

6.1.3 使用 File 类

通过上一小节的介绍，对 File 类有了大体的了解。下面就通过一个具体的例子进一步阐述 File 类的使用。

【例 6-1】创建一个 File 类的对象，输出该文件对象的相关信息。

```java
//FileTest.java
import java.io.File;
public class FileTest {
    public static void main(String[] args) {
        File f=new File("d:\\test.txt");
        if(f.exists()) {
            f.delete();
        }else {
            try {
                f.createNewFile();
            }
            catch(Exception e) {
                System.out.println(e.getMessage());
            }
            System.out.println("文件名："+f.getName());
            System.out.println("文件路径："+f.getPath());
            System.out.println("绝对路径："+f.getAbsolutePath());
            System.out.println("父文件夹名称："+f.getParent());
            System.out.println(f.exists()?"文件存在":"文件不存在");
            System.out.println(f.canWrite()?"文件可写":"文件不可写");
            System.out.println(f.canRead()?"文件可读":"文件不可读");
            System.out.println(f.isDirectory()?"是目录":"不是目录");
            System.out.println(f.isFile()?"是文件":"不是文件");
            System.out.println(f.isAbsolute()?"是绝对路径":"不是绝对路径");
            System.out.println("文件大小："+f.length()+"字节");
        }
    }
}
```

程序运行效果如图 6.1 所示。

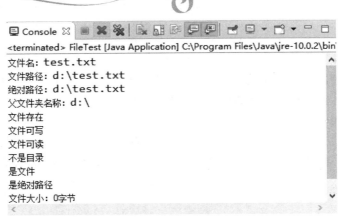

图 6.1 例 6-1 运行结果

6.2 流

6.2.1 流的基本概念

流是一组有序的数据序列，它有源(输入流)和目的(输出流)。根据操作的类型，分为输入流和输出流两种。输入流的指向称为源，程序从指向源的输入流中读取源中的数据。当程序需要读取数据时，就开启一个通向数据源的流，这个数据源可以是文件、内存或是网络连接。而输出流的指向是字节要去的目的地，程序通过向输出流中写入数据，把信息传递到目的地。当程序需要写入数据时，就会开启一个通向目的地的流。

6.2.2 输入/输出流

输入/输出流一般分为字节输入流、字节输出流、字符输入流和字符输出流 4 种，分别由 4 个抽象类来表示：InputStream、OutputStream、Reader、Writer。Java 中其他多种多样变化的流均是由它们派生出来的。

1. 字节输入流

InputStream 类是所有字节输入流的父类，不同的子类实现了不同数据的输入流，这些字节输入流的继承关系如图 6.2 所示。

2. 字节输出流

OutputStream 类是所有字节输出流的父类，不同的子类实现了不同数据的输出流，这些字节输出流的继承关系如图 6.3 所示。

3. 字符输入流

Reader 类是所有字符输入流的父类，Java 中字符输入流的继承关系如图 6.4 所示。

4. 字符输出流

Writer 类是所有字符输出流的父类，Java 中字符输出流的继承关系如图 6.5 所示。

第 6 章　I/O 流与异常

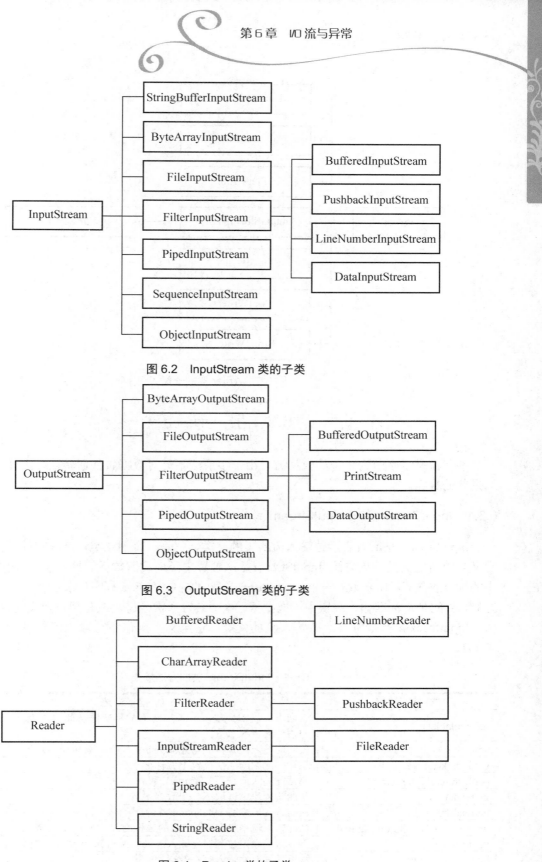

图 6.2　InputStream 类的子类

图 6.3　OutputStream 类的子类

图 6.4　Reader 类的子类

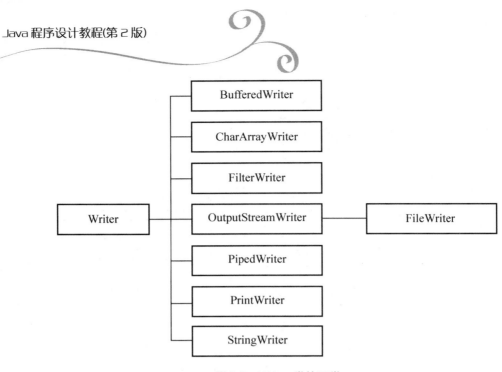

图 6.5 Writer 类的子类

6.3 字 节 流

字节流是以字节为单位的数据流，由于字节流不会对数据做任何转换，因此用来处理二进制的数据。

6.3.1 InputStream 和 OutputStream

InputStream 是所有表示位输入流的类的父类，它是一个抽象类，继承它的子类要重新定义其中所定义的抽象方法。InputStream 是从装置来源地读取数据的抽象表示，例如 System 中的标准输入流对象 in 就是一个 InputStream 类型的实例。在 Java 程序开始之后，in 流对象就会开启，目的是从标准输入装置中读取数据，这个装置通常是键盘或是用户定义的输入装置。

InputStream 类是所有字节输入流的父类，它定义了操作字节输入流的各种方法，见表 6-1。

表 6-1 InputStream 类的方法摘要

方 法 名 称	功 能 描 述
int available()	返回下一次对此输入流调用时不受阻塞地从此输入流读取(或跳过)的估计剩余字节数
void close()	关闭此输入流并释放与此流关联的所有系统资源
void mark(int readlimit)	在输入流中的当前位置上做标记
boolean markSupported()	测试此输入流是否支持 mark 和 reset 方法
int read()	从此输入流中读取下一个数据字节
int read(byte[] b)	从此输入流中将 byte.length 个字节的数据读入一个 byte 数组中
int read(byte[] b, int off, int len)	从此输入流中将 len 个字节的数据读入一个 byte 数组中
void reset()	将此流重新定位到对此输入流最后调用 mark 方法时的位置
long skip(long n)	跳过和丢弃此输入流中数据的 n 个字节

OutputStream 是所有表示位输出流的类的父类，它是一个抽象类。子类要重新定义其中所定义的抽象方法，OutputStream 是用于将数据写入目的地的抽象表示。例如 System 中的标准输出流对象 out，其类型是 java.io.PrintStream，这个类是 OutputStream 的子类（java.io.FilterOutputStream 继承 OutputStream，PrintStream 再继承 FilterOutputStream）。在程序开始之后，out 流对象就会开启，可以通过 out 来将数据写至目的地装置，这个装置通常是屏幕显示或用户定义的输出装置。

OutputStream 类是所有字节输出流的父类，它定义了操作字节输出流的各种方法，见表 6-2。

表 6-2 OutputStream 类的方法摘要

方 法 名 称	功 能 描 述
void close()	关闭此输出流并释放与此流有关的所有系统资源
void flush()	刷新此输出流，并强制将所有已缓冲的输出字节写入该流中
void write(byte[] b)	将 b.length 个字节写入此输出流
void write(byte[] b, int off, int len)	将指定 byte 数组中从偏移量 off 开始的 len 个字节写入此输出流
void write(int b)	将指定 byte 写入此输出流

6.3.2 FileInputStream 和 FileOutputStream

FileInputStream 和 FileOutputStream 类分别用来创建磁盘文件的输入流和输出流对象，通过它们的构造方法来指定文件路径和文件名。

创建 FileInputStream 实例对象时，指定的文件应当是存在和可读的。创建 FileOutputStream 实例对象时，如果指定的文件已经存在，这个文件中原来的内容将被覆盖清除。

对同一个磁盘文件创建 FileInputStream 对象的两种方式如下。

① FileInputStream inOne = new FileInputStream("hello.test");

② File f = new File("hello.test");

FileInputStream inTwo = new FileInputStream(f);

创建 FileOutputStream 实例对象时，可以指定还不存在的文件名，但不能指定一个已被其他程序打开了的文件。

【例 6-2】用 FileOutputStream 类向文件中写入一串字符，然后用 FileInputStream 读出写入的内容。

```
//FileStream.java
import java.io.*;
public class FileStream {
    public static void main(String[] args) throws Exception {
        FileOutputStream out = new FileOutputStream("hello.txt");
        out.write("www.sina.com.cn".getBytes());
                        //把字符串转化为字节数组并写入到流中
        out.close();
```

```
        byte[] buf = new byte[1024];
        File f = new File("hello.txt");
        FileInputStream in = new FileInputStream(f);
        int len = in.read(buf);    //读取内容到字节数组中
        System.out.println("新建文件 hello.txt 的内容如下: ");
        System.out.println(new String(buf, 0, len));
                        //String 构造方法把字节数组转化为字符串
        in.close();
    }
}
```

运行程序，其输出结果如图 6.6 所示。

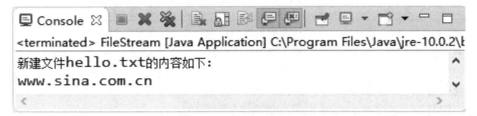

图 6.6 例 6-2 程序运行结果

6.4 字 符 流

字符流用于处理字符数据的读取和写入，它以字符为单位。Reader 类和 Writer 类是字符流的抽象类，它们定义了字符流读取和写入的基本方法，各个子类会依其特点实现或覆盖这些方法。

6.4.1 Reader 和 Writer

Reader 类是所有字符输入流的父类，它定义了操作字符输入流的各种方法，见表 6-3。

表 6-3 Reader 类的方法摘要

方 法 名 称	功 能 描 述
abstract void close()	关闭该流并释放与之关联的所有资源
void mark(int readAheadLimit)	标记流中的当前位置
boolean markSupported()	判断此流是否支持 mark() 操作
int read()	读取单个字符
int read(char[] cbuf)	将字符读入数组
abstract int read(char[] cbuf, int off, int len)	将字符读入数组的某一部分
int read(CharBuffer target)	试图将字符读入指定的字符缓冲区
boolean ready()	判断是否准备读取此流
void reset()	重置该流
long skip(long n)	跳过字符

Writer 类是所有字符输出流的父类，它定义了操作字符输出流的各种方法，见表 6-4。

表 6-4 Writer 类的方法摘要

方 法 名 称	功 能 描 述
Writer append(char c)	将指定字符添加到此 Writer
Writer append(CharSequence csq)	将指定字符序列添加到此 Writer
Writer append(CharSequence csq, int start, int end)	将指定字符序列的子序列添加到此 writer.Appendable
abstract void close()	关闭此流，但要先刷新它
abstract void flush()	刷新该流的缓冲
void write(char[] cbuf)	写入字符数组
abstract void write(char[] cbuf, int off, int len)	写入字符数组的某一部分
void write(int c)	写入单个字符
void write(String str)	写入字符串
void write(String str, int off, int len)	写入字符串的某一部分

6.4.2　InputStreamReader 和 OutputStreamWriter

整个 I/O 包实际上除了字节流和字符流之外，还存在一组字节流-字符流的转换类。

InputStreamReader：是 Reader 的子类，将输入的字节流变为字符流，即将一个字节流的输入对象变为字符流的输入对象。

OutputStreamWriter：是 Writer 的子类，将输出的字符流变为字节流，即将一个字符流的输出对象变为字节流输出对象。

【教学视频】

如果以文件操作为例，则内存中的字符数据需要通过 OutputStreamWriter 变为字节流才能保存在文件中，读取时需要将读入的字节流通过 InputStreamReader 变为字符流，转换步骤如图 6.7 所示。

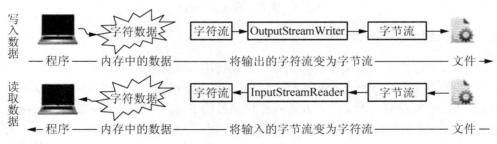

图 6.7　转换步骤

【例 6-3】将字节输出流变为字符输出流。

```java
// OutputStreamWriterDemo.java
import java.io.*;
public class OutputStreamWriterDemo {
    public static void main(String[] args)throws Exception{// 所有的异常抛出
        File f = new File( "OutputStreamWriterDemo.txt");
        Writer out = null;
```

```
            out = new OutputStreamWriter(new FileOutputStream(f));
                                           // 字节流变为字符流
            out.write("Hello World!");     // 使用字符流输出
            out.close();
    }
}
```

【例6-4】将字节输入流变为字符输入流。

```
// InputStreamReaderDemo.java
import java.io.*;
public class InputStreamReaderDemo{
    public static void main(String[] args)throws Exception{  //所有的异常抛出
        File f = new File("OutputStreamWriterDemo.txt");
        Reader reader = null;
        reader = new InputStreamReader(new FileInputStream(f));
                                          // 将字节流变为字符流
        char[] c = new char[1024];
        int len = reader.read(c);
        reader.close();
        System.out.println(new String(c, 0, len));
    }
}
```

运行程序，其输出结果如图6.8所示。

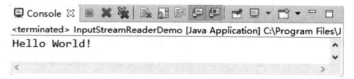

图6.8　例6-4程序运行结果

6.4.3　FileReader 和 FileWriter

如果想要存取的是一个文本文件，可以直接使用 java.io.FileReader 和 java.io.FileWriter 类，它们分别继承自 InputStreamReader 和 OutputStreamWriter。可以直接指定文件名称或 File 对象来打开指定的文本文件，并读入流转换后的字符，字符的转换会根据系统默认的编码（若要指定编码，使用 InputStreamReader 和 OutputStreamWriter）。

FileReader 和 FileWriter 的使用非常简单，下面这个例子用 FileReader 和 FileWriter 实现对文件的读写操作。

【教学视频】

【例6-5】用 FileWriter 类向文件中写入一串字符，然后用 FileReader 读出写入的内容。

```
// FileReaderWriterDemo.java
import java.io.*;
public class FileReaderWriterDemo {
   public static void main(String[] args) throws Exception {
```

```
        FileWriter out = new FileWriter("FileReaderWriter.txt");
        out.write("www.sina.com.cn");    //把字符串写入到流中
        out.close();
        char[] buf = new char[1024];
        File f = new File("FileReaderWriter.txt");
        FileReader in = new FileReader(f);
        int len = in.read(buf);
        System.out.println("新建文件 FileReaderWriter.txt 的内容如下");
        System.out.println(new String(buf,0,len));
                              //String 构造方法把字节数组转化为字符串
        in.close();
    }
}
```

运行程序，其输出结果如图 6.9 所示。

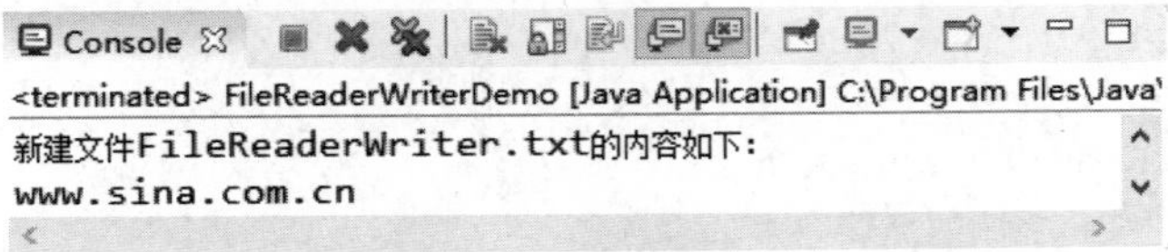

图 6.9 例 6-5 程序运行结果

6.4.4 BufferedReader 和 BufferedWriter

BufferedReader 和 BufferedWriter 类各拥有 8192 个字符的缓冲区。BufferedReader 在读取文本文件时，会尽量先从文件中读入字符数据并置入缓冲区，而之后若使用 read()方法，BufferedWriter 会先从缓冲区中读取。如果缓冲区数据不足，才会再从文件中读取。使用 BufferedWriter 时，写入的数据并不会先输出到目的地，而是先存储至缓冲区中。如果缓冲区中的数据满了，才会一次对目的地进行写出。

从标准输入流 System.in 中直接读取使用者的输入时，使用者每输入一个字符，System.in 就读取一个字符。为了能一次读取使用者可输入的一行字符，使用 BufferedReader 来对使用者输入的字符进行缓冲。readLine()方法会在读取到使用者的换行字符时，再一次将整行字符串传入。

【教学视频】

System.in 是一个位流，为了转换为字符流，可使用 InputStreamReader 为其进行字符转换，然后再使用 BufferedReader 为其增加缓冲功能。例如：

```
BufferedReader reader = new BufferedReader(new InputStreamReader(System.in));
```

例 6-6 示范了 BufferedReader 和 BufferedWriter 的用法。

【例 6-6】BufferedReader 和 BufferedWriter 的使用。程序运行后，在命令提示符下输入字符，程序会将输入的字符存储至指定的文件中，如果要结束程序，输入 quit 字符串即可。

```
// BufferedReaderWriterDemo.java
import java.io.*;
public class BufferedReaderWriterDemo {
    public static void main(String[] args) {
```

```java
        try {
            //缓冲 System.in 输入流
            //System.in 是位流,可以通过 InputStreamReader 将其转换为字符流
            BufferedReader bufReader=new BufferedReader(new InputStreamReader(System.in));
            //缓冲 FileWriter
            File out = new File("BufferedReaderWriterDemo.txt");
            BufferedWriter bufWriter = new BufferedWriter(new FileWriter(out));
            String input = null;
            //每读一行,进行一次写入动作
            while (!(input = bufReader.readLine()).equals("quit")) {
            //将输入的非"quit"字符串写入 Buffered ReaderWriterDemo.txt 文件
                bufWriter.write(input);
            /*newLine()方法写入与操作系统相依的换行字符,依执行环境当时的 OS 来决定该输出
            哪种换行字符*/
                bufWriter.newLine();
            }
            bufReader.close();
            bufWriter.close();
        } catch (ArrayIndexOutOfBoundsException e) {
            System.out.println("没有指定文件");
        } catch (IOException e) {
            e.printStackTrace();
        }
    }
}
```

运行程序,在命令提示符下输入的内容如图 6.10 所示,文件"BufferedReaderWriterDemo. txt"中的内容如图 6.11 所示。程序运行后,等待用户输入,用户每输入一行字符并回车,程序就将当前行的内容输出到文件"BufferedReaderWriterDemo.txt"中,并不断重复上述过程,直到输入 quit 时结束程序。

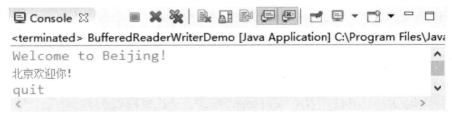

图 6.10　例 6-6 程序运行结果

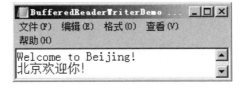

图 6.11　文件"BufferedReaderWriterDemo.txt"中的内容

6.4.5 PrintStream 和 PrintWriter

PrintStream 是 OutputStream 的子类，PrintWriter 是 Writer 的子类。它们都提供了一组重载的 print()和 println()方法，这两组重载方法都用于将各种类型的数据转换成字符串形式输出。与 print()相比，println()方法在输出一个数据后自动插入一个行分隔符。与其他 I/O 方法不同，print()和 println()方法从来不会抛出 IOException。下面是 PrintStream 类软件接口的一个摘要。

```
public class PrintStream …{
    public PrintStream(OutputStream out)
    …
    public void print(boolean b);
    public void print(int i);
    public void print(double d);
    public void print(String s);
    public void print(Object o);
    …
    public void println (boolean b);
    public void println (int i);
    public void println(double d);
    public void println(String s);
    public void println (Object o) ;
    …
}
```

从构造方法可以看出，一个 PrintStream 对象需要一个 OutputStream 对象 out，out 接收来自该 PrintStream 流的字节数据。

print()和 println()方法的参数可以是各种类型的数据。方法执行时，首先会把各种类型的数据转换成它们的字符串形式表示；然后根据平台默认的字符集编码，向 out 输出各字符的字节数据；out 再将这些字节数据输出到与其相连的数据介质上。

说明：标准输出流(System.out)是一个 PrintStream 对象，具有 PrintStream 类中定义的行为方法。标准输出流与显示器相连接，即通过标准输出流写出的各种数据将送往显示器显示。

与 PrintStream 流相比，PrintWriter 流可以采用特定的字符集，因此，显得更为灵活。PrintWriter 类提供以下构造方法。

```
public class PrintWriter {
    public PrintWriter(OutputStream out);
    public PrintWriter (Writer out);
}
```

如果采用第一种形式创建 PrintWriter 流，则情况与 PrintStream 流类似。如果采用第二种形式创建 PrintWriter 流，即在创建 PrintWriter 对象时指定一个 Writer 对象，那么该 Writer 对象将直接接收来自 PrintWriter 流的字符，并基于自身规定的字符集将字符的码输出到与其相连的数据介质上。

6.5 序 列 化

程序运行时可能有需要保存的数据。基本数据类型(如 int、float、char 等)可以简单地保存到文件中，程序下次启动时，可以读取文件中的数据初始化程序。但是对于复杂的对象类型该如何呢？如果开发人员正在编写游戏，游戏中的每个角色状态信息对应一个对象，那么游戏的存储和恢复功能就应该是以对象为单位的。对象包含状态和行为两种属性，它可以作为一个整体被直接存储吗？答案是肯定的。对象的存储和恢复过程也称为对象序列化和解序列化过程。序列化的过程就是将对象写入字节流和从字节流中读取对象。将对象状态转换成字节流之后，可以用 java.io 包中的各种字节流类将其保存到文件中、管道到另一线程中或通过网络连接将对象数据发送到另一主机。对象序列化功能非常简单、强大，在 RMI、Socket、JMS、EJB 都有应用。

6.5.1 对象序列化

假设用户正在编写一个幻想冒险游戏，要通过很多关卡才能完成。假设现在有 3 个人物，分别为 characterOne、characterTwo 和 characterThree，每个人物都有自己的经验、装备、金钱等信息，那么用户的工作是应该尽可能让存储和恢复人物信息的过程简单容易，而且人物所有信息保存完整。下面给出将这些人物对象序列化(存储)的方法步骤。

(1) 创建 FileOutputStream

```
FileOutputStream fileStream=new FileOutputStream("MyGame.ser");
```

(2) 创建 ObjectOutputStream

```
ObjectOutputStream os=new ObjectOutputStream(fileStream);
```

(3) 写入对象

```
os.writeObject(characterOne);
os.writeObject(characterTwo);
os.writeObject(characterThree);
```

(4) 关闭 ObjectOutputStream

```
os.close();
```

这里用到了两个串流，FileOutputStream 表示连接，它把字节写入文件，而 ObjectOutputStream 把对象转换成可以写入串流的数据。它们两个连接起来使用，当调用 ObjectOutputStream 的 writeObject()方法时，对象会被打成串流送到 FileOutputStream 来写入文件，如图 6.12 所示。这样就可以通过不同的组合来达到最大的适应性。

要注意的是，不是所有的对象都能被序列化，只有实现 java.io.Serializable 接口的类对象才可以被序列化。Serializable 接口又被称为 marker 或 tag 类的标记用接口，因为此接口并没有任何方法需要实现的。它的唯一目的就是声明有实现它的类是可以被序列化的，也就是说，此类型的对象可以通过序列化的机制来存储。如果某类是可序列化的，则它的子类也可以自动地序列化(接口的本意就是如此)。

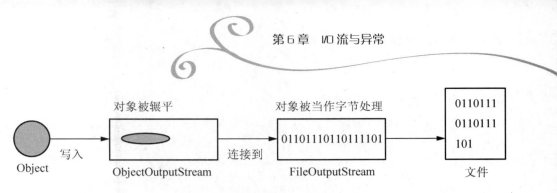

图 6.12　对象被序列化的过程

例 6-7 举例说明了如何将对象进行序列化保存。

【例 6-7】对象序列化。

```
// Box.java
import java.io.*;
public class Box implements Serializable {
//实现 Serializable 接口，告诉 Java 虚拟机它可以被序列化
    private int width;
    private int height;//序列化时，对象的 width 和 height 属性值将被保存
    public void setWidth(int w) {
        width = w;
    }
    public void setHeight(int h) {
        height = h;
    }
    public static void main(String[] args) {
        Box myBox = new Box();
        myBox.setWidth(50);
        myBox.setHeight(20);
        try {
            FileOutputStream fs = new FileOutputStream("box.ser");
            ObjectOutputStream os = new ObjectOutputStream(fs);
            os.writeObject(myBox);
            os.close();
        } catch (Exception ex) {
            ex.printStackTrace();
        }
    }
}
```

对象在序列化时，如果对象里只包含基本数据类型的值是很简单的，但如果对象有引用到其他对象的实例变量时要怎么办？如果这些对象还带有其他对象又该如何？其实 Java 对象序列化不仅保留一个对象的数据，而且递归保存对象引用的每个对象的数据，可以将整个对象层次写入字节流中，可以保存在文件中或在网络连接上传递。利用对象序列化可以进行对象的"深复制"，即复制对象本身及引用的对象本身。序列化一个对象可能得到整个对象序列，但在此递归序列化过程中可能产生问题。如在例 6-8 中，将 myPond 序列化的同时 Duke 也会被序列化，但是由于 Duck 在定义时没有实现 Serializable 接口，它是不能被序列化的，因此该程序在运行时会出错。

【例 6-8】 序列化时存在的问题。

```java
//Pond.java
import java.io.*;
public class Pond implements Serializable {
    private Duck duck = new Duck();    //此类包含 Duck 实例变量
    public static void main(String[] args) {
        Pond myPond = new Pond();
        try {
            FileOutputStream fs = new FileOutputStream("Pond.ser");
            ObjectOutputStream os = new ObjectOutputStream(fs);
            os.writeObject(myPond);    //将 myPond 序列化的同时 Duke 也会被序列化
            os.close();
        } catch (Exception ex) {
            ex.printStackTrace();
        }
    }
}
class Duck {
// duck 的程序代码
}
```

运行程序，其输出结果如图 6.13 所示。

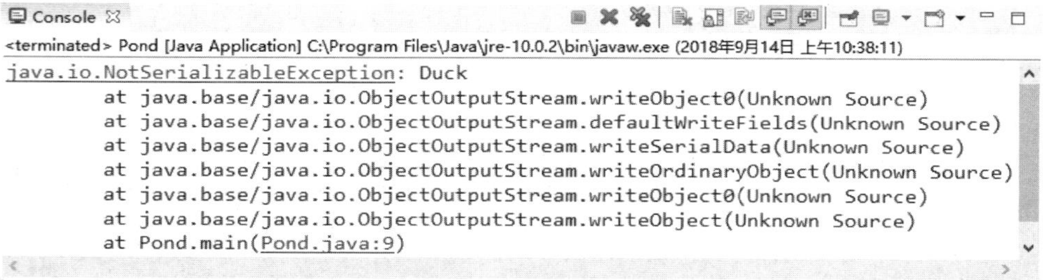

图 6.13 例 6-8 程序运行结果

在序列化过程中，如果类的某实例变量不能或不应该被序列化，可以把它标记为 transient(瞬时)的，如可以将例 6-8 的第三行代码修改如下。

```java
transient private Duck duck = new Duck();
```

使程序能够正常运行。

6.5.2 对象解序列化

对象解序列化就是还原经序列化存储在文件中的对象信息，解序列化有点像是序列化的反向操作。下面给出还原之前存储在文件中的 3 个游戏人物对象的步骤。

(1) 创建 FileInputStream

```java
FileInputStream fileStream = new FileInputStream("MyGame.ser");
```

(2) 创建 ObjectInputStream

```
ObjectInputStream os = new ObjectInputStream(fileStream);
```

(3) 读取对象

```
Object one = os.readObject();
Object two = os.readObject();
Object three = os.readObject();
```

(4) 转换对象类型

```
GameCharacter elf = (GameCharacter) one;
GameCharacter troll = (GameCharacter) two;
GameCharacter magician = (GameCharacter) three;
```

(5) 关闭 ObjectInputStream

```
os.close();
```

当对象被解序列化时，Java 虚拟机会通过尝试创建新的对象，让它维持与被序列化时相同的状态来恢复对象的原状。图 6.14 给出了对象解序列化的过程。

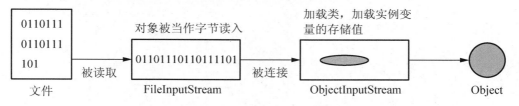

图 6.14 对象解序列化的过程

下面通过一个例子来练习对象序列化和解序列化的实现方法。

【例 6-9】利用序列化存储和恢复游戏人物。

```
// GameSaveTest.java
import java.io.*;
public class GameSaveTest {
    public static void main(String[] args) {
        GameCharacter one = new GameCharacter(50, "Elf", new String[]{"bow", "sword", "dust"});
        GameCharacter two = new GameCharacter(200, "Troll", new String[]{"bare hands", "big ax"});
        GameCharacter three = new GameCharacter(120, "Magician", new String[]{"spells", "invisibility"});
            //创建 3 个人物
        try {
            ObjectOutputStream os=new ObjectOutputStream(new FileOutputStream("Game.sex"));
                //创建文件的 ObjectOutputStream
            os.writeObject(one);
            os.writeObject(two);
```

```java
            os.writeObject(three);
            //将角色对象序列化写入Game.sex文件
            os.close();           //关闭所关联的输出串流
        } catch (IOException ex) {
            ex.printStackTrace();
        }
        one = null;
        two = null;
        three = null;
        try {
            ObjectInputStream is = new ObjectInputStream(new FileInputStream("Game.sex"));
            //创建文件的ObjectInputStream
            GameCharacter oneRestore = (GameCharacter) is.readObject();
            GameCharacter twoRestore = (GameCharacter) is.readObject();
            GameCharacter threeRestore = (GameCharacter) is.readObject();
            //调用readObject()从stream中读出下一个对象,读取顺序与写入顺序相同
            System.out.println("One's type: " + oneRestore.getType());
            System.out.println("Two's type: " + twoRestore.getType());
            System.out.println("Three's type: " + threeRestore.getType());
            //打印3个角色类型
        } catch (Exception ex) {
            ex.printStackTrace();
        }
    }
}
class GameCharacter implements Serializable {
    //实现Serializable接口,说明GameCharacter类可以被序列化
    int power;                    //角色力量
    String type;                  //角色类型
    String[] weapons;             //角色使用的武器列表
    public GameCharacter(int p, String t, String[] w) {
        //构造方法,初始化人物信息
        power = p;
        type = t;
        weapons = w;
    }
    public int getPower() {
        return power;             //返回力量值
    }
    public String getType() {
        return type;              //返回角色类型
    }
    public String getWeapons() {
        String weaponList = "";
        for (int i = 0; i < weapons.length; i++) {
            weaponList += weapons[i] + " ";
```

```
        }
        return weaponList;        //返回角色武器列表
    }
}
```

运行程序,其输出结果如图 6.15 所示。

图 6.15　例 6-9 程序运行结果

6.6　异　　常

6.6.1　异常的概念

异常是在程序运行过程中发生的异常事件,比如除数为 0、数组下标越界、文件找不到等,这些事件的发生将阻止程序的正常运行。为了加强程序的健壮性,程序设计时,必须考虑到可能发生的异常事件并做出相应的处理。传统编程语言主要通过使用 if 语句来判断是否出现了异常,同时,调用函数通过被调用函数的返回值感知在被调用函数中产生的异常事件并进行处理。采用这种机制会使正常程序中布满了异常探测和处理语句,程序可读性差,如果忽略异常,程序又缺乏可靠性。

Java 语言通过面向对象的方法来处理异常。异常是一个对象,描述了一段代码中所出现的异常(即错误)情况。异常情况出现时,在引起该错误的方法中创建并抛出一个表示异常的对象。该方法可以选择自己处理这个异常或传递给其他方法,无论采取哪种方式,都会在某点捕获并处理该异常。异常可以在 Java 运行时由系统生成,也可以由代码手工生成。Java 抛出的异常与违反 Java 语言规则的基本错误,或 Java 执行环境的约束有关。手工生成的异常通常用于向方法的调用者报告某些错误条件。我们把生成异常对象并把它提交给运行时系统的过程称为抛出(throw)一个异常。运行时系统在方法的调用栈中查找,从生成异常的方法开始进行回溯,直到找到包含相应异常处理的方法为止,这个过程称为捕获(catch)一个异常。

对于可能出现的异常,都需要预先进行处理,保证程序的有效运行,否则程序会出错。

6.6.2　异常处理

异常产生后,若不做任何处理,程序就会被终止,为了保证程序有效地执行,就需要对产生的异常进行相应处理。

1. try…catch

在 Java 语言中,对容易发生异常的代码,可以通过 try…catch 语句捕获。在 try 语句块中编写可能发生异常的代码,然后在 catch 语句块中捕获执行这些代码时可能发生的异常。

一般格式如下。

```
try{
    可能产生异常的代码
}catch(异常类 异常对象){
    异常处理代码
}
```

try 语句块中的代码可能同时存在多种异常，那么到底捕获的是哪一种类型的异常，是由 catch 语句中的"异常类"参数来指定的。catch 语句类似于方法的声明，包括一个异常类型和该类的一个对象，异常必须是 Throwable 类的子类，用来指定了 catch 语句要捕获的异常。异常类对象可在 catch 语句块中被调用，例如调用对象的 getMessage()方法获取对异常的描述信息。

将一个字符串转换为整型，可通过 Integer 类的 parseInt()方法来实现。当该方法的字符串参数包含非数字字符时，parseInt()方法就会抛出异常。Integer 类的 parseInt()方法声明如下。

```
public static int parseInt(String s) throws NumberFormatException{…}
```

代码中通过 throws 语句抛出了 NumberFormatException 异常，所以在应用 parseInt()方法时必须通过 try…catch 语句来捕获该异常，从而进行相应的异常处理。下面通过一个例题来演示异常的处理过程。

【例 6-10】将字符串"123a"转换为 Integer 类型，并捕获转换中产生的数字格式异常。

```
// ExceptionTest.java
public class ExceptionTest {
    public static void main(String[] args) {
        try {
            int number = Integer.parseInt("123a");
                                                //抛出 NumberFormatException 异常
            System.out.println(number);
        } catch (NumberFormatException e) {   //捕获 NumberFormatException 异常
            System.out.println("字符串中包含非数字字符！");
            System.out.println("错误：" + e.getMessage());
        }
        System.out.println("程序结束！");
    }
}
```

运行程序，其输出结果如图 6.16 所示。

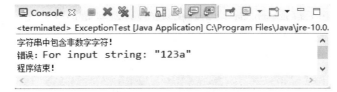

图 6.16　例 6-10 程序运行结果

因为程序执行到"Integer.parseInt("123a")"时抛出异常,直接被 catch 语句捕获,程序流程跳转到 catch 语句块内继续执行,所以语句"System.out.println(number)"不会执行;而异常处理结束后,会继续执行 try…catch 语句后面的代码。

在 try…catch 语句中,可以同时存在多个 catch 语句块。

一般格式如下。

```
try{
    可能产生异常的代码
}catch(异常类 1 异常对象){
    异常 1 处理代码
} catch(异常类 2 异常对象){
    异常 2 处理代码
}
…//其他 catch 语句块
```

代码中的每个 catch 语句块都用来捕获一种类型的异常。若 try 语句块中的代码发生异常,则会由上而下依次来查找能够捕获该异常的 catch 语句块,并执行该 catch 语句块中的代码。

在使用多个 catch 语句捕获 try 语句块中的代码抛出的异常时,需要注意 catch 语句的顺序。若多个 catch 语句所要捕获的异常类之间具有继承关系,则用来捕获子类的 catch 语句要放在捕获父类的 catch 语句前面。否则,异常抛出后,先由父类异常的 catch 语句捕获,而捕获子类异常的 catch 语句将成为执行不到的代码,在编译时会出错,如例 6-11 所示。

【例 6-11】有多个 catch 语句块时容易产生的错误。

```
// ExceptionTest2.java
public class ExceptionTest2 {
    public static void main(String[] args) {
        try {
            int number = Integer.parseInt("123a");
                                                     //抛出 NumberFormatException 异常
        } catch (Exception e) {              //先捕获 Exception 异常
            System.out.println(e.getMessage());
        } catch (NumberFormatException e) {   //捕获异常类 Exception 的子类异常
            System.out.println(e.getMessage());
        }
    }
}
```

此程序编译时会发生异常,其输出结果如图 6.17 所示。

图 6.17 例 6-11 程序运行结果

由于代码中第二个 catch 语句捕获的 NumberFormatException 异常是 Exception 异常类的子类，所以 try 语句块中的代码抛出异常后，先由第一个 catch 语句块捕获，其后的 catch 语句块成为执行不到的代码，故编译产生异常。

2. finally

finally 语句需要与 try…catch 语句一起使用，无论 try 语句所指定的程序块中抛出或不抛出异常，也无论 catch 语句的异常类型是否与所抛出的异常的类型一致，最终都会执行 finally 语句块中的代码，这使得一些不管在任何情况下都必须执行的步骤被执行，从而保证了程序的健壮性。通常在 finally 语句中进行资源的清除工作，如关闭打开的文件等。

一般格式如下。

```
try{
    可能产生异常的代码
}catch(异常类1 异常对象){
    异常1 处理代码
} catch(异常类2 异常对象){
    异常2 处理代码
}
…//其他 catch 语句块
finally{
//一定会执行的代码，即使 try 或 catch 块中有 return 语句，程序的流程也是先执行
//finally 语句块再跳转到 return 指令
}
```

【例 6-12】下面这段代码虽然发生了异常，但是 finally 子句中的代码依然执行。

```
// FinallyTest.java
public class FinallyTest {
    public static void main(String[] args) {
        try {
            int number = Integer.parseInt("123a");
                                        //抛出 NumberFormatException 异常
            System.out.println(number);
        } catch (NumberFormatException e) {//捕获 NumberFormatException 异常
            int x=2/0;      //编译出错，抛出 ArithmeticException 异常
            System.out.println("字符串中包含非数字字符！");
            System.out.println("错误：" + e.getMessage());
        } finally {       //无论结果如何，都会执行 finally 语句块
            System.out.println("执行 finally 语句块！");
        }
    }
}
```

运行程序，其输出结果如图 6.18 所示。

图 6.18 例 6-12 程序运行结果

6.6.3 使用 throws 声明异常

若某个方法可能会发生异常，但不想在当前方法中来处理这个异常，那么可以将方法声明为抛出该异常，然后在调用该方法的代码中捕获该异常并进行处理。声明抛出异常，可以通过 throws 关键字来实现。throws 关键字通常被应用在声明方法时，用来指定方法可能抛出的异常，多个异常可用逗号分隔。

【例 6-13】下面这段代码的 check()方法声明抛出了 ArithmeticException 和 ArrayIndexOutOfBoundsException 两个异常，所以在该方法的调用者 main()方法中需要捕获相应的异常并进行处理。

```java
// ThrowsException.java
public class ThrowsException {
    static void check(int number) throws ArithmeticException, ArrayIndexOutOfBoundsException {
    //声明抛出两个异常
        System.out.print("Situation " + number + ":");
        if (number == 0) {
            System.out.println("No Exception caught");
            return;
        } else if (number == 1) {
            int iArray[] = new int[4];
            iArray[10]=3; //数组下标越界抛出ArrayIndexOutOfBoundsException异常
        }
    }
    public static void main(String args[]) {
        try {
            check(0);
            check(1);
        } catch (ArrayIndexOutOfBoundsException e) {
            //捕获 ArrayIndexOutOfBoundsException 异常
            System.out.println("Catch " + e);
        } finally {
            System.out.println("Check over");
        }
    }
}
```

运行程序，其输出结果如图 6.19 所示。

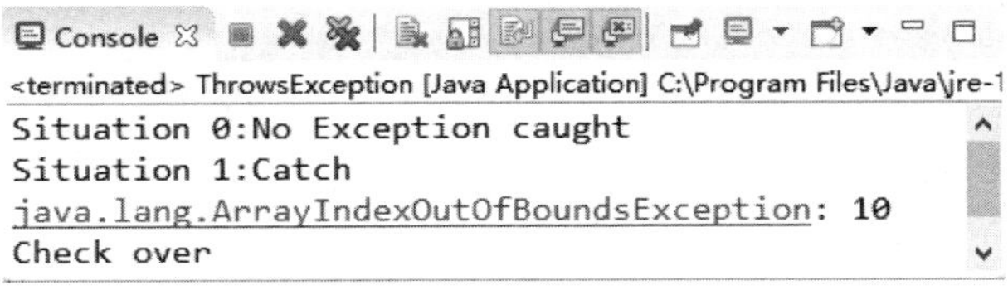

图 6.19 例 6-13 程序运行结果

得到了一个产生异常的方法，如果不使用 try…catch 语句捕获并处理异常，那么必须使用 throws 关键字指出该方法可能会抛出的异常。但如果是 RuntimeException 或它的子类，可以不使用 throws 关键字来声明要抛出的异常，如 ArithmeticException 异常，Java 虚拟机会捕获此类异常。

将异常通过 throws 关键字抛给上一级后，如果仍不想处理该异常，可以继续向上抛出，但最终要有能够处理该异常的代码。

6.6.4 使用 throw 抛出异常

使用 throw 关键字抛出异常，与 throws 不同的是，throw 用于方法体内，并且抛出(产生)一个异常类对象，而 throws 用在方法声明时用来指明方法可能抛出(不处理)的多个异常。通过 throw 抛出异常后，如果想由上一级代码来捕获并处理异常，则同样需要在抛出异常的方法声明中使用 throws 关键字声明要抛出的异常；如果想在当前方法中捕获并处理 throw 抛出的异常，则必须使用 try…catch 语句。上述两种情况，若 throw 抛出的异常是 Runtime Exception 或它的子类，则无须使用 throws 关键字或 try…catch 语句。

【教学视频】

【例 6-14】异常的逐层抛出。

```java
// ThrowDemo.java
class ThrowDemo {
    static void throwException() {
        try {
            throw new ArithmeticException("demo");
            //抛出消息为 demo 的 ArithmeticException 异常对象
        } catch (ArithmeticException e) {
            //捕获 ArithmeticException 异常对象
            System.out.println("caught inside throwException");
            //输出捕获信息
            throw e; //继续抛出 ArithmeticException 异常对象
        }
    }
    public static void main(String args[]) {
        try {
            throwException();
        } catch (ArithmeticException e) {
            //捕获 throwException()方法抛出的 ArithmeticException 异常对象
            System.out.println("recaught: " + e);
```

```
                        //输出main()方法中捕获ArithmeticException异常对象的信息
        }
    }
}
```

运行程序，其输出结果如图 6.20 所示。

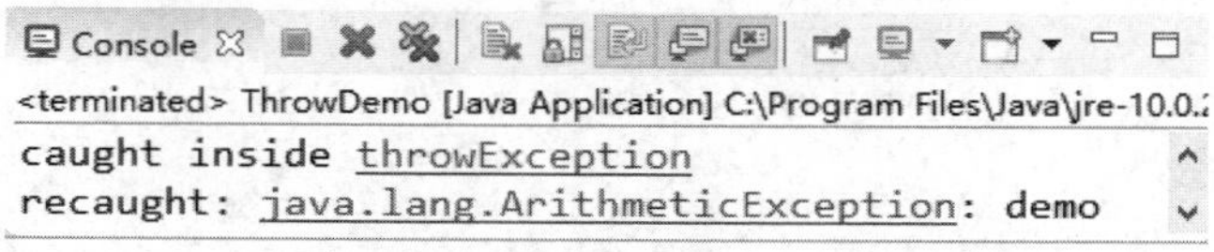

```
caught inside throwException
recaught: java.lang.ArithmeticException: demo
```

图 6.20　例 6-14 程序运行结果

说明：

(1) 由于在 throwException()方法中抛出(throw)的是 RuntimeException 的子类 Arithmetic Exception 异常，所以在方法声明时省略了 throws ArithmeticException。

(2) 在 throwException()方法中对抛出(throw)的 ArithmeticException 异常进行了捕获并处理，由于 ArithmeticException 是 RuntimeException 子类，所以此处可以省略 try…catch 块。

(3) 在 throwException()方法中对 ArithmeticException 进行处理后，该异常又被向上层抛出，即被抛向了调用 throwException()方法的 main()方法，在 main()方法又一次对该异常进行了处理。

6.6.5　异常的多态

异常是对象，因此如同所有的对象一样，异常也能够以多态的方式来引用。举例来说，ArithmeticException 类是 Exception 的子类，因此 ArithmeticException 的对象可以赋值给 Exception 的引用。这样的好处是方法可以不必明确地声明每个可能抛出的异常，只声明父类异常即可。对于 catch 块来说，也可以不用对每个可能的异常作处理，只要 catch 一个父类异常就可以处理该父类异常的所有子类异常。如例 6-11 中的第二个 catch 块就是多余的，因为 Exception 是 NumberFormatException 的父类，所以第二个 catch 块永远都捕捉不到 NumberFormatException 异常，全部被 Exception 截住了。由此可以想到，无论 try 块抛出什么异常，都可以用 catch(Exception e){}来捕获。但是不建议只写这样一个 catch 语句，因为毕竟作为所有异常基类的 Exception 不会包含太多特定的信息。有时针对不同的异常需要采取特定的措施，可以将 catch(Exception e){}放在处理程序列表的末尾，来捕获一些不想特殊处理的异常。

6.6.6　自定义异常

通常使用 Java 内置的异常类就可以描述在编写程序时出现的大部分异常情况，但根据需要，有时需要创建自己的异常类，并将它们用于程序中来描述 Java 内置异常类所不能描述的一些特殊情况。

自定义的异常只需要继承 Exception 或 Exception 类的子类，其他的与创建一个普通类的语法相同。下面通过一个实例来说明自定义异常类的创建及使用。

【例 6-15】先自定义一个异常 FuShuException，之后在测试类 ExceptionDemo 中调用

Demo 中的 div 方法，该方法当除数为负数时抛出(throw)FuShuException 异常，在 div()方法中不对该异常进行处理，而是将其抛向(throws)上一级，即在调用 div()方法的 main()方法中对该异常进行捕获并处理。

```java
// MyExceptionDemo.java
class MyException extends Exception {
    private int num;
    MyException(int a) {
        num = a;
    }
    public String toString() {
        return "MyException[" + num + "]";
    }
}
public class MyExceptionDemo {
    static void test(int a) throws MyException {
        System.out.println("Called test (" + a + ")");
        if (a > 10) {
            throw new MyException(a);
        }
    }
    public static void main(String args[]) {
        try {
            test(1);
            test(20);
        } catch (MyException e) {
            System.out.println("Caught " + e);
        }
    }
}
// ExceptionDemo.java
class FuShuException extends Exception {
    private int value;

    public FuShuException() {
        super();
    }

    public FuShuException(String msg, int value) {
        super(msg);
        this.value = value;
    }

    public int getValue() {
        return value;
    }
}
```

```java
class Demo {
    int div(int a, int b) throws FuShuException {
        if (b < 0) {
            throw new FuShuException("出现了除数是负数的情况", b);
            // 手动通过 throw 关键字抛出一个自定义异常对象
        }
        return a / b;
    }
}

public class ExceptionDemo {
    public static void main(String[] args) {
        Demo d = new Demo();
        try {
            int x = d.div(4, -1);
            System.out.println("x:" + x);
        } catch (FuShuException e) {
            System.out.println(e.toString());
            System.out.println("错误的负数是:" + e.getValue());
        }
        System.out.println("over");
    }
}
```

运行程序，其输出结果如图 6.21 所示。

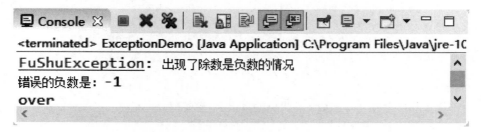

图 6.21　例 6-15 程序运行结果

6.7　案 例 分 析

6.7.1　在文本中对指定字符串进行查找与替换

对文本进行编辑时经常会有这样的操作：在文本中查找指定的字符串，对文本中的匹配字符串做标记等。下面我们运用本章所学的知识完成如下案例。

1. 分析与实现

查找指定字符串可以调用 String 类的 indexOf() 方法，它返回指定字符串在文本中第一次出现处的索引。对匹配字符串做标记可能需要变更原文本的内容，此类操作使用 StringBuffer 类会更方便。它的 replace()方法将使用指定字符串替换文本中的原字符串。

由于对文本操作需要频繁读取文本内容，使用 java.io 包中定义的 BufferedReader 类也会令操作变得简单很多。BufferedReader 可以从字符输入流中读取文本，缓冲各个字符。

```java
package 案例1;
import java.io.BufferedReader;
import java.io.IOException;
import java.io.Reader;
//过滤流中指定字符串，BufferedReader 的子类
public class FilterStringReader extends BufferedReader {
    String pattern;                          //要查找的字符串
    public FilterStringReader(Reader in, String pattern) {
        super(in);
        this.pattern = pattern;
    }
    //读行，找出匹配串并返回，覆盖父类方法
    public String readLine() throws IOException {
        String line;
        do {
            line = super.readLine();         // 调用父类方法读取一行
        } while ((line != null) && line.indexOf(pattern) == -1);
        return line;
    }
    //读行并返回，有匹配的串加标注
    public String readAllLine() throws IOException {
        String line;
        line = super.readLine();             //调用父类方法读取一行
        return mark(line);
    }
    //标注匹配串，并返回
    public String mark(String s) throws IOException {
        if (s == null)
            return null;
        String str = " [" + pattern + "]";
        StringBuffer buf = new StringBuffer(s);
        int i = 0;
        //查找所有匹配项
        while (i >= 0 && i < buf.length()) {
            i = buf.indexOf(pattern, i);     //查找当前 i 开始的第一个匹配项
            if (i >= 0) {
                buf.replace(i, i + pattern.length(), str);
                                             //行中有匹配项，做标注
                i += pattern.length();       //准备下一个查找起始点
            }
        }
```

```
            return new String(buf);
        }
}
```

2. 测试

程序运行前需要在"D:\"下创建 test.txt 文件，文件内容如图 6.22 所示。

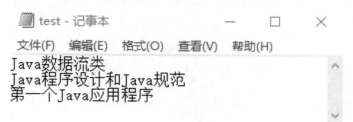

图 6.22 test.txt 文件内容

程序运行时需配置运行参数，如图 6.23 所示。

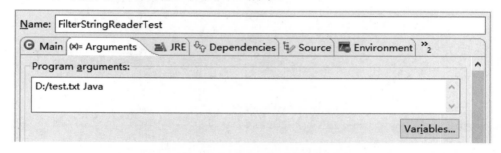

图 6.23 案例程序运行时的参数配置

```
package 案例1;
import java.io.FileInputStream;
import java.io.FileOutputStream;
import java.io.IOException;
import java.io.InputStreamReader;
import java.io.PrintStream;
import java.util.Scanner;
//FilterStringReader 测试类，执行时需要传入两个参数
//第一个参数，读取的文件名
//第二个参数，做匹配用的 patter 字符串
public class FilterStringReaderTest {
    public static void main(String[] args) throws IOException {
        //检查参数
        if (args.length != 2) {
            System.out.println("语法: FilterStringReaderTest file pattern");
            return;
        }
        Scanner in = new Scanner(System.in);
        String line;
```

```java
            for (;;) {
                //创建从指定文件中匹配指定字符串的流
                FilterStringReader fin = new FilterStringReader(
                    new InputStreamReader(new FileInputStream(args[0]), "GB2312"),
args[1]);
                System.out.println("----------------------\n" +
                    "从" + args[0] + "中匹配" + args[1] + "..\n" +
                    "1 打印含字符串的行\n"+
                    "2 标注并打印含字符串的行\n" +
                    "3 标注字符串并打印所有行\n" +
                    "4 对文件中的匹配串进行标注\n" +
                    "9 退出\n" + ".............");
                int what = in.nextInt();
                System.out.println("----------------------");
                switch (what) {
                case 1:                            //打印含字符串的行
                    line = fin.readLine();         //读匹配行
                    while (line != null) {
                        System.out.println(line);
                        line = fin.readLine();
                    }
                    break;
                case 2:                            //标注并打印含字符串的行
                    line = fin.readLine();         //读匹配行并做标注
                    while (line != null) {
                        System.out.println(fin.mark(line));
                        line = fin.readLine();
                    }
                    break;
                case 3:                            //标注字符串并打印所有行
                    line = fin.readAllLine();
                    while (line != null) {    //读行,匹配时做标注
                        System.out.println(line);
                        line = fin.readLine();
                    }
                    break;
                case 4:                            //对文件中的匹配串进行标注
                    PrintStream ps = new PrintStream(new FileOutputStream(args[0]
+ "-new.txt"));
                    line = fin.readAllLine(); //读行,匹配时做标注
                    while (line != null) {
                        ps.println(line);          //写入文件
                        line = fin.readLine();
                    }
                    System.out.println("保存新文件: "+args[0]+"-new.txt"+"OK!");
                    break;
                case 9:                            //退出
                    System.out.println("OK!");
                    return;
                default:
                    System.out.println("输入错误!");
```

```
            }
            fin.close();
        }
    }
}
```

运行程序结果如图 6.24 至图 6.27 所示。

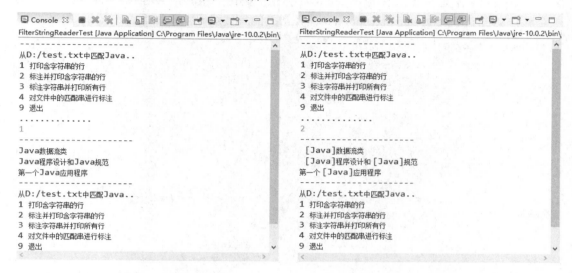

图 6.24　输入 1 程序运行结果　　　　图 6.25　输入 2 程序运行结果

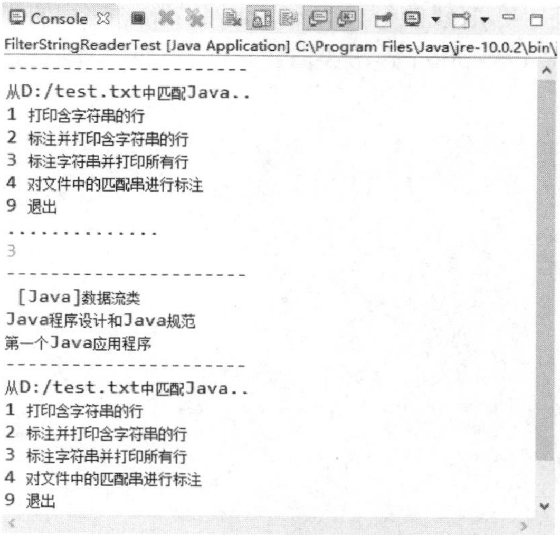

图 6.26　输入 3 程序运行结果 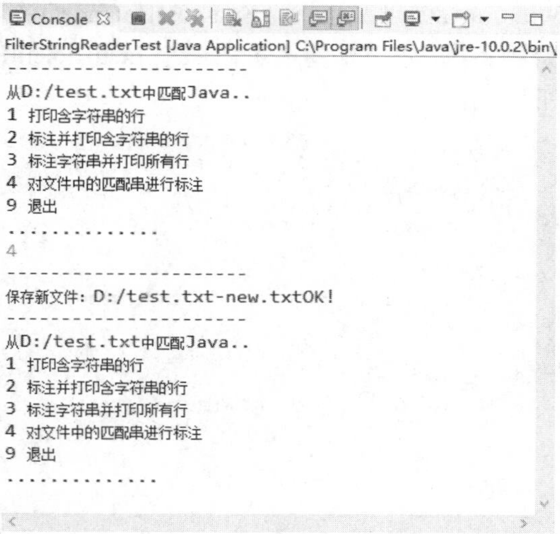　　　　图 6.27　输入 4 程序运行结果

6.7.2　取钱

生活中我们经常会发生一些意外。在刚上大学的时候，很多同学由于用钱没有计划而发生一些小尴尬，逸凡也不例外。一次逸凡去 ATM 机上取 200 块钱，被告知卡里余额已经

不足了。下面我们就用本章的知识来模拟这个过程。

定义一个银行类，若取钱数小于余额时取款成功；反之，若取钱数大于余额时需要做异常处理。

1. 分析与实现

当取钱余额不足时要在取钱(withdrawal)方法中抛出一个异常类对象，所以我们先定义一个异常类 InsufficientFundsException。该异常类的具体编码实现如下。

```java
package 案例2;
class InsufficientFundsException extends Exception {
    private Bank excepbank;              // 银行对象
    private double excepAmount;          // 要取的钱
    InsufficientFundsException(Bank ba, double dAmount) {
        excepbank = ba;
        excepAmount = dAmount;
    }
    public String excepMessage() {
        String str = "The balance is" + excepbank.balance + "\n" + "The withdrawal was" + excepAmount;
        return str;
    }
}
```

现在来设计实现银行类 Bank，每一个银行类的对象都应当有存钱 deposite()和取钱 withdrawal()以及查询余额 showBalance()的功能。在取钱的行为 withdrawal()发生时，如果余额不足，该方法将会抛出一个 InsufficientFundsException 异常类对象。该类的具体编码如下所示。

```java
package 案例2;
class Bank {
    double balance; // 存款数
    Bank(double balance) {
        this.balance = balance;
    }
    //定义存款行为，存入金额 dAmount
    public void deposite(double dAmount) {
        if (dAmount > 0.0)
            balance += dAmount;
    }
    //定义取款行为，取出金额 dAmount
    public void withdrawal(double dAmount) throws InsufficientFundsException
    {
        if (balance < dAmount)
            throw new InsufficientFundsException(this, dAmount);
        balance = balance - dAmount;
    }
```

```
    //查询账户余额
    public void showBalance() {
        System.out.println("The balance is " + (int) balance);
    }
}
```

2. 测试

假设逸凡的银行账户的余额有 100 元,他想取出 200 元。编写测试类 ExceptionDemo 模拟这个过程,具体代码实现如下。

```
package 案例2;
public class ExceptionDemo {
    public static void main(String args[]) {
        try {
            Bank ba = new Bank(100);          // 新建一个银行类对象,余额100元
            ba.withdrawal(200);               // 从该账户里取 200 元
            System.out.println("Withdrawal successful!");
        } catch (InsufficientFundsException e) {
            System.out.println(e.toString());
            System.out.println(e.excepMessage());// 输出异常信息
        }
    }
}
```

程序运行结果如图 6.28 所示。

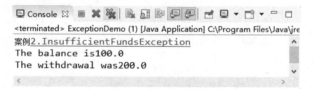

图 6.28　案例 2 运行结果

小　　结

本章针对 Java 语言的输入输出技术和异常处理机制进行了细致的讲解。使用输入输出流可以读取和写入数据到文件、网络、打印机等资源和设备。输入输出流又可以细分为字节流和字符流,其中字节流以计算机能识别的二进制数为操作数据,所以它能够访问任何类型的数据,包括图片、音频、视频和文本等。而字符流主要用于操作文本数据,这些文本可以是计算机能显示的所有字符,所以它多用于文本、消息,以及网络信息通信中。本章在讲述流的应用后还介绍了对象序列化技术,使用该技术可以通过对象输入输出流,保存和读取对象,将一个对象持久化(保存成实际存在的数据,如数据库或文件),能够永久保存对象的状态和数据,在下一次程序启动时,可以直接读取对象数据,将其应用到程序中。

本章最后还介绍了 Java 异常处理机制，包括异常的捕获、抛出，以及使用异常处理技术时应该注意的事项。Java 中一个程序不能正常执行都可以归为异常，Java 依然用面向对象的方法来处理这个问题，用异常类来描述各种异常情况。Java 为运行自己所定义的程序包可能出现的异常定义了若干异常类，这就是系统异常类；同时也允许用户程序自己继承 Throwable 或 Exception 类来定义所需要的异常类，这就是自定义异常类。有了这两种异常类，一个 Java 程序就可以自动抛出和用 throw 语句抛出异常。一旦有异常抛出，Java 虚拟机就要找到符合该异常类的异常处理程序，这些程序就是 Java 的捕获机制中的 catch 语句块，异常就是交给这部分程序处理的。异常处理技术可以提前分析程序可能出现的不同状况，避免程序因某些不必要的错误而终止运行。

通过对本章的学习，读者应该熟练掌握 Java 语言中输入输出流的操作，对于数据流必须能够根据具体情况，有选择地使用字节流或者字符流。另外，异常处理技术是学习 Java 语言必须掌握的核心技术，读者应该熟练掌握并灵活运用。

习　　题

一、简答题

1. 简述 Error 和 Exception 的区别与联系。
2. 简述异常处理的过程。
3. 什么是运行时异常和非运行时异常？它们两者的区别是什么？
4. 简述 throw 和 throws 的区别。

二、阅读程序题

1. 阅读下列程序，描述程序的功能，如果文件"a.txt"中的内容为"Thank you!"，则程序的运行结果是什么？

```java
import java.io.FileInputStream;
import java.io.FileNotFoundException;
import java.io.IOException;
import java.io.InputStream;
public class TestJavaIO {
    public static void main(String[] args) {
        int b = 0;
        long num = 0;
        InputStream in = null;
        try {
            in = new FileInputStream("D:/a.txt");
        } catch (FileNotFoundException e) {
            System.out.println("文件找不到");
            System.exit(-1);
        }
        try {
```

```
            while ((b = in.read()) != -1) {
                System.out.print((char) b);
                num++;
            }
            in.close();
            System.out.println();
            System.out.println("共读取了" + num + "个字节");
        } catch (IOException e) {
            System.out.println("文件读取错误");
            System.exit(-1);
        }
    }
}
```

2. 阅读下列程序，描述程序的功能，并写出程序的运行结果。

```
import java.io.FileInputStream;
import java.io.FileNotFoundException;
import java.io.FileOutputStream;
import java.io.IOException;
import java.io.ObjectInputStream;
import java.io.ObjectOutputStream;
import java.io.Serializable;
public class TestObjectStream {
    public static void main(String[] args) {
        T t = new T();
        t.k = 10;
        try {
            FileOutputStream fos=new FileOutputStream("D:/testObjectIo.bak");
            ObjectOutputStream oos = new ObjectOutputStream(fos);
            oos.writeObject(t);
            oos.flush();
            oos.close();
            FileInputStream fis = new FileInputStream("D:/testObjectIo.bak");
            ObjectInputStream bis = new ObjectInputStream(fis);
            T tReader = (T) bis.readObject();
            System.out.println(tReader.i + " " + tReader.j + " " + tReader.d
+ " " + tReader.k);
        } catch (FileNotFoundException e) {
            e.printStackTrace();
        } catch (IOException e1) {
            e1.printStackTrace();
        } catch (ClassNotFoundException e2) {
            e2.printStackTrace();
        }
    }
}
```

```
class T implements Serializable {
    int i = 2;
    int j = 4;
    double d = 2.5;
    transient int k = 15;
}
```

三、编程题

1．在 D 盘创建"Exercise6_1.txt"文件，文件的内容为"Hello World!"。创建一个 File 类的对象，然后创建文件字节流输入流对象 fis，并且从输入流中读取文件"Hello.txt"的信息。

2．在 D 盘创建文件"Exercise6_2.txt"，文件的内容为"今天心情非常好！"。使用 InputStreamReader 读取文件"Exercise6_2.txt"的内容。

3．在 D 盘创建文件"Exercise6_3.txt"，并且输入一些内容，用 BufferedReader 和 BufferedWriter 类实现从文件"Exercise6_3.txt"中读取数据，复制到文件"Exercise6_3back.txt"中，最终使两个文件内容相同。

4．在 D 盘创建文件"Exercise6_4.txt"，应用对象序列化知识将用户对象的信息保存到此文件中，之后将对象读入修改密码后再写回文件。

（1）创建 user 类，构造方法中存在姓名、密码、年龄 3 个参数，并实现 Serializable 接口。

（2）创建 Exercise6_4 类，将 user 类的对象写入"Exercise6_4.txt"文件中，之后读入该对象并修改用户密码。

5．在编写程序过程中，如果希望一个字符串的内容全部是英文字母，若其中包含其他的字符，则抛出一个异常。因为在 Java 内置的异常类中不存在描述该情况的异常，所以需要自定义该异常类。

（1）创建 MyException 异常类，此部分要求读者自己编写。

（2）创建 Exercise6_5 类，在此类中创建一个带有 String 型参数的方法 check()，该方法用来检查参数中是否包含英文字母以外的字符。若包含，则通过 throw 抛出一个 MyException 异常对象给 check()方法的调用者 main()方法。此部分代码已给出，要求根据下面的代码写出自定义类 MyException 的代码。

```
public class Exercise6_5 {
    public static void check(String str) throws MyException {
                                        //指明要抛出的异常
        char a[] = str.toCharArray();   //将字符串转换为字符数组
        int i = a.length;
        for (int k = 0; k < i - 1; k++) //检查字符数组中的每个元素
                                        //如果当前元素是英文字母以外的字符
            if (!((a[k] >= 65 && a[k] <= 90)||(a[k] >=97 && a[k] <= 122))) {
                                        //抛出 MyException 异常类对象
                throw new MyException("字符串\"" + str + "\"中含有非法字符！");
            }
```

```
        }
    }
    public static void main(String[] args) {
        String str1 = "HellWorld";
        String str2 = "Hell!MR!";
        try {
            check(str1);                              //调用 check()方法
            check(str2);                              //执行该行代码时，抛出异常
        } catch (MyException e) {                     //捕获 MyException 异常
            System.out.println(e.getContent()); //输出异常描述信息
        }
    }
}
```

【第 6 章　习题答案】

第 7 章

泛型与集合框架

学习目标

内　容	要　求
泛型	掌握
集合框架	理解
类 ArrayList 的创建、访问及遍历	掌握
类 LinkedList 的使用	掌握
Set 集合	掌握
Map 集合的创建、访问及遍历	掌握
集合算法	掌握

【第 7 章　代码下载】

7.1 泛　　型

从 JDK 5.0 开始，Java 引入"参数化类型(parameterized type)"的概念，这种参数化类型称为"泛型(Generic)"。泛型是将数据类型参数化，即在编写代码时将数据类型定义成参数。这些类型参数在使用之前没进行指明。泛型提高了代码的重用性，使得程序更加灵活、安全和简洁。

7.1.1 泛型定义

在 JDK5.0 之前，为了实现参数类型的任意化，都是通过 Object 类型来处理。但这种处理方式所带来的缺点是需要进行强制类型转换，此种强制类型转换不仅使代码臃肿，而且要求程序员必须对实际所使用的参数类型已知的情况下才能进行，否则容易引起 ClassCastException 异常。

【教学视频】

从 JDK 5.0 开始，Java 增加对泛型的支持，使用泛型之后就不会出现上述问题。泛型的好处是在程序编译期会对类型进行检查，捕捉类型不匹配错误，以免引起 ClassCastException 异常；而且泛型不需要进行强制转换，数据类型都是自动转换的。

泛型经常使用在类、接口和方法的定义中，分别称为泛型类、泛型接口和泛型方法。泛型类是引用类型，在内存堆中。

定义泛型类的语法格式如下。

【语法】

```
[访问符]class 类名<类型参数列表>{
    //类体...
}
```

其中：

(1) 尖括号中是类型参数列表，可以由多个类型参数组成，多个类型参数之间使用","隔开。

(2) 类型参数只是占位符，一般使用大写的"T""U""V"等作为类型参数。

【示例】泛型类

```
class Node <T> {
    private T data;
    public Node <T> next;
    //省略...
}
```

在实例化泛型类时，需要指定类型参数具体类型，例如，Integer、String 或一个自定义的类等。实例化泛型类的具体语法格式如下。

【语法】

```
类名<类型参数示例> 对象=new 类名<类型参数列表>([构造方法参数列表]);
```

【示例】实例化泛型类

```
Node<String> myNode=new Node<String>();
```

从 Java7 开始,实例化泛型类时只需给出一对尖括号"<>"即可,Java 可以推断尖括号中的泛型信息。将两个尖括号放在一起就像一个菱形,因此也被称为"菱形"语法。

Java7"菱形"语法示例化泛型格式如下。

【语法】

```
类名<类型参数列表> 对象=new 类名<>([构造方法参数列表]);
```

【示例】Java7"菱形"语法实例化泛型类

```
Node<String> myNode=new Node<>();
```

下述代码定义一个泛型类实例化。

【例 7-1】定义了一个名为 Generic 的泛型类,并提供了两个构造方法(不带参数和带参数的构造方法)。

```
//Generic.java
//泛型类
public class Generic<T> {
    private T data;
    public Generic() {
    }
    public Generic(T data) {
        this.data = data;
    }
    public T getData() {
        return data;
    }
    public void setData(T data) {
        this.data = data;
    }
    public void showDataType() {
        System.out.println("数据的类型是: " + data.getClass().getName());
    }
}
```

上述代码中私有属性 data 的数据类型的采用泛型,可以在使用时再进行指定。showDataType()方法显示 data 属性的具体类型名称,其中"getClass().getName()"用于获取对象的类名。

【例 7-2】使用例 7-1 定义的 Generic 的泛型类分别实例化 String、Double 和 Integer 三种不同类型参数的对象。

```
//GenericDemo.java
public class GenericDemo {
public static void main(String[] args){
```

```
        // 定义泛型类的一个 String 版本
        // 使用带参数的泛型构造方法
        Generic<String> strObj = new Generic<String>("欢迎使用泛型类！");
        strObj.showDataType();
        System.out.println(strObj.getData());
        System.out.println("--------------------------------");
        // 定义泛型类的一个 Double 版本
        // 使用 Java 7"菱形"语法实例化泛型
        Generic<Double> dObj = new Generic<>(3.1415);
        dObj.showDataType();
        System.out.println(dObj.getData());
        System.out.println("--------------------------------");
        // 定义泛型类的一个 Integer 版本
        // 使用不带参数的泛型构造方法
        Generic<Integer> intObj = new Generic<>();
        intObj.setData(123);
        intObj.showDataType();
        System.out.println(intObj.getData());
    }
}
```

程序运行结果如图 7.1 所示。

图 7.1 例 7-2 程序运行结果

7.1.2 通配符

当使用一个泛型类时(包括声明泛型变量和创建泛型实例对象两种情况)，都应该为此泛型类传入一个实参，否则编译器会提出泛型警告。假设现在定义一个方法，该方法的参数需要使用泛型，但类型参数是不确定的，此时如果考虑使用 Object 类型来解决，编译时则会出现错误。以之前定义的泛型类 Generic 为例，考虑如下代码。

【教学视频】

【例 7-3】以 Object 类代替通配符 "?"。

```
//NoWildcardDemo.java
//不使用通配符？
public class NoWildcardDemo {
    //泛类型 Generic 的类型参数使用 Object
    public static void myMethod(Generic<Object> g) {
```

```
            g.showDataType();
        }
        public static void main(String[] args) {
            //参数类型是 Object
            Generic<Object> gobj = new Generic<Object>("Object");
            myMethod(gobj);
            //参数类型是 Integer
            Generic<Integer> gint = new Generic<Integer>(12);
            //这里将产生一个错误
            myMethod(gint);              //①
            //参数类型是 Double
            Generic<Double> gdbl = new Generic<Double>(3.1415);
            //这里将产生一个错误
            myMethod(gdbl);              //②
        }
    }
```

上述代码中定义的 myMethod()方法的参数是泛型类 Generic，该方法的意图是能够处理各种类型参数，但在使用 Generic 类时必须指定具体的类型参数，此处在不使用通配符的情况下只能使用"Generic<Object>"的方式。这种方式将造成 main()方法中的①和②处的语句编译时产生类型不匹配的错误，程序无法运行。

上述代码出现的问题，如果使用通配符就可以轻松解决。

通配符是由"?"来表示一个未知类型，从而解决类型被限制不能动态根据实例进行确定的问题。

下述代码使用通配符"?"重新实现上述处理过程，实现处理各种类型参数的情况。

【例 7-4】使用通配符"?"举例。

```
//UseWildcarDemo.java
//使用通配符?
public class UseWildcardDemo {
//泛型类 Generic 的类型参数使用通配符?
    public static void myMethod(Generic<?> g) {
        g.showDataType();
    }
    public static void main(String[] args) {
        // 参数类型是 Object
        Generic<Object> gobj = new Generic<Object>("Object");
        myMethod(gobj);
        // 参数类型是 Integer
        Generic<Integer> gint = new Generic<Integer>(12);
        myMethod(gint);
        //参数类型是 Double
        Generic<Double> gdbl = new Generic<Double>(3.1415);
        myMethod(gdbl);
    }
}
```

上述代码定义 myMethod( )方法时，使用"Generic<?>"通配符的方式作为类型参数，如此便能够处理各种类型参数，且程序编译无误，能够正常运行。

运行结果如图 7.2 所示。

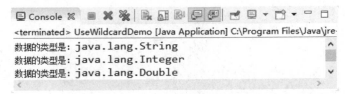

图 7.2　例 7-4 程序运行结果

7.1.3　有界类型

泛型的类型参数可以是各种类型，但有时候需要对类型参数的取值进行一定程度的限制，以便类型参数在指定范围内。针对这种情况，Java 提供了"有界类型"，来限制类型参数的取值范围。

有界类型分两种。

(1) 使用 extends 关键字声明类型参数的上界；
(2) 使用 super 关键字声明类型参数的下界。

1. 上界

使用 extends 关键字可以指定类型参数的上界，限制此类型参数必须继承自指定的父类或父类本身。被指定的父类则称为类型参数的"上界(upper bound)"。

类型参数的上界可以在定义泛型时进行指定，也可以在使用泛型时进行指定，其语法格式分别如下所示。

【教学视频】

【语法】

```
//定义泛型时指定类型参数的上界
【访问符】class 类名<类型参数 extends 父类> {
    //类体...
}
//使用泛型时指定类型参数的上界
泛型类<? extends 父类>
```

【示例】类型参数的上界

```
//定义泛型时指定类型参数的上界
public class Generic < T extends Number>{
    //类体...
}
//使用泛型时指定类型参数的上界
Generic<? extends Number>
```

上述示例代码限制了泛型类 Generic 的类型参数必须是 Number 类的子类(也可以是 Number 本身)，因此可以将 Number 类称为此类型参数的上界。

注意：

Java 中 Number 类是一个抽象类，所有数值类都继承此抽象类，即 Integer、Long、Float、Double 等用于数值操作的类都继承 Number 类。

下述代码演示使用类型参数的上界。

【例 7-5】 定义了一个泛型类 UpBoundGeneric，并指定其类型参数的上界是 Number 类。

```java
//UpBoundGeneric.java
//定义泛型 UpBoundGeneric 指定其类型参数的上界
class UpBoundGeneric<T extends Number> {
    private T data;
    public UpBoundGeneric() {
    }
    public UpBoundGeneric(T data) {
        this.data = data;
    }
    public T getData() {
        return data;
    }
    public void setData(T data) {
        this.data = data;
    }
    public void ShowDateType() {
        System.out.println("数据的类型是:" + data.getClass().getName());
    }
}
//UpBoundGenericDemo.java
public class UpBoundGenericDemo {
//使用泛型 Generic 时指定其参数的上界
    public static void myMethod(Generic<? extends Number> g) {
        g.showDataType();
    }
    public static void main(String[] args){
        //参数类型是 Integer
        Generic<Integer> gint = new Generic<Integer>(12);
        myMethod(gint);
        //参数类型是 Double
        Generic<Double> gdbl = new Generic<Double>(3.1415);
        myMethod(gdbl);
        //参数类型是 String
        Generic<String> gstr = new Generic<String>("String");
        //产生错误
        //myMethod(getr);
        System.out.println("-----------------------------");
        //使用已经限定参数类型的泛型 OpounCemere
        UpBoundGeneric<Integer> ubgint = new UpBoundGeneric<Integer>(88);
        ubgint.ShowDateType();
```

```
        UpBoundGeneric<Double> ubgdbl = new UpBoundGeneric<Double>(5.678);
        ubgdbl.ShowDateType();
        //产生错误
        //upBoundGeneric<String>ubgstrt =new UpBoundGeneric<string>(
                                "指定上界");
    }
}
```

在定义 myMethod()方法时指定泛型类 Generic 的类型参数的上界也是 Number 类。在 main()方法中进行使用时，当类型参数不是 Number 的子类时都会产生错误。因为 UpBoundGeneric 类在定义时就已经限定了类型参数的上界，所以出现"UpBoundGeneric <String>"就会报错；Generic 类在定义时并没有限定，而是在定义 myMethod()方法时使用 Generic 类才进行限定的，因此出现"Geneic< String>"不会报错，调用"myMethod(gstr)" 时才会报错。

运行结果如图 7.3 所示。

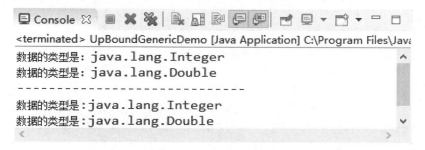

图 7.3　例 7-5 程序运行结果

2. 下界

使用 super 关键字可以指定类型参数的下界。限制此类型参数必须是指定的类型本身或其父类，直至 Object 类。被指定的类则称为类型参数的"下界(lower bound)"。类型参数的下界通常在使用泛型时进行指定，其语法格式如下所示。

【教学视频】

【语法】

泛型类<? super 类型>

【示例】类型参数的下界

Generic <? super String>

上述示例代码限制了泛型类 Generic 的类型参数必须是 String 类本身或其父类 Object。因此可以将 String 类称为此类型参数的下界。

【例 7-6】指定类型参数的下界。

```
//LowBoundGenericDemo.java
public class LowBoundGenericDemo {
    //使用泛型 Generic 时指定其类型参数的下界
```

```
    public static void myMethod(Generic<? super String> g) {
        g.showDataType();
    }
    public static void main(String[] args) {
        // 参数类型是String
        Generic<String> gstr = new Generic<String>("String 类本身");
        myMethod(gstr);
        //参数类型是Object
        Generic<Object> gobj = new Generic<Object>("String 的父类Object");
        myMethod(gobj);
        //参数类型是Integer
        Generic<Integer> gint = new Generic<Integer>(12);
        //产生错误
        //myMethod(gint);                          //①
        //参数类型是Double
        Generic<Double> gdbl = new Generic<Double>(3.1415);
        //产生错误
        //myMethod(gdb1);                          //②
    }
}
```

上述代码在定义 myMethod()方法时指定泛型类 Generic 的类型参数的下界是 String 类，因此在 main()方法中进行使用时，当参数类型不是 String 类或其父类 Object 时都会产生错误。例如，代码①和②处将产生错误，因为 Integer 和 Double 不是 String 本身或其父类，所以编译会报错。

注意：泛型中使用 extends 关键字限制类型参数必须是指定的类本身或其子类，而 super 关键字限制类型参数必须是指定的类本身或其父类。在泛型中经常使用 extends 关键字指定上界，而很少使用 super 关键字指定下界。

7.1.4 泛型的限制

Java 语言没有真正实现泛型。Java 程序在编译时生成的字节码中是不包含泛型信息的，泛型的类型信息将在编译处理时被擦除掉，这个过程称为类型擦除。这种实现理念造成 Java 泛型本身有很多漏洞，虽然 Java 8 对类型推断进行了改进，但依然需要对泛型的使用做一些限制，其中大多数限制都是由类型擦除和转换引起的。

Java 对泛型的限制如下。

(1) 泛型的类型参数只能是类类型(包括自定义类)，不能是简单类型。

(2) 同一个泛型类可以有多个版本(不同参数类型)，不同版本的泛型类的实例是不兼容的，例如，"Generic<String>"与"Generic<Integer>"的实例是不兼容的。

(3) 定义泛型时，类型参数只是占位符，不能直接实例化，例如，"new T()"是错误的。

(4) 不能实例化泛型数组，除非是无上界的类型通配符，例如，"Generic<String>[]a =new Generic<String> [10]"是错误的，而"Generic<?>[]a = new Generic<?>[10]"是被允许的。

(5) 泛型类不能继承 Throwable 及其子类，即泛型类不能是异常类，不能抛出也不能捕获泛型类的异常对象，例如，"class GenericException <T> extends Exception""catch(T e)"都是错误的。

7.2 集合框架简介

Java 集合框架提供了一种新的方式来存储对象。集合类实现了容量的动态扩展，并能够保存所有类型的对象。根据对象存储方式的区别，Java 集合类型主要分为 List、Set 和 Map。List 和 Set 集合以对象独立存储的方式工作；List 允许重复元素和空元素存在，而 Set 集合则保证了元素的唯一性，并不允许加入空元素。Map 集合以"键-值对"(key-value)的方式存储对象，提供了更为简单和高效的搜索方式。集合工具类 Collections 提供了面向集合的各种静态方法，使得对集合的操作更为简单。Properties 类实现了对属性文件的读取，有利于应用程序的可配置编程。

Java 集合类是为表示和操作集合而规定的一种统一的标准体系结构，包含了实现集合的一组类和接口。Java 集合中不能保存基本类型的数据，只能保存对象或者对象的引用。存入集合的基本类型数据都会通过自动装箱技术被转换为对应的包装类型。Java 中的集合类提供了一套设计优良的接口和类，使程序员可以方便地操作成批的数据或对象元素。

【教学视频】

java.util 包提供了一些集合类，常用的有 List、Set、Map，其中 List 和 Set 实现了 Collection 接口。Java 集合框架中部分常用集合类的继承(或实现)关系如图 7.4 所示。

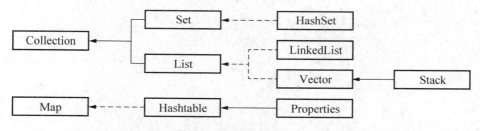

图 7.4 Java 集合框架中部分常用集合类型的继承(或实现)关系

Java 集合框架的作用是动态地保存对象，Collection 接口、List 接口、Set 接口和 Map 接口的主要特征如下。

(1) Collection 接口：是 List 接口和 Set 接口的父接口，通常情况下不直接使用。

(2) List 接口：实现了 Collection 接口，List 接口允许在集合中存储重复对象，按照对象的插入顺序排列。List 接口有 3 种具体的实现：ArrayList、LinkedList 和 Vector。

(3) Set 接口：实现了 Collection 接口，Set 接口要求必须保证集合中元素的唯一性，按照自身内部的排序规则排列。Set 接口有两种具体实现：HashSet 和 TreeSet。

(4) Map 接口：一组以"键-值对"方式存储的元素。Map 中的每一个元素都包括键和值两个部分，键和值共同构成 Map 集合中的一个元素，它们之间是一一对应的关系。键(key)是值的一个标签信息，不可以重复，而值(value)对应的是实际需要存储的对象，可以重复。通过键对象可以快速定位值对象，从而避免用户程序中复杂的遍历查找操作。Map 接口的具体实现主要包含 HashTable。

Collection 接口与 Map 接口集合元素存储方式如图 7.5 所示。

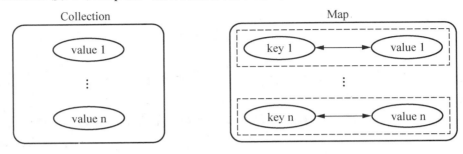

图 7.5 Collection 接口与 Map 接口集合元素存储方式对比

和对象数组一样，Java 集合中存储的是对象的引用，而不是对象本身，即集合中每一个元素保存的都是某个对象在内存中的地址。Java 集合一个很重要的特点是对于加入集合中的对象没有类型限制，它只保存对 Object 的引用，即任何对象被存储到集合中，集合都会自动地将其向上转型为 Object 类型。因为 Object 是所有类的共同基类，因此这种类型转换是安全的。集合的这种特点使得它可以存储任何类型的对象，但是也带来了一个无法避免的缺陷：类型丢失。任何类型的对象被存储到集合中，它原有的具体类型就丢失了，而变成了它们共同的父类型 Object。

【例 7-7】请分析下面的程序是否能够正确运行。

```java
//Example7_7.java
import java.util.*;
public class Example7_7 {
    public static void main(String[] args){
        List cats = new ArrayList();
        for (int i = 0; i < 7; i++)
            cats.add(new Cat(i));
        cats.add(new Dog(7));
        for (int i = 0; i < cats.size(); i++)
            System.out.println(((Cat) cats.get(i)).id);
    }
}
class Cat {
    public int id;
    public Cat(int id) {
        this.id = id;
    }
}
class Dog {
    public int id;
    public Dog(int id) {
        this.id = id;
    }
}
```

程序运行结果如图 7.6 所示。

图 7.6　例 7-7 的运行结果

【源程序分析】

（1）程序没有编译错误，能够正确通过编译生成字节码文件，但程序在运行过程中会抛 java.lang.ClassCastException 异常。

（2）这个异常是类型转换异常，产生这个异常的原因是第 9 行在遍历集合的过程中对集合中的每个元素做了强制类型转换，把元素从集合默认的 Object 类型转换为具体类型 Cat。当对第 7 行向集合中加入的 Dog 对象进行类型转换时，由于 Dog 与 Cat 之间没有父子类关系，从而造成 Dog 类型向 Cat 类型的类型转换失败。

（3）上述情况是由于集合元素的类型丢失而造成的。如果 Cat 和 Dog 之间确实不存在继承关系，那么就应该在定义集合对象时限定元素类型，以避免 Dog 对象加入集合之中。Java 采用泛型方式对集合对象元素类型进行限制，如 List<Cat>表示存储到 List 集合中的元素必须是 Cat 类或其子类。

7.3　接口 Collection

Collection 接口是集合层次结构中的根接口，是 List 接口和 Set 接口的父接口，通常情况下不被直接使用。Collection 接口表示一组对象，这些对象也称为 Collection 的元素。一些 Collection 允许有重复的元素，而另一些则不允许；一些 Collection 是有序的，而另一些则是无序的。Collection 接口中定义了若干抽象方法来对应对集合的普遍性操作(见表 7-1)。

【教学视频】

表 7-1　Collection 接口中的常用方法及功能

返回值	方法名	说　　明
boolean	add(Object o)	向 collection 集合中加入指定的元素
boolean	addAll(Collection c)	将参数指定集合中的所有元素都添加到当前集合中
void	clear()	移除当前集合的所有元素
boolean	contains(Object o)	如果当前集合中包含参数指定的元素，则返回 true
boolean	containsAll(Collection c)	如果当前集合包含参数指定集合中的所有元素，则返回 true
boolean	equals(Object o)	比较当前集合与参数指定对象是否相等，如果相等，返回 true

续表

返回值	方法名	说明
boolean	isEmpty()	如果当前集合不包含元素，则返回 true
Iterator	iterator()	返回在当前集合的元素上进行迭代的迭代器
boolean	remove(Object o)	如果集合中有一个或多个元素，则从当前集合中移除指定元素的单个元素
boolean	removeAll(Collection c)	从当前集合中移除所有包含在指定集合中的所有元素
boolean	retainAll(Collection c)	仅保留当前集合中那些也包含在参数指定集合中的元素
int	size()	返回当前集合中的元素个数
Object[]	toArray()	返回包含当前集合中所有元素的数组

【例 7-8】Collection 接口的应用举例。

```java
//Example7_8.java
import java.util.*;
public class Example7_8 {
    public static void main(String[] args) {
        Collection<Number> data = new ArrayList<Number>();
        Collection<Float> fdata = new ArrayList<Float>();
        for (int i = 0; i < 9; i++)
            data.add(i);
        System.out.println("data=" + data);
        fdata.add(3.5f);
        fdata.add(8.8f);
        data.addAll(fdata);
        System.out.println("data=" + data);
        System.out.println("data.size=" + data.size());
    }
}
```

程序运行结果如图 7.7 所示。

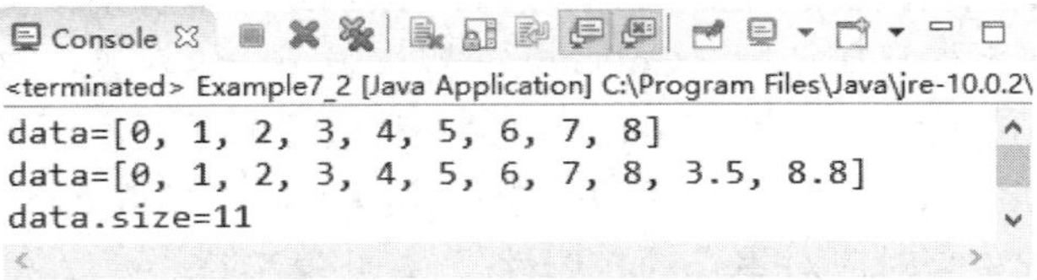

```
<terminated> Example7_2 [Java Application] C:\Program Files\Java\jre-10.0.2\
data=[0, 1, 2, 3, 4, 5, 6, 7, 8]
data=[0, 1, 2, 3, 4, 5, 6, 7, 8, 3.5, 8.8]
data.size=11
```

图 7.7　例 7-8 的运行结果

7.4　接口 List

接口 List 为列表类型，列表的主要特征是以线性方式存储对象。List 包括接口 List 以及接口 List 的所有实现类。

接口 List 是 Collection 的子接口，是有序的 Collection 集合。使用接口 List 可以对集合中每个元素的插入位置进行精确的控制。用户可以根据元素的整数索引(在集合中的位置)访问元素，并搜索集合中的元素。

List 中的索引从 0 开始计数。第一个被存放到 List 集合中的元素索引为 0，第二个索引为 1，以此类推，List 集合中的最后一个元素的索引可以使用 size()-1 来表示。接口 List 具有以下特点。

【教学视频】

(1) List 是一个由若干单个元素所构成的集合。
(2) List 集合中可以存储重复的元素。
(3) List 集合中可以存储 null 元素。

接口 List 继承了 Collection 接口中定义的所有方法，并进行了扩展。它提供了在集合中插入和移动元素的相关方法，见表 7-2。

表 7-2　接口 List 的主要方法

返回值	方法名	说　明
boolean	add(Object o)	向集合中加入指定的元素
void	add(int index, Object o)	在集合的指定位置 index 处插入指定元素 o
boolean	addAll(Collection c)	将参数指定集合中的所有元素都添加到当前集合中
boolean	addAll(int index,Collection c)	将指定集合中的所有元素都插入集合中的指定位置
boolean	contains(Object o)	如果当前的集合中包含参数指定的元素，则返回 true
boolean	containsAll(Collection c)	如果当前集合包含参数指定集合中的所有元素，则返回 true
boolean	equals(Object o)	比较当前的集合与参数指定对象是否相等
Object	get(int index)	返回集合中指定位置的元素
int	indexOf(Object o)	返回集合中首次出现指定元素的索引，如果不包含此元素，则返回-1
boolean	isEmpty()	如果当前的集合不包含元素，则返回 true
Iterator	iterator()	返回在当前集合的元素上进行迭代的迭代器
int	lastIndexOf(Object o)	返回当前集合中最后出现指定元素的索引，如果不包含此元素，则返回-1
Object	remove(int index)	移除集合中指定位置的元素
boolean	remove(Object o)	从当前集合中移除指定元素的单个实例(如果存在的话)
boolean	removeAll(Collection c)	移除当前集合中那些也包含在参数指定集合中的所有元素
boolean	retainAll(Collection c)	仅保留当前集合中那些也包含在参数指定集合中的元素
Object	set(int index, Object o)	用指定元素替换集合中指定位置的元素
int	size()	返回当前集合中的元素个数
List	subList(int fromIndex, int toIndex)	返回集合中指定的 fromIndex(包括)和 toIndex(不包括)之间的部分视图
Object[]	toArray()	返回包含当前集合中所有元素的数组

【例 7-9】接口 List 的应用举例。

```
//Example7_9.java
import java.util.*;
public class Example7_9 {
    public static void main(String[] args) {
        List<Integer> number = new ArrayList<Integer>();
        for (int i = 0; i < 9; i++)
```

```
            number.add(i);
        System.out.println("number=" + number);
        number.add(3, 15);
        System.out.println("number=" + number);
        System.out.println("number.get(1)=" + number.get(1));
        System.out.println("number.lastIndexof(7)="+
                            number.lastIndexOf(7));
        number.remove(5);
        System.out.println("number=" + number);
    }
}
```

程序运行结果如图 7.8 所示。

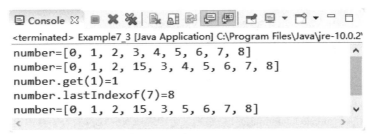

图 7.8 例 7-9 的运行结果

List 接口的最常用实现类有 ArrayList 和 LinkedList，下面分别介绍这两个类。

7.4.1 ArrayList 类

ArrayList 类实现了接口 List。它的底层采用了基于数组的数据结构来保存对象，因此能够高效地实现集合元素的随机访问；但缺点在于插入和删除操作时效率较低。ArrayList 类实现了 List 接口中的所有方法，具体请参见表 7-2。

【教学视频】

1. ArrayList 集合的创建

创建 ArrayList 集合的方式和创建其他类实例的方式类似，都是通过 new 运算符调用其构造方法来完成。例如：

```
ArrayList list=new ArrayList();
```

ArrayList 类对构造方法进行了重载，见表 7-3。

表 7-3 ArrayList 的构造方法

构 造 方 法	说　　明
ArrayList()	构造一个初始容量为 10 的空列表
ArrayList(Collection c)	构造一个包含参数指定集合的元素的集合,这些元素是按照指定集合的迭代器返回它们的顺序排列的
ArrayList(int initialCapacity)	构造一个具有指定初始容量的空集合

ArrayList 集合的创建分为两个部分：定义和初始化。初始化可以在集合被定义时同时完成，也可以在需要时完成(即惰性初始化)。由于集合采用上转型技术，所以在定义集合时可以将 ArrayList 上转为 List 或 Collection。下述创建集合的方法都是合法的。

```
ArrayList list=new ArrayList();
List list=new ArrayList();
Collection list=new ArrayList();
```

注意：使用父类型来表示子类型时，子类型中扩展的方法不会暴露出来，因此会造成这些方法无法访问的情况。

【例 7-10】创建 ArrayList 集合。

```
//Example7_10.java
import java.util.*;
public class Example7_10 {
    ArrayList list1;
    ArrayList list2 = null;
    public static void main(String[] args) {
        Example7_10 jt = new Example7_10();
        ArrayList list3 = new ArrayList();
        // 使用 list3 集合初始化集合 list1
        jt.list1 = new ArrayList(list3);
        // 使用 list1 集合的子集初始化集合 list2
        jt.list2 = new ArrayList(jt.list1.subList(0, 0));
    }
}
```

程序运行结果如图 7.9 所示。

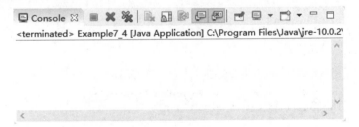

图 7.9 例 7-10 的运行结果

【源程序分析】

如果按照上述方式来创建集合，则根据集合类型丢失的特点，集合中保存的是 Object 的引用。那么在从集合中取元素并做类型转换时，则有可能出错；而这些错误在程序编译时并不会被检查，在程序运行时则会抛出异常(如例 7-7)。

因此对集合中的元素进行类型声明是有必要的。可以通过下面的方式来限定集合元素的数据类型，即泛型。

泛型是在 JDK 5 中推出的，其主要目的是可以建立具有类型安全的集合框架，如链表、散列映射等数据结构。一般使用格式如下。

集合类型<元素类型> 集合对象=new 构造方法<元素类型>();

【例 7-11】泛型的应用举例。

```java
//Example7_11.java
import java.util.*;
class Animal {
    public int id;
    public Animal(int id) {
        this.id = id;
    }
}
class Dog2 extends Animal {
    public int id;
    public Dog2(int id) {
        super(id);
        this.id = id;
    }
}
public class Example7_11 {
    public static void main(String[] args) {
        List<Animal> animals = new ArrayList<Animal>();
        for (int i = 0; i < 7; i++)
            animals.add(new Animal(i));
        animals.add(new Dog2(7));
        System.out.print("The number is:");
        for (int i = 0; i < animals.size(); i++)
            System.out.print(((Animal) animals.get(i)).id + " ");
    }
}
```

运行结果如图 7.10 所示。

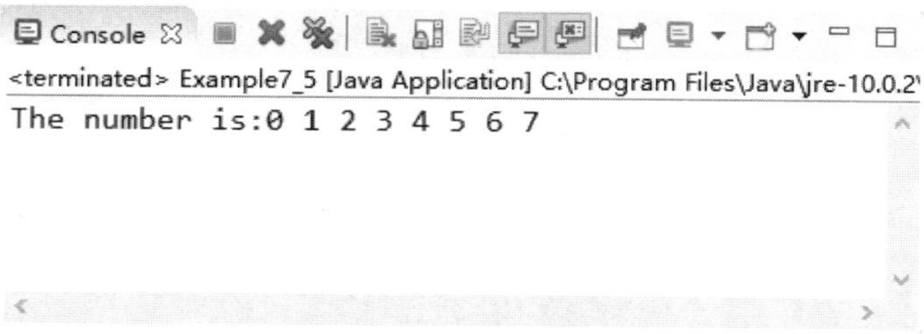

图 7.10　例 7-11 的运行结果

【源程序分析】

对比例 7-7 和本例，区别在于本例语句"List<Animal> animals = new ArrayList<Animal>();"限定了集合中的元素类型必须是 Animal 类型，Dog 是 Animal 的子类，Dog 可以直接存放到 Animal 集合中。

2. ArrayList 集合的访问

对集合的访问主要包含两个方向的操作：存储对象到集合以及从集合中取出元素。参见表 7-2，ArrayList 通过实现 List 接口中的 add(Object o) 和 get(int index) 方法来对应这两个操作。向 ArrayList 集合中添加和获取元素如图 7.11 所示。

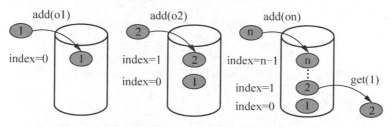

图 7.11　向 ArrayList 集合中添加和获取元素

注意：ArrayList 保存元素的顺序是用户向其中添加元素的顺序。第一个被添加元素的索引是 0、第二个被添加元素的索引是 1，依次类推。获取元素时需要传入索引参数来指定将要被取出的元素在集合中的位置。

3. ArrayList 集合的遍历

集合的遍历有 3 种方式：传统的 for 循环、增强的 for 循环和迭代器。具体选用哪种方式遍历集合，可根据实际情况来决定。

【例 7-12】使用传统的 for 循环实现 ArrayList 集合的遍历。

```java
//Example7_12.java
import java.util.*;
public class Example7_12 {
    public static void main(String[] args) {
        List<Integer> list = new ArrayList<Integer>();
        int k = 0;
        for (int i = 0; i < 10; i++)
            list.add(i);
        System.out.println("使用 for 循环遍历集合元素:");
        for (int i = 0; i < list.size(); i++) {
            k = list.get(i);
            System.out.print(k + "");
        }
    }
}
```

程序运行结果如图 7.12 所示。

【源程序分析】

第 5 行定义并初始化集合。第 7 行，使用自动装箱技术，通过循环内集合加入整型对象。第 9 行～第 11 行，使用 for 循环遍历集合，打印集合中的每一个元素到控制台，其中第 10 行使用了自动拆箱技术。

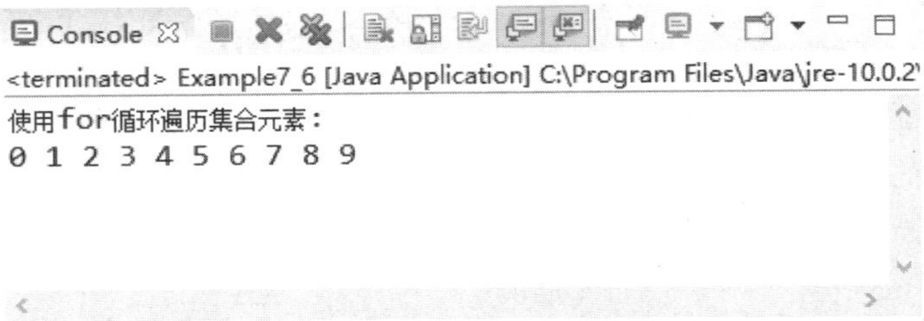

图7.12 例7-12的运行结果

【例7-13】使用增强的for循环(for-each语句)实现ArrayList集合的遍历。

```java
//Example7_13.java
import java.util.*;
class Cat2 {
    private int age;
    public Cat2(int age) {
        this.age = age;
    }
    public int getAge() {
        return this.age;
    }
}
public class Example7_13 {
    public static void main(String[] args) {
        List<Cat2> cats = new ArrayList<Cat2>();
        for (int i = 0; i < 10; i++)
            cats.add(new Cat2(i));
        System.out.println("使用 for-each 语句遍历 ArrayList 集合元素: ");
        for (Cat2 cat : cats)
            System.out.print(cat.getAge() + " ");
    }
}
```

程序运行结果如图7.13所示。

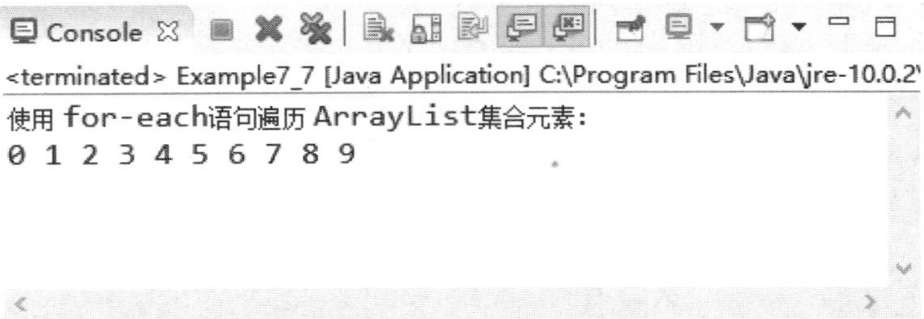

图7.13 例7-13的运行结果

Iterator是对集合进行迭代的迭代器。迭代器的工作是遍历并选择集合中的对象，而用户不必关心该集合底层的结构。Iterator提供了遍历集合所必需的方法，见表7-4。

表 7-4 Iterator 的主要方法

返回值	方法名	说明
boolean	hasNext()	如果仍有元素可以迭代，则返回 true
Object	next()	返回迭代的下一个元素
void	remove()	从迭代器指向的集合中移除迭代器返回的最后一个元素

【例 7-14】使用迭代器 Iterator 实现 ArrayList 集合的遍历。

```java
//Example7_14.java
import java.util.*;
class Cat3 {
    private int age;
    public Cat3(int age) {
        this.age = age;
    }
    public int getAge() {
        return this.age;
    }
}
public class Example7_14 {
    public static void main(String[] args) {
        List<Cat3> cats = new ArrayList<Cat3>();
        for (int i = 0; i < 10; i++)
            cats.add(new Cat3(i));
        Cat3 cat = null;
        Iterator ite = cats.iterator();
        System.out.println("使用迭代器 Iterator 遍历 ArrayList 集合元素:");
        while (ite.hasNext()) {
            cat = (Cat3) ite.next();
            System.out.print(cat.getAge() + " ");
        }
        //限定迭代器中的元素类型
        Iterator<Cat3> itel = cats.iterator();
        System.out.println("\n 使用限定迭代器 Iterator 元素类型的方式遍历 ArrayList 
                    集合元素:");
        while (itel.hasNext()) {
            cat = itel.next();
            System.out.print(cat.getAge() + " ");
        }
    }
}
```

程序运行结果如图 7.14 所示。

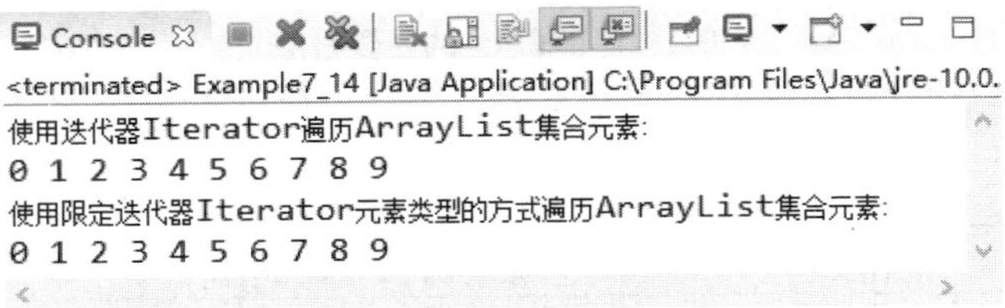

图 7.14　例 7-14 的运行结果

【源程序分析】

语句 "Iterator ite = cats.iterator();" 用于获取当前集合的迭代器对象；接下来的循环语句 "while(ite.hasNext()){ … }" 使用迭代器对象遍历集合；语句 "Iterator<Cat3>ite1= cats.iterator();" 用于获取迭代器对象时限定元素类型，从而避免在迭代时对元素做类型转换。

【例 7-15】请分析下面程序的输出结果。

```java
//Example7_15.java
import java.util.*;
class Cat4 {
    private int age;
    private String name;
    public Cat4(int age, String name) {
        this.age = age;
        this.name = name;
    }
    public int getAge() {
        return this.age;
    }
    public String getName() {
        return this.name;
    }
}
public class Example7_15 {
    public static void main(String[] args) {
        List<Cat4> cats = new ArrayList<Cat4>();
        Cat4 cat = null;
        cats.add(new Cat4(2, "Carr"));
        cats.add(new Cat4(1, "Scott"));
        cats.add(new Cat4(3, "Pretty"));
        cats.add(new Cat4(5, "Babi"));
        cats.add(new Cat4(7, "Ruby"));
        cats.add(new Cat4(6, "Riki"));
        cats.add(new Cat4(4, "Derby"));
        for (int j = 0; j < cats.size(); j++) {
            cat = cats.get(j);
            if (cat.getAge() > 2 && cat.getAge() < 6)
                System.out.println(cat.getName());
        }
    }
}
```

程序运行结果如图 7.15 所示。

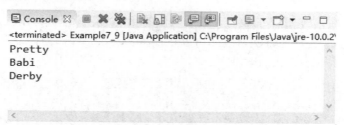

图 7.15　例 7-15 的运行结果

【源程序分析】

语句"for(int j=0;j<cats.size();j++){…}"用于遍历集合；语句"cat=cats.get(j);"用于取出集合中的元素；语句"if(cat.getAge()>2&&cat.getAge()<6)"用于测试当前对象的 age 属性值是否在指定范围以内；语句"System.out.println(cat.getName());"用于打印满足条件的对象元素的 name 属性。

7.4.2　LinkedList 类

LinkedList 类作为 List 接口的另一种实现，与 ArrayList 类最大的不同之处在于采用了链表作为底层数据结构。它对顺序访问进行了优化，向 LinkedList 集合中插入和移出元素的开销比较小，但随机访问则相对较慢。LinkedList 与 ArrayList 的优势与缺陷具有互补性，应该根据实际情况来选择采用合适的集合。

LinkedList 类不仅实现了 List 接口中定义的方法，还提供了一些扩展方法，这些方法允许将 LinkedList 用作堆栈、队列或双端队列。除了 List 接口中定义的方法，LinkedList 中的主要扩展方法见表 7-5。

表 7-5　LinkedList 中的主要扩展方法

返回值	方法名	说　明
void	addFirst(E o)	将给定元素插入此列表的开头
void	addLast(E o)	将给定元素追加到此列表的结尾
Object	element( )	找到但不移除此列表的头(第一个元素)
Object	getFirst( )	返回此列表的第一个元素
Object	getLast( )	返回此列表的最后一个元素
boolean	offer(E o)	将指定元素添加到此列表的末尾(最后一个元素)
Object	peek( )	找到并移除此列表的头(第一个元素)
Object	poll( )	找到并移除此列表的头(第一个元素)，获取数据失败时返回 null
Object	remove( )	找到并移除此列表的头(第一个元素)，获取数据失败时抛出异常
Object	removeFirst( )	移除并返回此列表的第一个元素
Object	removeLast( )	移除并返回此列表的最后一个元素

1. 使用 LinkedList 模拟栈

栈通常是指"后进先出"的集合，最后入栈的元素，第一个被弹出栈。LinkedList 具有能够直接实现栈的所有功能方法，因此可以直接将 LinkedList 作为栈使用。

【例 7-16】使用 LinkedList 模拟栈。

```java
//Example7_16.java
import java.util.*;
public class Example7_16 {
    private LinkedList list = new LinkedList();
    public void push(Object v) {
        list.addFirst(v);
    }
    public Object top() {
        return list.getFirst();
    }
    public Object pop() {
        return list.removeFirst();
    }
    public static void main(String[] args) {
        Example7_16 stack = new Example7_16();
        for (int i = 0; i < 10; i++)
            stack.push(new Integer(i));
        System.out.println(stack.top());
        System.out.println(stack.top());
        System.out.println(stack.pop());
        System.out.println(stack.pop());
        System.out.println(stack.pop());
    }
}
```

程序运行结果如图 7.16 所示。

图 7.16　例 7-16 的运行结果

【源程序分析】

push()方法模拟的是压栈操作；top()方法模拟的是取栈顶元素操作；pop()方法模拟的是出栈操作。

2. 使用 LinkedList 模拟队列

队列是一个"先进先出"的集合，即从集合的一端放入对象，从另一端取出，因此对象放入集合的顺序与取出的顺序是相同的，LinkedList 提供了方法以支持队列的行为。

【例 7-17】使用 LinkedList 模拟队列。

```java
//Example7_17.java
import java.util.*;
public class Example7_17 {
    private LinkedList list = new LinkedList();
    public void put(Object v) {
        list.addFirst(v);
    }
    public Object get() {
        return list.removeLast();
    }
    public boolean isEmpty() {
        return list.isEmpty();
    }
    public static void main(String[] args) {
        Example7_17 queue = new Example7_17();
        for (int i = 0; i < 10; i++)
            queue.put(Integer.toString(i));
        System.out.println("使用 LinkedList 模拟队列，队列中的元素如下：");
        while (!queue.isEmpty())
            System.out.print(queue.get() + " ");
    }
}
```

程序运行结果如图 7.17 所示。

图 7.17　例 7-17 的运行结果

【源程序分析】

put()方法模拟入队操作；get()方法模拟出队操作；isEmpty()方法用于判定队列是否为空。

7.5　Set 集合

Set 集合为集类型，集是最简单的一种集合，存放于集中的对象不按特定方式排列，只是简单地把对象加入集合中，在集中不能存放重复对象。Set 包括 Set 接口以及 Set 接口的所有实现类。

Set 接口实现了 Collection 接口，所以 Set 接口拥有 Collection 接口提供的所有常用方法。Set 不保存重复的元素。加入 Set 的 Object 必须定义 equals()方法，以确保对象的唯一性，同时 Set 接口不保证维护元素的次序。

Set 集合提供了两种默认实现。

(1) HashSet：为快速查找而设计的一种基于散列结构的 Set 实现，存入 HashSet 的对象必须定义 HashCode()。

(2) TreeSet：底层为树结构的一种有序的 Set 实现，可以从 TreeSet 中提取出一种有序的元素序列。如果要使用 TreeSet 来维护元素的次序，则必须实现 Comparable 接口，并且定义 compareTo()方法。

【例 7-18】Set 集合的使用。

```java
//Example7_18. java
import java.util.*;
class Cat5 {
    private int age;
    public Cat5(int age) {
        this.age = age;
    }
    public int getAge() {
        return this.age;
    }
}
public class Example7_18 {
    public static void main(String[] args) {
        Set<Cat5> cats = new HashSet<Cat5>();
        Cat5 cat = new Cat5(1);
        for (int i = 0; i < 10; i++)
            cats.add(cat);
        Iterator ite = cats.iterator();
        System.out.println("Set 集合的使用，输出集合中的元素：");
        while (ite.hasNext()) {
            cat = (Cat5) ite.next();
            System.out.println(cat.getAge());
        }
    }
}
```

程序运行结果如图 7.18 所示。

图 7.18　例 7-18 的运行结果

【源程序分析】

语句"Set<Cat5> cats = new HashSet<Cat5> ();"声明集合是 Set 类型，由于 Set 集合不允许存储重复的元素，因此重复元素都会被 Set 集合忽略。对于每一个对象而言，Set 只接受其一份实例。对比例 7-14，可以发现迭代器 Iterator 屏蔽了集合的底层结构，不管是 List 还是 Set 类型的集合，都可以用相同的方式来遍历。

7.6 Map 集合

Map 集合为映射类型，映射与集和列表有明显的区别，映射中的每个对象都是成对存在的。映射中存储的每个对象都有一个相应的键(key)对象，在检索对象时必须通过相应的键对象来获取值(value)对象，所以要求键对象必须是唯一的。

Map 集合使用"键-值对"来存储元素。从概念上讲，它类似于 ArrayList，只是不再使用数字作为索引来查找对象，而是以另一个对象来进行查找。Java 类库提供了几种类型的 Map，主要包括 HashMap、TreeMap 和 LinkedHashMap 等。它们的行为特性各不相同，主要表现在效率、键-值对的保存及呈现次序和判定"键"等价的策略等方面。

HashMap 是一种常用的 Map 类型的集合。它使用"散列码"来取代对"键"的缓慢搜索。散列码是通过将对象的某些信息进行转换而生成的。由于在基类 Object 中定义了 hashCode()方法，因此所有 Java 对象都能产生散列码。HashMap 正是使用对象的散列码进行快速查询，从而显著提高性能。在 HashMap 集合中，每一个元素都是键-值映射的结果。在集合中键必须具有唯一性，而值可以重复。

Map 包括 Map 接口以及 Map 接口的所有实现类。Map 接口定义了若干方法来实现对 Map 集合的操作与管理，见表 7-6。

表 7-6 Map 接口中的主要方法

返 回 值	方 法 名	说　　明
void	clear()	从此映射中移除所有映射关系
boolean	containsKey(Object key)	如果此映射包含指定键的映射关系，则返回 true
boolean	containsValue(Object o)	如果此映射为指定值映射一个或多个键，则返回 true
Set< Map. Entry < K,V>>	entrySet()	返回此映射中包含的映射关系的 set 视图
boolean	equals(Object o)	比较指定的对象与此映射是否相等
Object	get(Object key)	返回此映射中映射到指定键的值
boolean	isEmpty()	如果此映射不包含键-值映射关系，则返回 true
Set<K>	keySet ()	返回此映射中所包含的键的 set 视图
Object	put(K key, V value)	在此映射中关联指定值与指定键
void	putAll(Map m)	将指定映射的所有映射关系复制到此映射中，这些映射关系将替换此映射目前针对指定映射的所有键的所有映射关系
Object	remove (Object key)	如果此映射中存在该键的映射关系，则将其删除
int	size()	返回此映射中的键-值映射关系数
Collection<V>	values ()	返回此映射所包含的值的 collection 视图

1. HashMap 集合的创建

HashMap 集合的创建仍然通过 new 运算符调用 HashMap 的构造方法来完成。可以像 ArrayList 中限定元素类型一样，分别限定 Map 集合中键和值的数据类型。HashMap 对构造方法进行了重载，从而为用户创建 Map 集合提供了更多的选择，见表 7-7。

表 7-7 HashMap 的构造方法

构 造 方 法	说　　明
HashMap()	构造一个具有默认初始容量(16)和默认加载因子(0.75)的空 HashMap
HashMap(int initialCapacity)	构造一个带指定初始容量和默认加载因子(0.75)的空 HashMap
HashMap (int initialCapacity, float loadFactor)	构造一个带指定初始容量和加载因子的空 HashMap
HashMap(Map m)	构造一个映射关系与指定 Map 相同的 HashMap

创建 HashMap 对象的一般格式如下。

```
HashMap map=new HashMap ();
Map map=new HashMap ( );              //向上转型
Map<键类型,值类型>  map=HashMap <键类型,值类型>( ) ;
                                      //强制限定键值类型
```

2. Map 集合的访问

对 Map 集合的操作包括存入元素到集合和从集合中取出元素。由于 Map 集合中的每一个元素都是一个键值映射，因此在存入元素时除了将要存入的值对象，必须有与此值对象映射的键对象，如图 7.19 所示。put(K key, V value)方法用于向 Map 集合中存入参数所指定的映射关系，get(Object key)方法用于根据参数所指定的键对象搜索对应的值对象。

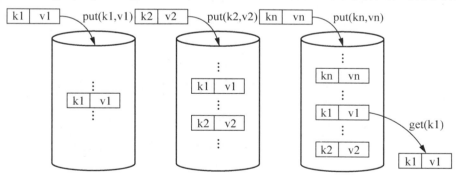

图 7.19　Map 集合的访问

【例 7-19】访问 HashMap 集合中的元素。

```
//Example7_19.java
import java.util.*;
class Cat6 {
    private String name;
```

```
        private int age;
        public Cat6(String name, int age) {
            this.name = name;
            this.age = age;
        }
        public String getName() {
            return this.name;
        }
        public int getAge() {
            return this.age;
        }
        public String toString() {
            return getName() + "," + getAge();
        }
    }
    public class Example7_19 {
        public static void main(String[] args) {
            Map<String, Cat6> cats = new HashMap<String, Cat6>();
            cats.put("Jetty", new Cat6("Jetty", 1));
            cats.put("Carr", new Cat6("Carr", 3));
            Cat6 cat = cats.get("Carr");
            System.out.println(cat);
        }
    }
```

程序运行结果如图 7.20 所示。

图 7.20 例 7-19 的运行结果

【源程序分析】

主函数 main()中的第 1 行用于创建 Map 集合，限定映射关系中键值的数据类型。第 2 行和第 3 行用于向集合中添加映射关系。第 4 行根据键从 Map 集合中找到与之映射的值。

3. Map 集合的遍历

Map 集合的遍历不同于 List 集合。可以通过以下两种方法来遍历 Map 集合：通过键集遍历；转换为映射项集合遍历。

通过键集遍历的基本思路如下。

(1) 取得 Map 的键集。

(2) 遍历键集，获取每一个键。

(3) 根据键获取原始 Map 集合中对应的值。

【例 7-20】Map 集合的遍历。

```java
//Example7_20.java
import java.util.*;
class Cat7 {
    private String name;
    private int age;
    public Cat7(String name, int age) {
        this.name = name;
        this.age = age;
    }
    public String getName() {
        return this.name;
    }
    public int getAge() {
        return this.age;
    }
    public String toString() {
        return getName() + "," + getAge();
    }
}
public class Example7_20 {
    public static void main(String[] args) {
        Map<String, Cat7> cats = new HashMap<String, Cat7>();
        cats.put("Jetty", new Cat7("Jetty", 1));
        cats.put("Carr", new Cat7("Carr", 3));
        Set<String> keys = cats.keySet();
        Iterator<String> ite = keys.iterator();
        while (ite.hasNext()) {
            System.out.println(cats.get(ite.next()));
        }
    }
}
```

程序运行结果如图 7.21 所示。

图 7.21　例 7-20 的运行结果

【源程序分析】

在主方法 main() 中，第 1 行：采用限定键值元素类型的方式定义并初始化 HashMap 集合。第 2 行和第 3 行：向集合中添加映射关系(键-值对)。第 4 行：获取 Map 集合的键集。第 5 行：取得与键集相关的迭代器对象。第 6 行：通过迭代器对象遍历键集。第 7 行：通过每一趟循环所获得的键到原始 Map 集合中取得与之对应的值。

Map 集合中每一个元素都是一个键和值的直接映射构成，通常把这种映射关系称为一个映射项。Java 提供了 Map.Entry 接口来描述映射项。在 Map.Entry 接口中定义了相关的方法来操纵一个映射项所包含的数据。通过 getKey()方法和 getValue()方法可以很方便地获取每一个映射项包含的 key 值和 value 值，见表 7-8。

表 7-8 Map.Entry 接口的主要方法

返 回 值	方 法 名	说　　明
Object	getKey()	返回与此项对应的键
Object	getValue()	返回与此项对应的值
Object	setValue(V value)	用指定的值替换与此项对应的值

映射项的存在使得可以把原始的 Map 集合转化为映射项集合，如图 7.22 所示。表 7-6 中的 entrySet()方法实现了这项转换工作。因此，对 Map 的遍历转换为对一个 Set 类型的映射项集合的遍历。

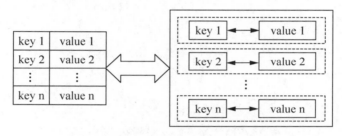

图 7.22　Map 集合转化为映射项集合

通过映射项集合遍历 Map 集合的基本思路如下。

(1) 使用 Map 接口提供的 entrySet()方法将 Map 集合转换为一个映射项集合。
(2) 获取映射项集合的迭代器对象。
(3) 通过迭代器对象遍历 Set 类型的映射项集合。
(4) 在每一次迭代过程中将取得的元素保存到 Map.Entry 类型的变量中。
(5) 通过 Map.Entry 接口提供的 getKey()和 getValue()方法获取当前映射项的 key 和 value 值。

采用映射项遍历 Map 集合如图 7.23 所示。

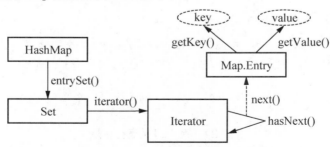

图 7.23　采用映射项遍历 Map 集合

【例 7-21】 映射项集合遍历 Map 集合。

```java
//Example7_21.java
import java.util.*;
class Cat8 {
    private String name;
    private int age;
    public Cat8(String name, int age) {
        this.name = name;
        this.age = age;
    }
    public String getName() {
        return this.name;
    }
    public int getAge() {
        return this.age;
    }
    public String toString() {
        return getName() + "," + getAge();
    }
}
public class Example7_21 {
    public static void main(String[] args) {
        Map<String, Cat8> cats = new HashMap<String, Cat8>();
        cats.put("Jetty", new Cat8("Jetty", 1));
        cats.put("Carr", new Cat8("Carr", 3));
        Set<Map.Entry<String, Cat8>> entries = cats.entrySet();
        Iterator<Map.Entry<String, Cat8>> ite = entries.iterator();
        Map.Entry<String, Cat8> entry = null;
        while (ite.hasNext()) {
            entry = ite.next();
            System.out.println(entry.getValue());
        }
    }
}
```

程序运行结果如图 7.24 所示。

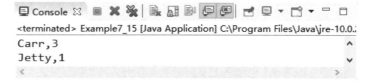

图 7.24　例 7-21 的运行结果

【源程序分析】

在主方法 main()中,第 4 行:将 Map 集合转换为映射项集合。第 5 行:取得映射项集合的迭代器对象。第 6 行：定义了一个映射项变量。第 7 行：通过迭代器对象遍历映射项集合。第 8 行：保存每一次迭代所取得的映射项。第 9 行：将映射项对应的 value 值打印到控制台。

【例 7-22】借助 Map 集合对反复使用的对象进行缓存。

```java
//Example7_22. java
import java.util.*;
public class Example7_22 {
    private static Map<String, A> map = new HashMap<String, A>();
    static {
        addObject("B", new B());
        addObject("C", new C());
        addObject("D", new D());
    }
    private static A getObject(String type) {
        return map.get(type);
    }
    private static void addObject(String type, A a) {
        map.put(type, a);
    }
    public static void main(String[] args) {
        Scanner scanner = new Scanner(System.in);
        A a = null;
        while (scanner.hasNext()) {
            a = getObject(scanner.next());
            if (a != null)
                a.work();
        }
    }
}
abstract class A {
    public abstract void work();
}
class B extends A {
    public void work() {
        System.out.println("B is working.");
    }
}
class C extends A {
    public void work() {
        System.out.println("C is working.");
    }
}
class D extends A {
    public void work() {
        System.out.println("D is working.");
    }
}
```

程序运行结果如图 7.25 所示。

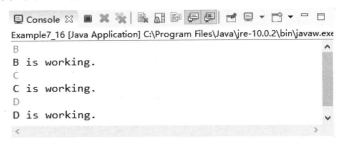

图 7.25　例 7-22 的运行结果

【源程序分析】

上面程序的目的是希望借助 Map 集合对反复使用的对象进行缓存，从而有效地利用内存资源。第 4 行：创建 Map 集合。第 6 行～第 8 行：向集合中添加新的对象。第 19 行～第 22 行：在集合中查找是否存在已创建好的对象。如果需要动态地向集合中添加对象，可利用 Java 的反射技术来实现。

7.7　集合工具

Collections 提供了集合框架中支持的各种方法。这些方法都是静态方法，可以直接通过类名调用。Collections 中的方法主要包括排序、混序、查找、填充、逆序和求极值等，见表 7-9。

表 7-9　Collections 的主要方法

返回值	方法名	说明
void	sort(List list)	对指定列表按升序进行排序
int	binarySearch(List list, Object key)	使用二进制搜索算法来搜索指定列表，以获得指定对象
void	reverse(List list)	反转指定类表中元素的顺序
void	shuffle(List list)	随机更改指定列表的序列
void	swap(List list, int i, int j)	在指定列表的指定位置处换元素
void	fill(List list, Object obj)	使用指定元素替换指定列表中的所有元素
void	copy(List dest, List src)	将所有元素从一个列表复制到另一个列表
Object	min(Collection col)	返回给定 collection 的最小元素
Object	max(Collection col)	返回给定 collection 的最大元素
boolean	replaceAll(List list, Object oldval, Object newval)	使用另一个值替换列表中所有出现的值中的某一个指定值

【例 7-23】集合工具类 Collections 的应用举例。

```
//Example7_23.java
import java.util.*;
public class Example7_23 {
```

```
    public static void main(String[] args) {
        List list = new ArrayList();
        for (int i = 0; i < 5; i++)
            list.add(i);
        Collections.fill(list, "fillValue");
        for (Object obj : list) {
            System.out.println(obj);
        }
    }
}
```

程序运行结果如图 7.26 所示。

```
fillValue
fillValue
fillValue
fillValue
fillValue
```

图 7.26 例 7-23 的运行结果

【源程序分析】

语句"Collections.fill(list,"fillValue");":使用集合工具类 Collections 的静态方法 fill()填充集合元素。语句"for(Object obj:list){...}":使用增强的 for 循环遍历集合元素并打印。

【例 7-24】对集合元素排序,并求该集合中的最大值和最小值。

```
//Example7_24.java
import java.util.*;
public class Example7_24 {
    final static int size = 6;
    public static void Test(List list) {
        Collections.shuffle(list);
        System.out.println(list);
        int loc = Collections.binarySearch(list, new Integer(3));
        System.out.println(loc);
        Collections.sort(list);
        System.out.println(list);
        System.out.println(Collections.min(list));
        System.out.println(Collections.max(list));
    }
    public static void main(String[] args) {
        ArrayList list = new ArrayList(size);
        for (int i = 0; i < size; i++) {
            list.add(new Integer(i));
        }
        Test(list);
    }
}
```

程序运行结果如图 7.27 所示。

图 7.27　例 7-24 的运行结果

【源程序分析】

第 6 行：对参数指定的集合进行混序。第 8 行：通过二分查找值为 3 的元素。第 10 行：根据元素的自然顺序对集合进行排序。第 12 行：打印集合中的最小值。第 13 行：打印集合中的最大值。

在例 7-24 中通过调用集合工具类 Collections 的 sort(Collection c)方法对集合做了排序操作。但对于那些系统没有提供默认排序规则的元素则无法直接调用 sort(Collection c)方法进行排序。可以通过实现 Comparable 或 Comparator 接口定义自己的比较器类来实现集合元素排序。

【例 7-25】使用自定义比较器对集合元素进行排序。

```java
//Example7_25.java
import java.util.*;
public class Example7_25 {
    public static void main(String[] args) {
        List<Cat9> cats = new ArrayList<Cat9>();
        cats.add(new Cat9(3, "Carr"));
        cats.add(new Cat9(5, "Scott"));
        cats.add(new Cat9(1, "Babi"));
        cats.add(new Cat9(6, "Fiki"));
        cats.add(new Cat9(2, "Derby"));
        Collections.sort(cats, new CatComparator());
        for (Cat9 cat : cats)
            System.out.println(cat.getName());
    }
}
class Cat9 {
    private int age;
    private String name;
    public Cat9(int age, String name) {
        this.age = age;
        this.name = name;
    }
    public int getAge() {
        return this.age;
```

```
    }
    public String getName() {
        return this.name;
    }
}
class CatComparator implements Comparator {
    public int compare(Object o1, Object o2) {
        Cat9 cat1 = (Cat9) o1;
        Cat9 cat2 = (Cat9) o2;
        if (cat1.getAge() > cat2.getAge())
            return 1;
        if (cat1.getAge() < cat2.getAge())
            return -1;
        return 0;
    }
}
```

程序运行结果如图 7.28 所示。

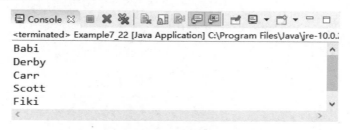

图 7.28　例 7-25 的运行结果

【源程序分析】

第 11 行：使用自定义比较器对集合元素进行排序。第 12 行～第 13 行：打印已排序后的集合元素。第 30 行：实现 Comparator 接口，定义自定义比较器类。第 31 行：实现接口中定义的比较方法；第 32 行和第 33 行：将参数向下转型为具体类型。第 34 行～第 37 行：根据 cat 对象的 age 属性进行比较，比较的原则是从小到大。

7.8　案　例　分　析

7.8.1　用 Collection 实现图书的添加和查看

本案例主要用 Collection 实现图书的添加和查看功能，具体的要求如下：(1)创建图书馆类；(2)图书馆有名字；(3)图书馆能保存图书；(4)打印所有图书的信息，包括书类、书名、作者。

Library 类：

```
package Library;
import java.util.ArrayList;
import java.util.Collection;
```

```java
import java.util.Iterator;
public class Library {
    private String libraryName;
    private Collection collection = new ArrayList();
    public Library() {
        super();
    }
    public Library(String libraryName) {
        super();
        this.libraryName = libraryName;
    }
    public String getLibraryName() {
        return libraryName;
    }
    public void setLibraryName(String libraryName) {
        this.libraryName = libraryName;
    }
    public Collection getCollection() {
        return collection;
    }
    public void setCollection(Collection collection) {
        this.collection = collection;
    }
    public void addBook(Book book) {
        collection.add(book);
    }
    public void printBook() {
        System.out.println(this.libraryName + "收录了:");
        Iterator iterator = collection.iterator();
        for (int i = 0; i < collection.size(); i++) {
            boolean isHasNext = iterator.hasNext();
            if (isHasNext == true) {
                Book book = (Book) iterator.next();
                System.out.println(book.toString());
            }
        }
    }
}
```

Book 类：

```java
package Library;
public class Book {
    private String kind;
    private String bookName;
    private String author;
    public Book() {
```

```java
        super();
    }
    public Book(String kind, String bookName, String author) {
        super();
        this.kind = kind;
        this.bookName = bookName;
        this.author = author;
    }
    public String getKind() {
        return kind;
    }
    public void setKind(String kind) {
        this.kind = kind;
    }
    public String getBookName() {
        return bookName;
    }
    public void setBookName(String bookName) {
        this.bookName = bookName;
    }
    public String getAuthor() {
        return author;
    }
    public void setAuthor(String author) {
        this.author = author;
    }
    @Override
    public String toString() {
        return "书类:" + kind + "\t" + "  书名:" + bookName + "\t" + "作者:" +
        author + "\t";
    }
}
```

Test 类:

```java
package Library;
public class Test {
    public static void main(String[] args) {
        Library library = new Library("新华书店");
        library.addBook(new Book("小说", "西游记", "吴承恩"));
        library.addBook(new Book("小说", "水浒传", "罗贯中"));
        library.addBook(new Book("小说", "三国演义", "施耐庵"));
        library.addBook(new Book("小说", "红楼梦", "曹雪芹"));
        library.printBook();
    }
}
```

程序运行结果如图 7.29 所示。

图 7.29　图书的添加和查看案例的运行结果

7.8.2　用 TreeSet 实现信息的存储和查找

该案例中要求在 TreeSet 中存储有 10 个人的信息，信息包括：名字、性别、年龄、家庭住址。每个人的年龄在 10～100 岁之间，10 个人的年龄用随机数产生。程序功能：(1)找出 30～50 岁之间的人的信息；(2)找出 70 岁以上的人的信息。

Person 类：

```java
package Person;
public class Person implements Comparable<Person> {
    private String name;
    private String sex;
    private Integer age;
    private String addr;
    public Person(String name, String sex, int age, String addr) {
        super();
        this.name = name;
        this.sex = sex;
        this.age = age;
        this.addr = addr;
    }
    public Person() {
        super();
    }
    public String getName() {
        return name;
    }
    public void setName(String name) {
        this.name = name;
    }
    public String getSex() {
        return sex;
    }
    public void setSex(String sex) {
        this.sex = sex;
    }
    public int getAge() {
        return age;
```

```java
    }
    public void setAge(int age) {
        this.age = age;
    }
    public String getAddr() {
        return addr;
    }
    public void setAddr(String addr) {
        this.addr = addr;
    }
    public String toString() {
        return "Person [name=" + name + ", sex=" + sex + ", age=" + age + ", addr=" + addr + "]";
    }
    public int hashCode() {
        final int prime = 31;
        int result = 1;
        result = prime * result + ((addr == null) ? 0 : addr.hashCode());
        result = prime * result + age;
        result = prime * result + ((name == null) ? 0 : name.hashCode());
        result = prime * result + ((sex == null) ? 0 : sex.hashCode());
        return result;
    }
    public boolean equals(Object obj) {
        if (this == obj)
            return true;
        if (obj == null)
            return false;
        if (getClass() != obj.getClass())
            return false;
        Person other = (Person) obj;
        if (addr == null) {
            if (other.addr != null)
                return false;
        } else if (!addr.equals(other.addr))
            return false;
        if (age != other.age)
            return false;
        if (name == null) {
            if (other.name != null)
                return false;
        } else if (!name.equals(other.name))
            return false;
        if (sex == null) {
            if (other.sex != null)
```

```
            return false;
        } else if (!sex.equals(other.sex))
            return false;
        return true;
    }
    public int compareTo(Person p) {
        return this.age.compareTo(p.age);
    }
}
```

Test 类：

```
package Person;
import java.util.Iterator;
import java.util.Random;
import java.util.TreeSet;
public class PersonTest {
    public static void main(String[] args) {
        Random r = new Random();
        TreeSet<Person> ts = new TreeSet();
        for (int i = 0; i < 10; i++) {
            int age = r.nextInt(89) + 11;
            String name = "小明" + i;
            String sex = "男";
            String addr = "家属楼" + i + "号楼";
            Person p = new Person(name, sex, age, addr);
            ts.add(p);
        }
        System.out.println(ts);
        TreeSet t = (TreeSet) ts.subSet(new Person("asd", "asd", 30, "asds"),
                true,new Person("asd", "asd", 50, "asds"), true);
        TreeSet t1=(TreeSet) ts.tailSet(new Person("asd", "asd", 70, "asds"),
                true);
        System.out.println("30-50 的人：");
        for (Iterator it = t.iterator(); it.hasNext();) {
            Person p = (Person) it.next();
            System.out.println(p);
        }
        System.out.println("70 以上的人：");
        for (Iterator it = t1.iterator(); it.hasNext();) {
            Person p = (Person) it.next();
            System.out.println(p);
        }
    }
}
```

程序运行结果如图 7.30 所示。

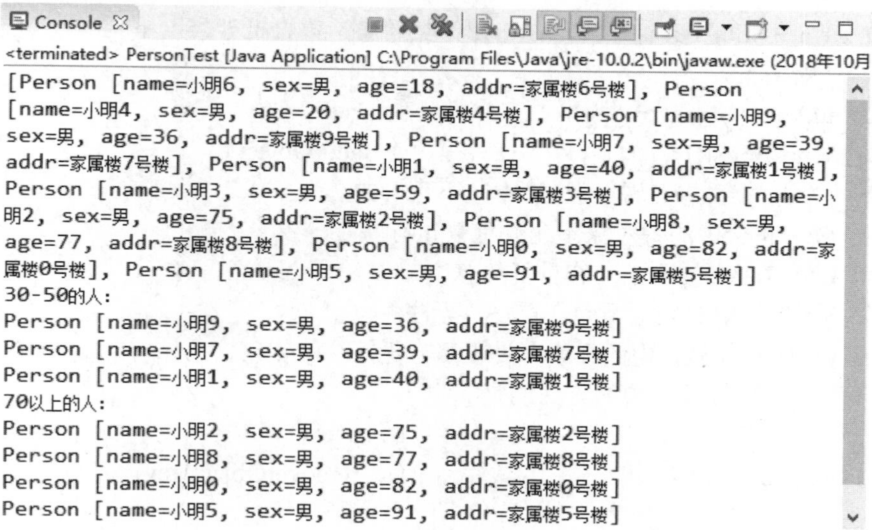

图7.30 信息的存储和查找案例的运行结果

小　结

本章学习了如下内容。
(1) Java 集合框架中主要的类和接口及其关系。
(2) List 集合的创建、访问和遍历方法。
(3) Set 集合的创建、访问和遍历方法。
(4) Map 集合的创建、访问和遍历方法。
(5) 集合工具类的用法。

习　题

一、选择题

1. 下面(　　)类是不属于 Collection 集合体系的。
    A. ArrayList　　　　B. LinkedList　　　　C. TreeSet　　　　D. HashMap

2. 创建一个 ArrayList 集合实例，该集合中只能存放 String 类型数据，下列(　　)代码是正确的。
    A. ArrayList myList=new ArrayList ()
    B. ArrayList<String> myList=new ArrayList()<>()
    C. ArrayList<> myList=new ArrayList<String> ()
    D. ArrayList<> myList = new List<> ()

3. 下面集合类能够体现"FIFO"特点的是(　　)。
    A. LinkedList　　　　B. Stack　　　　C. TreeSet　　　　D. HashMap

4．在 Java 中 LinkedList 类和 ArrayList 类同属于集合框架类，下列(　　)选项中的方法是这两个类都有的。
　　A．addFirst(Object o)　　　　　　B．getFirst()
　　C．removeFirst()　　　　　　　　D．add(Object o)

5．下列关于集合框架特征的说法中，不正确的是(　　)。
　　A．Map 集合中的键对象不允许重复、有序
　　B．List 集合中的元素允许重复、有序
　　C．Set 集合中的元素不允许重复、无序
　　D．Collection 集合中的元素允许重复、无序

6．下列不是 Map 接口中的方法的是(　　)。
　　A．clear()　　　　　　　　　　　B．peek()
　　C．get(Object key)　　　　　　　D．remove(Object key)

二、填空题

1．在(　　)包中提供了处理集合的接口和类。

2．Object 类的(　　)方法用来取得对象的唯一编码。

3．TreeSet 类对元素进行排序，该元素对象必须实现(　　)接口。

4．(　　)类封装链表的存储结构，可以实现链表的操作。

5．(　　)类封装了后进先出(LIFO)的堆栈操作。

6．HashMap 的(　　)方法向集合增加键值对，采用(　　)方法根据 key 取得 value 值。

7．持久化键值对需要采用 Properties 类，该类的(　　)方法设置键值对，该类的(　　)方法把键值对保存在文件中。

8．Java 提供了用于遍历集合的接口包括(　　)、(　　)、(　　)、(　　)。

9．(　　)接口中的内容不能重复，(　　)接口中的内容可以重复。

10．Java 提供了队列操作的(　　)类和(　　)类。

11．属性类 Properties 在配置文件中比较常用，该文件可以是(　　)文件，也可以是(　　)文件。

12．Collection 是集合类的最大父接口，它的两个最大子接口(　　)和(　　)是最常用的接口。

13．集合分为 3 个类型，它们分别是(　　)、(　　)、(　　)，它们的特性分别为(　　)、(　　)、(　　)。

14．List 把加入集合的对象以(　　)方式存储，并且允许存放(　　)。

三、编程题

1．假设顺序列表 ArrayList 中存储的元素是整型数字 1～5，遍历每个元素，将每个元素顺序输出。

2．在一个列表中存储以下元素：apple, grape, banana, pear。

(1) 返回集合中的最大的和最小的元素；

(2) 将集合进行排序，并将排序后的结果打印在控制台上。

3．编写一个程序，创建一个 HashMap 对象，用于存储银行储户的信息(其中储户的主要信息有储户的 ID，姓名和余额)。另外，计算并显示其中某个储户的当前余额。

4．从控制台输入若干个单词(输入回车结束)放入集合中，将这些单词排序后(忽略大小写)打印出来。

【第 7 章　习题答案】

第 8 章

多线程程序设计

学习目标

内　　容	要　　求
线程的基本概念	了解
线程的两种创建方法和它们的比较	掌握
线程的状态及转换关系	掌握
常用的控制线程的方法	掌握
线程的同步方法、同步块	掌握
线程死锁产生的必要条件	了解

多线程程序能够使程序的不同部分同时执行。现代操作系统和许多科学应用都是多线程程序。使用多线程编程可以解决后台任务、并发操作、管理用户界面等编程难题，多线程程序设计因此也越来越重要。

【第 8 章　代码下载】

8.1 线程的概念

线程是程序运行的基本执行单元。当操作系统(不包括单线程的操作系统,如微软早期的 DOS)在执行一个程序时,会在系统中建立一个进程,而在这个进程中,必须至少建立一个线程(这个线程被称为主线程)来作为这个程序运行的入口点。因此,在操作系统中运行的任何程序都至少有一个主线程。

进程和线程是现代操作系统中两个必不可少的运行模型。在操作系统中可以有多个进程,这些进程包括系统进程(由操作系统内部建立的进程)和用户进程(由用户程序建立的进程);一个进程中可以有一个或多个线程。进程和进程之间不共享内存,也就是说系统中的进程是在各自独立的内存空间中运行的。而一个进程中的线程可以共享系统分派给这个进程的内存空间。

线程不仅可以共享进程的内存,而且还拥有一个属于自己的内存空间,这段内存空间也叫作线程栈,是在建立线程时由系统分配的,主要用来保存线程内部所使用的数据,如线程执行函数中所定义的变量。

操作系统将进程分成多个线程后,这些线程可以在操作系统的管理下并发执行,从而大大提高了程序的运行效率。虽然线程的执行从宏观上看是多个线程同时执行,但实际上这只是操作系统的障眼法。由于一块 CPU 同时只能执行一条指令,因此,在拥有一块 CPU 的计算机上不可能同时执行两个任务。而操作系统为了能提高程序的运行效率,在一个线程空闲时会撤下这个线程,并且会让其他的线程来执行,这种方式叫作线程调度。我们之所以从表面上看是多个线程同时执行,是因为不同线程之间切换的时间非常短,而且在一般情况下切换非常频繁。

8.2 线程的创建和启动

由于 Java 是纯面向对象语言,因此,Java 的线程模型也是面向对象的。Java 通过 Thread 类将线程所必需的功能都封装了起来。要想建立一个线程,必须要有一个线程执行函数,这个线程执行函数对应 Thread 类的 run()方法。Thread 类还有一个 start()方法,这个方法负责建立线程,相当于调用 Windows 的建立线程函数 CreateThread。当调用 start()方法后,如果线程建立成功,将自动调用 Thread 类的 run()方法。因此,任何继承 Thread 的 Java 类都可以通过 Thread 类的 start()方法来建立线程。如果一个线程想运行自己的线程执行函数,那就要覆盖 Thread 类的 run()方法。

在 Java 的线程模型中除了 Thread 类,还有一个标识某个 Java 类是否可作为线程类的接口 Runnable,这个接口只有一个抽象方法 run(),也就是 Java 线程模型的线程执行函数。因此,一个线程类的唯一标准就是这个类是否实现了 Runnable 接口的 run()方法,也就是说,拥有线程执行函数的类就是线程类。Thread 类就是因为实现了 Runnable 接口,所以继承它的类才具有了相应的线程功能。

从上面可以看出,在 Java 中建立线程有两种方法,一种是继承 Thread 类,另一种是实现 Runnable 接口，其实这两种方法从本质上说是一种方法，即都是通过 Thread 类来建立线程，并运行 run()方法。它们的区别在于，虽然通过继承 Thread 类来建立线程实现起来更容易，但由于 Java 不支持多继承，如果这个线程类继承了其他类，就无法再继承 Thread 类，也就无法使用线程，因此，Java 线程模型提供了通过实现 Runnable 接口的方法来建立线程，这样线程类可以在必要的时候继承和业务有关的类，而不是 Thread 类。

8.2.1 继承 Thread 类

在 Java 语言中要实现线程功能的第一种方式就是继承 java.lang.Thread 类。在 Thread 中常用的方法包括 start()方法、interrupt()方法、join()方法、run()方法等，其中 start()方法和 run()方法最为常用。线程可以通过覆盖 Thread 类中的 run()方法实现用户所需的功能，使用 start()方法启动线程。

【教学视频】

Thread 的构造方法共有 8 个，其中以下 4 个构造方法最为常用。

1. 默认构造方法

定义：public Thread()

说明：默认的构造方法，没有参数列表。调用该方法创建的线程使用默认的线程名(Thread-N)，N 是线程建立的顺序(从 0 开始)，是一个不重复的整数。

2. 基于 Runnable 对象的构造方法

定义：public Thread(Runnable target)

说明：参数 target 是实现了 Runnable 接口的类的实例。要注意的是 Thread 类也实现了 Runnable 接口，因此，从 Thread 类继承的类的实例也可以作为 target 传入这个构造方法。

3. 基于 Runnable 对象并指定线程名称的构造方法

定义：public Thread(Runnable target, String name)

说明：参数 target 是实现了 Runnable 接口的类的实例。参数 name 指定线程的名字，这个名字也可以在建立 Thread 实例后通过 Thread 类的 setName(String name)方法设置，如果不设置线程的名字，线程就使用默认的线程名(Thread-N)。

4. 指定线程名称的构造方法

定义：public Thread(String name)

说明：参数 name 指定线程的名字。

【例 8-1】继承 Thread 类建立线程。

```
// MyThread.java
public class MyThread extends Thread {
    public MyThread(){
        super();
    }
    public MyThread(String threadName){
        setName(threadName);
    }
```

```
    public void run() {
        System.out.println(this.getName()+"启动");
    }
    public static void main(String[] args) {
        System.out.println(Thread.currentThread().getName()+"启动");
        MyThread thread1 = new MyThread("线程1");
        MyThread thread2 = new MyThread("线程2");
        MyThread thread3 = new MyThread();
        thread1.start();
        thread2.start();
        thread3.start();
    }
}
```

运行程序，其输出结果如图 8.1 所示。

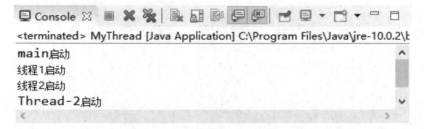

图 8.1　例 8-1 程序运行结果

需要注意的是此运行结果不唯一，因为 3 个线程都启动了，具体哪个线程先获得 CPU 时间是不固定的，要看 JVM 的调度，这部分内容会在线程的状态与控制部分解释。

在此程序中有两个构造方法。

(1) public MyThread()

这个构造方法没有参数，在这个构造方法中用 super()调用其基类 Thread 的默认构造方法 public Thread()。

(2) public MyThread(String threadName)

这个构造方法中的 threadName 参数就是线程的名字。这个构造方法执行时先默认调用 super()方法，即调用其基类 Thread 的默认构造方法 public Thread()。再使用 setName()方法将创建的新线程重命名。由于每调用一次 public Thread()方法，程序就会默认新建的线程命名为 Thread-N，所以程序中 thread1 在创建时的名字是 Thread-0，只不过通过 setName()方法将其改为了 "线程 1"，thread2 也是同理(thread2 在创建时的名字是 Thread-1)，而 thread3 没有重命名，所以输出结果中 thread3 的名字是 Thread-2。

注意：在调用 start()方法前后都可以使用 setName 设置线程名，但在调用 start()方法后使用 setName 修改线程名，会产生不确定性，也就是说可能在 run()方法执行完后才会执行 setName。如果在 run()方法中使用线程名，就会出现虽然调用了 setName 方法，但线程名却未修改的现象。

8.2.2 实现 Runnable 接口

【教学视频】

实现 Runnable 接口的类必须使用 Thread 类的实例才能创建线程。通过 Runnable 接口创建线程分为两步。

(1) 将实现 Runnable 接口的类实例化。
(2) 建立一个 Thread 对象，并将第(1)步实例化后的对象作为参数传入 Thread 类的构造方法。

【例 8-2】通过实现 Runnable 接口来创建线程。

```java
// MyRunnable.java
public class MyRunnable implements Runnable {
    public void run() {
        System.out.println(Thread.currentThread().getName());
    }
    public static void main(String[] args) {
        MyRunnable t1 = new MyRunnable();
        MyRunnable t2 = new MyRunnable();
        Thread thread1 = new Thread(t1, "MyThread1");
        Thread thread2 = new Thread(t2);
        thread2.setName("MyThread2");
        thread1.start();
        thread2.start();
    }
}
```

运行程序，其输出结果如图 8.2 所示。

```
<terminated> MyRunnable [Java Application] C:\Program Files\Java\jre-10.0.2
MyThread2
MyThread1
```

图 8.2 例 8-2 程序运行结果

同样，MyThread1 和 MyThread2 的先后顺序不定，如果想固定输出结果，可使用后面将要讲到的线程的控制部分的知识。

8.2.3 两种线程创建方式比较

【教学视频】

既然直接继承 Thread 类和实现 Runnable 接口都能实现多线程，那么这两种实现多线程方式在应用上有什么区别呢？为了回答这个问题，下面通过编写一个应用程序来进行比较分析，如例 8-3 所示。

【例 8-3】继承 Thread 类实现多线程，用来模拟铁路售票系统，实现通过 4 个售票点发售某日某次列车的 100 张车票，一个售票点用一个线程来表示。

```
//ThreadDemo.java
class ThreadTest extends Thread {
    private int tickets = 100;
    public void run() {
        while (tickets > 0) {
            System.out.println(Thread.currentThread().getName()
                + " is saling ticket " + tickets--);
        }
    }
}
public class ThreadDemo {
        public static void main(String[] args) {
        new ThreadTest().start();
        new ThreadTest().start();
        new ThreadTest().start();
        new ThreadTest().start();}
    }
}
```

运行程序，其输出结果如图 8.3 所示。

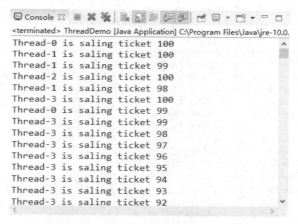

图 8.3　例 8-3 程序运行结果

在例 8-3 的代码中，用 ThreadTest 类模拟售票处的售票过程，run()方法中的每一次循环总票数减 1，模拟卖出一张车票，同时将该车票号打印出来，直到剩余的票数到零为止。

从运行结果可以看到的是票号被打印了 4 遍，即 4 个线程各自卖各自 100 张票，而不是去卖共同的 100 张票。程序中创建了 4 个 ThreadTest 对象，就等于创建了 4 个资源，每个 ThreadTest 对象中都有 100 张票，每个线程在独立地处理各自的资源。经过上面的实验和分析可以总结出，要实现这个铁路售票模拟程序，只能创建一个资源对象(该对象中包含要发售的那 100 张票)，但本例是要创建多个线程去处理同一个资源对象，并且每个线程上所运用的是相同的程序代码。

【例 8-4】实现 Runnable 接口实现多线程，用来模拟铁路售票系统，实现通过 4 个售票点发售某日某次列车的 100 张车票，一个售票点用一个线程来表示。

```java
// SimpleSwing.java
class Thread1 implements Runnable {
    private int tickets = 100;
    public void run() {
        while (tickets > 0) {
            System.out.println(Thread.currentThread().getName()
                + " is saling ticket " + tickets--);
        }
    }
}
public class SimpleSwing {
    public static void main(String[] args) {
        Thread1 t = new Thread1();
        new Thread(t).start();
        new Thread(t).start();
        new Thread(t).start();
        new Thread(t).start();
    }
}
```

程序部分运行结果如图 8.4 所示。

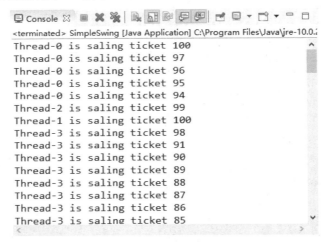

图 8.4　例 8-4 程序运行结果

例 8-4 的程序中，创建了 4 个线程，每个线程调用的是同一个 Thread1 对象中的 run() 方法，访问的是同一个对象中的变量(tickets)的实例，这个程序满足了题目的需求。

通过前面两个程序的分析，发现实现 Runnable 接口相对于继承了 Thread 类来说，有如下好处。

(1) 适合多个相同程序代码的线程去处理同一资源的情况，把虚拟 CPU(线程)同程序的代码、数据有效分离，较好地体现了面向对象的设计思想。

(2) 可以避免由于 Java 的单继承性带来的局限。实际中经常遇到这样的情况，即当要将已经继承了某一个类的子类放入多线程中时，由于一个类不能同时有两个父类，所以不能用继承 Thread 类的方式，那么，这个类只能采用实现 Runnable 接口的方式。

（3）有利于程序的健壮性，代码能够被多个线程共享，代码与数据是独立的，当多个线程的执行代码来自同一个类的实例时，即称它们共享相同的代码。多个线程可以操作相同的数据，与它们的代码无关。当共享访问的对象时，即它们共享相同的数据。当线程被构造时，需要的代码和数据通过一个对象作为构造方法实参传递进去，这个对象就是一个实现了 Runnable 接口的类的实例。

8.3　线程的状态与控制

8.3.1　线程的状态

线程在其整个生命周期中主要有以下 5 种状态。

(1) 新建。
(2) 可运行。
(3) 阻塞。
(4) 运行。
(5) 终止。

状态间的转换关系如图 8.5 所示。

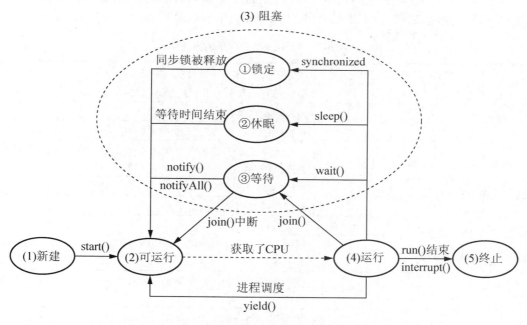

图 8.5　线程的状态转换关系图

下面给出图 8.5 的说明。

（1）新建：当使用 new 关键字创建线程对象实例后，它仅仅作为一个对象实例存在，JVM 没有为其分配 CPU 时间片等线程运行资源。

（2）可运行：当线程启用 start()方法后，线程进入"可运行"状态。此时，线程已经得到了除 CPU 时间之外的所有系统资源，只等 JVM 的线程调度器按照线程的优先级对该线程进行调度，从而使该线程拥有能够获得 CPU 时间片的机会，即进入运行状态。

(3) 阻塞：在阻塞状态中可根据阻塞的原因分为锁定、休眠和等待 3 种状态。

① 锁定：Java 语言提供的 synchronized 关键字用于保护共享数据，当两个线程同时操作一个对象时，对象中被 synchronized 修饰的数据将被"上锁"，同一时间只允许一个线程对其操作，另一个调用该数据的线程将被加同步锁进入阻塞状态，直到当前线程访问完这部分数据后释放锁标志，另一个线程才可以进入可运行状态。

② 休眠：当正在运行中的线程调用 sleep()方法后，线程将进入休眠状态，直到休眠时间结束后，再次进入可运行状态。

③ 等待：如果在线程 1 运行过程中，线程 2 调用了 join()方法，那么线程 1 将进入等待状态，等待调用了 join()方法的线程 2 执行结束，线程 1 再次进入可运行状态，继续执行。

(4) 运行：可运行线程获得了 CPU 时间片并在 CPU 上执行。

(5) 终止：如果当前线程的 run()方法执行完毕或者调用了 interrupt()方法，线程都会终止运行。

8.3.2 线程的控制

关于线程各种状态之间的转换，Thread 类提供了一些有用的方法用于线程的控制，包括启动线程、挂起线程等。表 8-1 给出了 Thread 类中和状态相关的一些方法。

表 8-1 Thread 类中常用的方法

方 法 名 称	功 能 描 述
void start()	使线程开始执行，并自动调用线程的 run()方法
void run()	线程启动后执行的动作
void sleep(long millis)	在指定的毫秒数内让当前正在执行的线程休眠(暂停执行)
void sleep(long millis, int nanos)	在指定的毫秒数加指定的纳秒数内让当前正在执行的线程休眠(暂停执行)
void interrupt()	中断线程
boolean isAlive()	测试线程是否处于活动状态
boolean isInterrupted()	测试线程是否已经中断
boolean interrupted()	测试当前线程是否已经中断，并设置当前线程的 interrupt flag 为 false
void join()	使当前线程挂起，直至调用 join()方法的线程结束，再恢复执行
void join(long millis)	使当前线程挂起，等待调用 join()方法的线程结束的时间最长为 millis 毫秒，再恢复执行
void setPriority(int newPriority)	更改线程的优先级

在 Object 类中也有一些控制线程状态的方法，见表 8-2。

表 8-2　Object 类中控制线程状态的方法

方 法 名 称	功 能 描 述
void wait()	调用该方法的线程进入阻塞状态，直到线程接收到 notify() 或 notifyAll()消息再次进入可运行状态
void wait(long timeout)	与 sleep()方法类似，在指定的毫秒数内让当前正在执行的线程休眠
void notify()	唤醒在此对象监视器上等待的单个线程，如果有多个线程都在此对象上等待，则会随机选择唤醒其中一个线程
void notifyAll()	唤醒在此对象监视器上等待的所有线程

下面详细介绍一些常用的控制线程方法。

1. sleep()方法

定义：public static void sleep(long millis) throws InterruptedException

　　　public static void sleep(long millis, int nanos) throws InterruptedException

参数：millis——以毫秒为单位的休眠时间。

　　　nanos——要休眠的范围为 0～999999 的附加纳秒。

抛出：InterruptedException——如果任何线程中断了当前线程，当抛出该异常时，当前线程的中断状态被清除。

【教学视频】

sleep()方法是使一个线程的执行暂时停止的方法，暂停的时间由以毫秒为单位的参数决定。执行该方法后，当前线程将休眠指定的时间段，如果任何一个线程中断了当前线程的休眠，该方法将抛出 InterruptedException 异常对象，所以在使用 sleep()方法时，必须捕获异常。

【例 8-5】创建两个线程，并在线程执行过程中调用 sleep()方法使线程休眠，从而实现两个线程输出信息的交叉显示。

```
// SleepThread.java
public class SleepThread extends Thread {
    public SleepThread(String threadName) {
        setName(threadName);
    }
    public void run() {
        int i = 1;
        while (i <= 4) {
            try {
                System.out.println(getName() + "执行步骤" + i);
                Thread.sleep(1000);
                //当前线程休眠 1 秒，如休眠中被中断，将抛出 InterruptedException 异常
                i++;
            } catch (InterruptedException e) { //必须捕获异常
                e.getMessage();
            }
```

```
        }
    }
    public static void main(String[] args) {
        SleepThread thread1 = new SleepThread("线程1");
        SleepThread thread2 = new SleepThread("线程2");
        thread1.start();
        thread2.start();
    }
}
```

运行程序，其输出结果如图 8.6 所示。

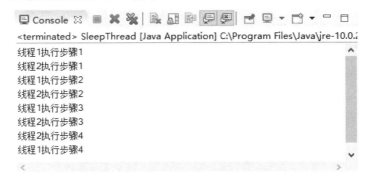

图 8.6　例 8-5 程序运行结果

2. wait()与 notify()方法

定义：public final void notify()

　　　public final void notifyAll()

　　　public final void wait(long timeout) throws InterruptedException

　　　public final void wait(long timeout, int nanos) throws InterruptedException

　　　public final void wait() throws InterruptedException

参数：timeout——要等待的最长时间(以毫秒为单位)。

　　　nanos——额外时间(以纳秒为单位，范围是 0～999999)。

抛出：InterruptedException——如果在当前线程等待通知之前或者正在等待通知时，任何线程中断了当前线程，在抛出此异常时，当前线程的中断状态被清除。

wait()方法同样可以对线程进行挂起操作，使用 wait()方法有两种方式。

方式一：thread.wait(1000);

方式二：thread.wait();

　　　　thread.notify();

thread：线程对象。

其中，第一种方式给定线程的挂起时间(1000 毫秒)，基本上与 sleep()方法的用法相同；第二种方式是 wait()与 notify()方法配合使用，这种方式让线程无限等下去，直到线程接收到 notify()或 notifyAll()消息为止。

那么同样是使线程进入阻塞状态，sleep()方法和 wait()方法的区别又是什么呢？两者的区别主要有以下几个方面。

(1) 这两个方法来自不同的类，sleep()方法属于 Thread 类，wait()方法属于 Object 类。

(2) 最主要是 sleep()方法没有释放锁，而 wait()方法释放了锁，使得其他线程可以使用同步控制块或者方法(关于线程的同步将在 8.4 节中讲到)。

(3) wait()、notify()和 notifyAll()只能在同步控制方法(synchronized)或者同步控制块里面使用，而 sleep()可以在任何地方使用。

(4) sleep()必须捕获异常，而 wait()、notify()和 notifyAll()不需要捕获异常。

对两者的区别详解如下。

sleep()方法属于 Thread 类中的方法，它表示让一个线程进入睡眠状态，等待一定的时间之后，自动醒来进入可运行状态，但它不会马上进入运行状态，因为其他线程可能正在运行而且没有被调度为放弃执行，除非"醒来"的线程具有更高的优先级或正在运行的线程因为其他原因而阻塞。一个线程对象调用了 sleep()方法之后，并不会释放它所持有的所有对象锁，所以也就不会影响其他进程对象的运行。但在 sleep()的过程中有可能被其他对象调用它的 interrupt()，产生 InterruptedException 异常，如果程序不捕获这个异常，线程就会异常终止，进入 TERMINATED 状态；如果程序捕获了这个异常，那么程序就会继续执行 catch 语句块(可能还有 finally 语句块)以及以后的代码。注意 sleep()方法是一个静态方法，也就是说它只对当前对象有效，不能通过 t.sleep()让 t 对象进入 sleep。

wait()方法属于 Object 的成员方法，一旦一个对象调用了 wait()方法，必须要采用 notify()和 notifyAll()方法唤醒该进程。如果线程拥有某个或某些对象的同步锁，那么在调用了 wait()后，这个线程就会释放它持有的所有同步资源，而不限于这个被调用了 wait()方法的对象，从而使线程所在对象中的其他 synchronized 数据可被别的线程使用。wait()方法在 wait 的过程中也同样有可能被其他对象调用 interrupt()方法而产生 InterruptedException 异常，效果以及处理方式同 sleep()方法。

3. interrupt()方法

interrupt()方法是要求线程中断的指令，它使线程终止。

【例 8-6】使用 interrupt()方法中断线程，并调用 interrupted()方法判断线程是否已经中断。

【教学视频】

```
//InterruptThread.java
public class InterruptThread {
    public static void main(String[] args) {
        Thread.currentThread().interrupt();     //中断当前main线程
        if (Thread.interrupted()) {             //判断当前线程是否已中断
            System.out.println("Interruped:" + Thread.interrupted());
            //再次调用interrupted()方法
        } else {
            System.out.println("Not interruped:" + Thread.interrupted());
        }
    }
}
```

运行程序，其输出结果如图 8.7 所示。

图 8.7　例 8-6 程序运行结果

上面结果走的是第一个分支，并且当前线程已经中断，但结果为什么不是"Interruped:true"呢？下面先来看看 interrupted()方法和 isInterrupted()方法的区别。

Thread.interrupted()方法为 Thread 的静态方法，调用它首先会返回当前线程的中断状态(如果当前线程上调用了 interrupt()方法，则返回 true，否则为 false)，然后再清除当前线程的中断状态，即将中断状态设置为 false。换句话说，如果连续两次调用该方法，则第二次调用将返回 false。

而 isInterrupted()方法为实例方法，测试线程是否已经中断，并不会清除当前线程的中断状态。

所以要想修复该问题，这里应该使用 isInterrupted()实例方法，而不是 interrupted()静态方法，即将程序中的 Thread.interrupted()修改为 Thread.currentThread().isInterrupted()即可。

4. join()方法

定义：public final void join(long millis) throws InterruptedException
　　　public final void join(long millis, int nanos) throws InterruptedException
　　　public final void join() throws InterruptedException

参数：millis——以毫秒为单位的等待时间。
　　　nanos——要等待的范围为 0～999999 的附加纳秒。

抛出：InterruptedException——如果任何线程中断了当前线程，当抛出该异常时，当前线程的中断状态被清除。

join()方法能使当前执行的线程停下来等待，直至调用 join()方法的那个线程结束，再恢复执行。如果有一个线程 A 正在运行，用户希望插入一个线程 B，并且要求线程 B 执行完毕，然后再继续线程 A，此时可以使用 B.join()方法来完成这个需求。

【教学视频】

在 API 中定义了 3 个 join()方法。

(1) public final void join(long millis) throws InterruptedException
等待该线程终止的时间最长为 millis 毫秒，millis 为 0 意味着要一直等下去。

(2) public final void join(long millis, int nanos) throws InterruptedException
等待该线程终止的时间最长为 millis 毫秒加 nanos 纳秒。

(3) public final void join() throws InterruptedException
等待该线程终止，相当于 join(0)。

参数说明：

millis——以毫秒为单位的等待时间。

nanos——要等待的范围为 0～999999 的附加纳秒。

抛出：

InterruptedException——如果任何线程中断了当前线程，当抛出该异常时，当前线程的中断状态被清除。

【例 8-7】在 main 线程中新建一个线程 t，并且等待 t 运行 1000 毫秒，再继续运行主线程。

```java
//JoinTest.java
public class JoinTest {
    public static void main(String[] args) {
        Thread t = new Thread(new RunnableTemp());
        t.start();
        try {
            t.join(1000);    //注意调用join()方法时要捕获异常
            System.out.println("joinFinish");
        } catch (InterruptedException e) {
            e.printStackTrace();
        }
    }
}
class RunnableTemp implements Runnable {
    public void run() {
        try {
            System.out.println("Begin sleep");
            Thread.sleep(800);
            System.out.println("End sleep");
        } catch (InterruptedException e) {
            e.printStackTrace();
        }
    }
}
```

运行程序，其输出结果如图 8.8 所示。

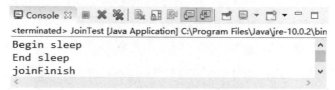

图 8.8　例 8-7 程序运行结果

t 线程运行 sleep(800)后，没有超过主线程等待线程 t 运行的时间(1000 毫秒)，所以线程 t 完全结束后，程序才返回主线程继续执行，因而有上面的运行结果。但是如果线程 t 运行 sleep(2000)，则将 RunnableTemp 类中的 run()修改如下。

```java
public void run() {
    try {
```

```
        System.out.println("Begin sleep");
        // Thread.sleep(800);
        Thread.sleep(2000);
        System.out.println("End sleep");
    } catch (InterruptedException e) {
        e.printStackTrace();
    }
}
```

程序的运行结果就变成了如下情况：

Begin sleep

joinFinish

End sleep

也就是说 main 线程只等待 1000 毫秒，不管线程 t 什么时候结束。如果将 sleep(800)变成 t.join()，那么 main 线程会一直等下去，直到 t 线程结束后再运行 main 线程后面的代码，通过下面的例子再详细地了解一下 join()的用法。

【例 8-8】用线程实现自然数 1~10 的和。

```
// JoinDemo.java
public class JoinDemo implements Runnable {
    private static int a = 0;
    public void run() {
        for (int i = 1; i <= 10; i++) {
            a=a+i;
        }
    }
    public static void main(String[] args) throws InterruptedException {
        Thread t = new Thread(new JoinDemo());
        t.start();
        t.join();
        System.out.println(a);
    }
}
```

运行程序，其输出结果如图 8.9 所示。

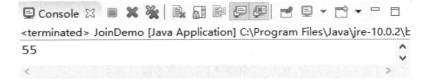

图 8.9　例 8-8 程序运行结果

程序中由于加入了 t.join()使得程序无论运行多少次结果都是 55，如果少了这条语句，那么输出结果就变为了 0，就是说 main 线程不会等待 t 线程的运行结果，自己就先结束了。

5. setPriority()方法

定义：public final void setPriority(int newPriority)

参数：newPriority——线程设定的优先级。

【教学视频】

setPriority()方法用来设定线程的优先级，但是参数必须在 1～10 的范围内，否则会出现异常。理论上，优先级高的线程可以比优先级低的线程获得更多的 CPU 时间。但实际上，线程获得的 CPU 时间通常是由包括优先级在内的多种因素决定的。优先级低的线程正在运行时，当有一个高优先级的线程被创建或从休眠中恢复，它将抢占低优先级线程所使用的 CPU 时间。

【例 8-9】带优先级控制的多线程程序。

```java
// PriorityThread.java
public class PriorityThread {
    public static void main(String[] args) {
        ThreadA thread1 = new ThreadA("thread1");
        ThreadA thread2 = new ThreadA("thread2");
        thread1.setPriority(1);
        thread2.setPriority(5);
        thread1.start();
        thread2.start();
    }
}
class ThreadA extends Thread {
    ThreadA(String s) {
        super(s);
    }
    public void run() {
        for (int i = 0; i < 100; i++) {
            System.out.println(getName() + "执行步骤" + i);
        }
    }
}
```

程序部分运行结果如图 8.10 所示。

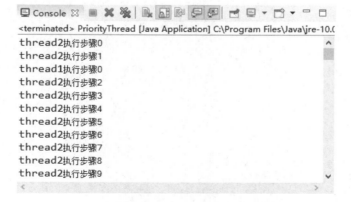

图 8.10 例 8-9 程序运行结果

程序的运行结果显示高优先级的线程会比低优先级的线程提前执行完毕。

8.4 线程的同步

如果一个程序是单线程的，它在执行的过程中不用担心会被其他线程打扰，则它的运行结果始终是不变的。但是如果一个程序包括多个独立运行的线程，当多个线程同时读写同一份共享资源的时候，比如内存、文件、数据库等，可能会引起冲突。为了处理这种共享资源竞争，可以使用 Java 提供的同步机制。所谓同步机制指的是多个线程操作一个对象时，应该保持对象数据的统一性和整体性。Java 语言提供了 synchronized 关键字来控制多线程间的同步。这里线程同步的真实意思和字面意思恰好相反，就是几个线程之间要排队，一个一个对共享资源进行操作，而不是同时进行操作。

关于线程同步，应该注意以下几点。

(1) 线程同步就是线程排队，避免多个线程同一时间对同一资源进行操作。

(2) 只有共享资源的读写访问才需要同步。如果不是共享资源，那么就根本没有同步的必要。

(3) 只有"变量"才需要同步访问。如果共享的资源是固定不变的，那么就相当于"常量"，线程同时读取常量也不需要同步。

(4) 多个线程访问共享资源的代码有可能是同一段代码，也有可能是不同的代码。无论是否执行同一段代码，只要这些线程的代码访问同一份可变的共享资源，这些线程之间就需要同步。

Java 语言中有两种同步形式，即同步方法和同步块。

8.4.1 同步方法

下面先通过一个例子来看一下多个线程对同一个资源进行操作时可能出现的问题。

【例 8-10】启动 100 个线程，每个线程将静态变量 n 加 1。最后使用 join()方法使这 100 个线程都运行完后，再输出这个 n 值。

```java
// SynchronizedDemo1.java
public class SynchronizedDemo1 extends Thread {
    public static int n = 0;
    public void run() {
        count();
    }
    public void count() {
        int m = n;
        yield();
        m++;
        n = m;
    }
    public static void main(String[] args) throws Exception {
        SynchronizedDemo1 myThread = new SynchronizedDemo1();
```

```
    Thread threads[] = new Thread[100];
    for (int i = 0; i < threads.length; i++) {
        threads[i] = new Thread(myThread);
    }
     for (int i = 0; i < threads.length; i++) {
        threads[i].start();
    }
    for (int i = 0; i < threads.length; i++) {
        threads[i].join();
    }
    System.out.println("n = " + SynchronizedDemo1.n);
  }
}
```

程序可能的运行结果如图 8.11 所示。

图 8.11　例 8-10 程序运行结果

看到这个结果，可能很多读者会感到奇怪。这个程序明明是启动了 100 个线程，然后每个线程将静态变量 n 加 1，最后使用 join()方法使这 100 个线程都运行完后，再输出这个 n 值。按正常来讲，结果应该是"n=100"。可偏偏结果小于 100，这是为什么呢？

其实产生这种结果的首要原因就是读者经常听到的"脏数据"。而 count()方法中的 yield()语句就是产生"脏数据"的一个原因(不加 yield 语句也可能会产生"脏数据"，但不会这么明显，只有将 100 改成更大的数，才会经常产生"脏数据"，在本例中调用 yield()就是为了放大"脏数据"的效果)。yield()方法的作用是使线程暂停，也就是使调用 yield()方法的线程暂时放弃 CPU 资源，使 CPU 有机会来执行其他的线程。为了说明这个程序如何产生"脏数据"，现假设只创建了两个线程：thread1 和 thread2。由于先调用了 thread1 的 start()方法，因此，thread1 的 run()方法一般会先运行。当 thread1 的 run()方法调用 count()方法运行到第一行(int m = n;)时，将 n 的值赋给 m。当执行第二行的 yield()方法后，thread1 就会暂时停止执行，而当 thread1 暂停时，thread2 获得了 CPU 资源后开始运行(之前 thread2 一直处于就绪状态)，当 thread2 执行到 count()方法第一行(int m = n;)时，由于 thread1 在执行到 yield()时 n 仍然是 0，因此，thread2 中的 m 获得的值也是 0。这样就造成了 thread1 和 thread2 的 m 获得的都是 0，在它们执行完 yield()方法后，都是从 0 开始加 1，因此，无论谁先执行完，最后 n 的值都是 1，只是这个 n 被 thread1 和 thread2 各赋了一遍值。

那么怎样才能得到正确的结果呢？为此 Java 提供了同步方法。同步方法就是将访问共享资源的方法标记为 synchronized，这样在调用这个方法的线程执行完之前，其他调用该方法的线程都会被阻塞。现只需将例 8-10 程序中的 count()方法声明修改为 public synchronized void count()就可以修正程序结果。

从上面的代码可以看出，只要在 void 和 public 之间加上 synchronized 关键字，就可以使 count()方法同步，也就是说，对于同一个 Java 类的对象实例，count()方法同时只能被一个线程调用，只有当前的 count 执行完后，才能被其他的线程调用。即使当前线程执行到了 count()方法中的 yield()方法，也只是暂停了一下，由于其他线程无法执行 count()方法，因此，最终还是会由当前的线程来继续执行。

现修改一下上面的程序，注意比较两个程序的异同。

【例 8-11】功能与例 8-10 一致，但相对于例 8-10 中只创建了一个 SynchronizedDemo1 实例来说，此例中创建了 100 个 SynchronizedDemo2 类的实例，并分别调用了同步方法 count()，运行结果应该是什么呢？

```java
// SynchronizedDemo2.java
public class SynchronizedDemo2 extends Thread {
    public static int n = 0;
    public void run() {
        count();
    }
    public synchronized void count() {          //同步方法
        int m = n;
        yield();
        m++;
        n = m;
    }
    public static void main(String[] args) throws Exception {
        SynchronizedDemo2 threads[] = new SynchronizedDemo2[100];
        for (int i = 0; i < threads.length; i++) {
            threads[i] = new SynchronizedDemo2();//此处创建了100个实例
        }
        for (int i = 0; i < threads.length; i++) {
            threads[i].start();
        }
        for (int i = 0; i < threads.length; i++) {
            threads[i].join();
        }
        System.out.println("n = " + SynchronizedDemo2.n);
    }
}
```

程序可能的运行结果如图 8.12 所示。

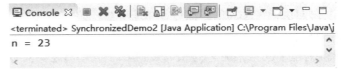

图 8.12　例 8-11 程序运行结果

此例中既然同步化了访问共享资源的 count()方法,为什么运行结果又不是 n = 100 呢？这是由于 sychronized 关键字只和一个对象实例绑定，这 100 个线程的 count()方法是分别执行的，所以还是存在赋值丢失的情况。

Java 中不仅可以使用 synchronized 来同步非静态方法，也可以使用 synchronized 来同步静态方法。如可以按如下方式来定义 method 方法。

```
class Test {
    public static synchronized void method() {
    }
}
```

建立 Test 类的对象实例如下。

```
Test test = new Test();
```

对于静态方法来说，只要加上了 synchronized 关键字，这个方法就是同步的，无论是使用 test.method()方法，还是使用 Test.method()来调用 method()方法，method()都是同步的，所以并不存在非静态方法的多个实例的问题。

在使用 synchronized 关键字时有以下 4 点需要注意。

(1) synchronized 关键字不能被继承。

虽然可以使用 synchronized 来定义方法，但 synchronized 并不属于方法定义的一部分，因此，synchronized 关键字不能被继承。如果在父类的某个方法中使用了 synchronized 关键字，而在子类中覆盖了这个方法，在默认情况下，这个方法并不是同步的，而必须显式地在子类的这个方法中加上 synchronized 关键字才可以。当然，还可以在子类方法中调用父类中相应的方法，这样虽然子类中的方法不是同步的，但子类调用了父类的同步方法，因此，子类的方法也就相当于同步了。这两种方式的例子代码如下。

在子类方法中加上 synchronized 关键字：

```
class Parent {
    public synchronized void method() {
    }
}
class Child extends Parent {
    public synchronized void method() {
    }
}
```

在子类方法中调用父类的同步方法：

```
class Parent {
    public synchronized void method() {
    }
}
class Child extends Parent {
    public void method() {
        super.method();
    }
}
```

(2) 在定义接口方法时不能使用 synchronized 关键字。

(3) 构造方法不能使用 synchronized 关键字，但可以使用 8.4.2 节要讨论的 synchronized 块来进行同步。

(4) synchronized 可以自由放置。

在前面的例子中使用的 synchronized 关键字都放在方法的返回类型前面，但这并不是 synchronized 可放置的唯一位置。在非静态方法中，synchronized 还可以放在方法定义的最前面，在静态方法中，synchronized 可以放在 static 的前面，代码如下。

```
public synchronized void method();
synchronized public void method();
public static synchronized void method();
public synchronized static void method();
synchronized public static void method();
```

但要注意，synchronized 不能放在方法返回类型的后面。如下面的代码是错误的。

```
public void synchronized method();
public static void synchronized method();
```

synchronized 关键字只能用来同步方法，不能用来同步类变量。如下面的代码也是错误的。

```
public synchronized int n = 0;
public static synchronized int n = 0;
```

8.4.2 同步块

Java 语言中同步的设定不只应用于同步方法，也可以设置程序中的某段代码为同步区域，称为同步块。

语法格式如下。

```
synchronized(someobject){
…//省略代码
}
```

其中，someobject 代表当前对象，同步的作用区域是 synchronized 关键字后大括号以内的部分。在程序执行到 synchronized 设定的同步化区块时锁定当前对象，这样就没有其他线程可以执行这个被同步化的区块了。

例如，现有线程 A 与线程 B，A 与 B 都希望同时访问同步化区块内的代码，此时，如果线程 A 先进入同步块执行，则线程 B 就不能再进入，不得不等待。简单地说，只有拥有可以运行代码权限的线程才可以运行同步块内的代码。当线程 A 从同步块中退出时，线程 A 释放 someobject 对象，使等待的线程 B 获得这个对象，然后执行同步块中的代码。

【例 8-12】创建两个线程同时调用 PrintClass 类的 printName()方法打印当前线程的名字，把 printName()方法中的代码修饰为同步和非同步代码块，对比运行结果。

```
//SynchronizedBlock.java
```

```java
public class SynchronizedBlock extends Thread {
    private String threadName;
    public SynchronizedBlock(String name) {
        threadName = name;
    }
    public void run() {
        PrintClass.printName(threadName);
    }
    public static void main(String[] args) {
        SynchronizedBlock t1 = new SynchronizedBlock("线程 A");
        SynchronizedBlock t2 = new SynchronizedBlock("线程 B");
        t1.start();
        t2.start();
    }
}
class PrintClass {
    static Object printer = new Object();
    public static void printName(String name) {
        synchronized (printer) {      //同步块
            for (int i = 1; i < 5; i++) {
                System.out.println(name);
                try {
                    Thread.sleep(1000);
                } catch (InterruptedException e) {
                    e.getMessage();
                }
            }
        }
    }
}
```

运行程序，其输出结果如图 8.13 所示。

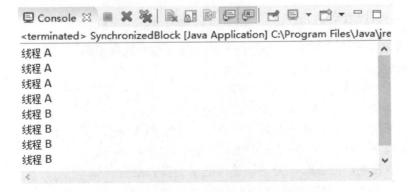

图 8.13　例 8-12 程序运行结果

8.4.3 多线程产生死锁

多线程在使用互斥机制实现同步时,存在"死锁"的潜在危险。死锁是由于两个或多个线程都无法得到相应的监视器而造成相互等待的现象。例如,在某一多线程的程序中有两个共享资源 A 和 B,并且每一个线程都需要获得这两个资源后才可以执行,这是一个同步问题,但是如果没有合理地安排获取这些资源的顺序,就有可能出现线程 1 已经获取资源 A 的锁,由于某种原因被阻塞,此时线程 2 启动并获得资源 B 的锁,再去获得资源 A 的锁时发现线程 1 已经获取,因此等待线程 1 释放 A 锁。线程 1 从阻塞中恢复以后继续执行,欲获取资源 B 的锁,却发现 B 锁已被线程 2 获得,因此也陷入等待。在这种情况下,程序已无法向前推进,在没有外力的情况下,也不会自动退出,因而造成了严重的死锁问题。导致死锁的根源在于不适当地运用 synchronized 关键字来管理线程对特定对象的访问,其产生的充要条件有如下几点。

(1) 互斥:就是说多个线程不能同时使用同一资源,比如,当线程 A 使用该资源时,B 线程只能等待 A 释放后才能使用。

(2) 占有等待:就是说某线程必须同时拥有 N 个资源才能完成任务,否则它将占用已经拥有的资源直到拥有它所需的所有资源为止。

(3) 非剥夺:就是说所有线程的优先级都相同,不能在别的线程没有释放资源的情况下,夺走其已占有的资源。

(4) 循环等待:第一个线程等待其他线程,而后者又在等待第一个线程。

因为要发生死锁,这 4 个条件必须同时满足,所以要防止死锁的话,只需要破坏其中一个条件即可。遗憾的是,Java 技术并不在语言级别上支持死锁的避免,因此在编程中必须小心地避免死锁,而避免死锁的有效原则如下。

(1) 当线程因为某个条件未满足而受阻时,不能让其继续占用资源。

(2) 如果有多个对象需要互斥访问时,应确定线程获得锁的顺序,并保证整个程序以相反的顺序释放锁。

8.5 案例分析

8.5.1 生产者-消费者案例

学习了本章内容后我们可以完成生产者-消费者这个经典案例。

生产者-消费者案例问题描述如下。

(1) 生产者和消费者共享资源为仓库。

(2) 生产者仅仅在仓库未满时生产,仓满则停止生产。

(3) 消费者仅仅在仓库有产品时才能消费,仓空则等待。

(4) 当消费者发现仓库没产品可消费时会通知生产者生产。

(5) 生产者在生产产品时,会通知等待的消费者去消费。

```
// ProducerConsumer.java
class Consumer implements Runnable {      //消费者
```

```java
        Storage s = null;                       //仓库
    public Consumer(Storage s) {
        this.s = s;
    }
    public void run() {
        for (int i = 0; i < 20; i++) {
            Product p = s.pop();                //消费者从仓库取出产品
            try {
                Thread.sleep((int) Math.random() * 1500);
            } catch (InterruptedException e) {
                e.printStackTrace();
            }
        }
    }
}
class Producer implements Runnable {            //生产者
    Storage s = null;                           //仓库
    public Producer(Storage s) {
        this.s = s;
    }
    public void run() {
        for (int i = 0; i < 20; i++) {
            Product p = new Product(i);
            s.push(p);                          //生产产品,把产品放入仓库
            try {
                Thread.sleep((int) (Math.random() * 1500));
            } catch (InterruptedException e) {
                e.printStackTrace();
            }
        }
    }
}
class Product {
    int id;                                     //产品编号
    public Product(int id) {
        this.id = id;
    }
    public String toString() {                  //重写toString方法
        return "产品: " + this.id;
    }
}
class Storage {                                 //仓库
    int index = 0;
```

```java
        Product[] products = new Product[5];
    public synchronized void push(Product p) {        //添加库存
        while (index == this.products.length) {
            try {
                this.wait();                          //仓库库存已满,生产线程等待
            } catch (InterruptedException e) {
                e.printStackTrace();
            }
        }
        this.products[index] = p;                     //正常生产产品
        System.out.println("生产者放入" + index + "位置: " + p);
        index++;
        this.notifyAll();                             //唤醒等待的所有线程
    }
    public synchronized Product pop() {   //从仓库消费产品
        while (this.index == 0) {
            try {
                this.wait();                          //当前库存为零,没有产品可以消费,请等待
            } catch (InterruptedException e) {
                e.printStackTrace();
            }
        }
        index--;                                      //仓库有产品,可以消费
        this.notifyAll();                             //唤醒所有等待的线程
        System.out.println("消费者从" + index + "位置取出: " +
                        this.products[index]);
        return this.products[index];
    }
}
public class ProducerConsumer {
    public static void main(String[] args) {
        Storage s = new Storage();
        Producer p = new Producer(s);
        Consumer c = new Consumer(s);
        Thread tp = new Thread(p);
        Thread tc = new Thread(c);
        tp.start();
        tc.start();
    }
}
```

运行程序,其输出结果如图 8.14 所示。

图 8.14 生产者-消费者案例运行结果

8.5.2 多线程实现排序案例

本节通过多线程实现排序算法的动画演示。通过算法执行过程的动画演示，可以帮助人们更好地理解算法的执行过程。实际上，所有算法的动画都具有类似的结构，实现中让一个线程定期更新算法的当前状态图像，可以暂停线程的执行，使得用户可以查看图像。

下面实现集合元素排序算法的动画演示：它首先找到最小的元素，通过检查所有数组，把最小的元素放入集合最左边的位置；然后把剩余的元素中最小的元素，放入第二个位置。

该算法的状态需要以下数据结构。

(1) 有值的数组。

(2) 已排序区域的大小。

(3) 当前标记的元素。

实现中使用排序的线程和图像显示线程分别完成不同的工作，数组的状态是由两个线程并发访问的,用一个锁来同步访问该状态。
SelectionSorter 类实现了数组元素的排序和实际的绘制操作。

```java
// SelectionSorter.java
package thread_sort;
import java.awt.Color;
import java.awt.Graphics;
import java.util.concurrent.locks.Lock;
import java.util.concurrent.locks.ReentrantLock;
import javax.swing.JComponent;
public class SelectionSorter {
    private int[] a;
    private int markedPosition = -1;
    private int alreadySorted = -1;
    private Lock sortStateLock;
    private JComponent component;
    private static final int DELAY = 100;
    public SelectionSorter(int[] anArray, JComponent aComponent) {
        a = anArray;
        sortStateLock = new ReentrantLock();
        component = aComponent;
    }
    public void sort() throws InterruptedException {
        for (int i = 0; i < a.length - 1; i++) {
            int minPos = minimumPosition(i);
            sortStateLock.lock();
            try {
                ArrayUtil.swap(a, minPos, i);
                alreadySorted = i;
            } finally {
                sortStateLock.unlock();
            }
            pause(2);
        }
    }
    private int minimumPosition(int from) throws InterruptedException {
        int minPos = from;
        for (int i = from + 1; i < a.length; i++) {
            sortStateLock.lock();
            try {
                if (a[i] < a[minPos]) {
                    minPos = i;
                }
                markedPosition = i;
            } finally {
                sortStateLock.unlock();
```

```
            }
            pause(2);
        }
        return minPos;
    }
    public void draw(Graphics g) {
        sortStateLock.lock();
        try {
            int deltaX = component.getWidth() / a.length;
            for (int i = 0; i < a.length; i++) {
                if (i == markedPosition) {
                    g.setColor(Color.RED);
                } else if (i <= alreadySorted) {
                    g.setColor(Color.BLUE);
                } else {
                    g.setColor(Color.BLACK);
                }
                g.drawLine(i * deltaX, 0, i * deltaX, a[i]);
            }
        } finally {
            sortStateLock.unlock();
        }
    }
    public void pause(int steps) throws InterruptedException {
        component.repaint();
        Thread.sleep(steps * DELAY);
    }
}
```

ArrayUtil 类负责产生随机数组元素和交换数组元素。

```
// ArrayUtil.java
package thread_sort;
import java.util.Random;
public class ArrayUtil {
    private static Random generator = new Random();
    public static int[] randomIntArray(int length, int n) {
        int[] a = new int[length];
        for (int i = 0; i < a.length; i++) {
            a[i] = generator.nextInt(n);
        }
        return a;
    }
    public static void swap(int[] a, int i, int j) {
        int temp = a[i];
        a[i] = a[j];
        a[j] *= temp;
    }
}
```

SelectionSortComponent 类负责启动排序类，并调用重绘动画方法，刷新屏幕。

```java
// SelectionSortComponent.java
package thread_sort;
import java.awt.Graphics;
import javax.swing.JComponent;
public class SelectionSortComponent extends JComponent {
    private SelectionSorter sorter;
    public SelectionSortComponent() {
        int[] values = ArrayUtil.randomIntArray(30, 300);
        sorter = new SelectionSorter(values, this);
    }
    public void paintComponent(Graphics g) {
        sorter.draw(g);
    }
    public void startAnimation() {
        class AnimationRunnable implements Runnable {
            public void run() {
                try {
                    sorter.sort();
                } catch (InterruptedException exception) {
                }
            }
        }
        Runnable r = new AnimationRunnable();
        Thread t = new Thread(r);
        t.start();
    }
}
```

以下是程序的执行入口，负责创建 GUI 界面，并启动排序线程。

```java
// SelectionSortViewer.java
package thread_sort;
import java.awt.BorderLayout;
import javax.swing.JButton;
import javax.swing.JFrame;
public class SelectionSortViewer {
    public static void main(String[] args) {
        JFrame frame = new JFrame();
        final int FRAME_WIDTH = 300;
        final int FRAME_HEIGHT = 400;
        frame.setSize(FRAME_WIDTH, FRAME_HEIGHT);
        frame.setDefaultCloseOperation(JFrame.EXIT_ON_CLOSE);
        final SelectionSortComponent component = new SelectionSortComponent();
        frame.add(component, BorderLayout.CENTER);
        frame.setVisible(true);
```

```
        component.startAnimation();
    }
}
```

本例综合使用 GUI 和多线程机制,演示了排序算法执行的过程,案例运行结果如图 8.15 所示。

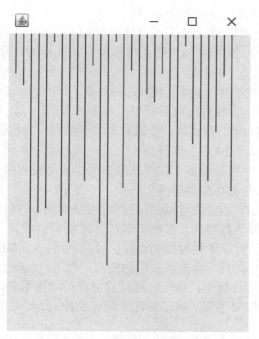

【参考图文】

图 8.15　多线程实现排序案例运行结果

小　　结

　　本章介绍了多线程技术,主要包括线程的创建、启动、状态转换和线程控制以及同步方法、线程死锁等技术。在 Java 中实现线程有两种方法:实现 Runnable 接口和继承 Thread 类。线程在创建之后,由 start()方法启动线程,启动后自动调用该线程的 run()方法,run()方法包含了线程要完成任务的核心代码。线程由新建、可运行、阻塞、运行、终止 5 个状态组成。可以通过线程的 sleep()方法、wait()方法、notify()方法、interrupt()方法、join()方法和 setPriority()方法等这些常用的方法对线程的状态加以控制。

　　当两个或多个线程竞争资源时,需要应用 Java 的同步机制协调资源,即使用 synchronized 关键字修饰方法,控制对共享资源的访问。但不适当地运用 synchronized 关键字可能导致死锁问题,这就要求读者对死锁产生的条件有深入的了解。

　　通过本章的学习,读者应该熟练掌握并灵活运用 Java 的多线程技术。多线程可以提高程序的工作效率,并提高程序的技术可行性,能够开发出更加理想的应用程序。如果读者想提高开发程序的性能,就必须学习多线程技术并广泛应用到程序开发过程中。

习 题

一、填空题

1. 线程运行时将执行(　　)方法中的代码。
2. 在Java语言中,可以通过继承(　　)类和实现(　　)接口来创建多线程。
3. 使线程处于睡眠,使用(　　)方法;将目前正在执行的线程暂停,使用(　　)方法;取得当前线程名称,采用(　　)方法。
4. Java采用(　　)同步和(　　)同步解决死锁问题。
5. 一个进程内的若干个线程同时运行时,称为线程的(　　)。
6. Java语言使用Thread类及其子类的对象表示线程,线程在完整的生命周期中要经历(　　)、(　　)、(　　)、(　　)、(　　)5种状态。
7. 实现多线程时,如果要使多个线程共享资源,则需要利用(　　)来实现该功能。
8. Java程序每次运行时需要启动两个线程,一个是(　　),一个是(　　)。
9. 利用Thread类的(　　)方法可以测试线程是否已经启动而且正在运行。
10. 在多个线程并发运行期间,可能有些任务比较紧急需要马上运行,这种情况下,利用Thread的(　　)方法可以使线程强制运行;可以利用(　　)方法强制中断线程运行;在线程执行过程中允许暂时休眠,释放所占用的资源,利用(　　)方法可以实现休眠。
11. 在Java线程运行过程中,线程在运行前会保持就绪状态,在实际应用中,可以根据线程的优先级来分配CPU空间,线程的优先级有3种,Java中使用(　　)方法设置线程的优先级。
12. (　　)是指两个线程都在等待对方先释放所需要的资源,从而造成程序的停滞。
13. 利用(　　)关键字可以同步代码块,也可以同步一个方法。
14. 在Object类对线程支持的主要成员方法中,唤醒所有等待线程的成员方法是(　　)。
15. 当实现Runnable接口时,要实现的方法是(　　)。
16. 线程是程序中的一个执行流,一个执行流是由CPU运行程序的代码、(　　)所形成的,因此,线程被认为是以CPU为主体的行为。

二、选择题

1. 当多个线程对象操作同一资源时,使用(　　)关键字进行资源同步。
   A. transient　　　　B. synchronized　　C. public　　　　D. static
2. 终止线程使用(　　)方法。
   A. sleep()　　　　　B. yield()　　　　　C. wait()　　　　D. destroy()
3. Java语言提供了一个(　　)线程,自动回收动态分配的内存。
   A. 异步　　　　　　B. 消费者　　　　　C. 守护　　　　　D. 垃圾收集
4. 有3种原因可以导致线程不能运行,它们是(　　)。
   A. 等待　　　　　　　　　　　　　　　B. 阻塞
   C. 休眠　　　　　　　　　　　　　　　D. 挂起及由于I/O操作而阻塞

5. 当( )方法终止时，能使线程进入死亡状态。
   A．run()   B．setPrority()   C．yield()   D．sleep()
6. 用( )方法可以改变线程的优先级。
   A．run()   B．setPrority()   C．yield()   D．sleep()
7. 线程通过( )方法可以休眠一段时间，然后恢复运行。
   A．run()   B．setPrority()   C．yield()   D．sleep()
8. 方法 resume()负责重新开始( )线程的执行。
   A．被 stop()方法停止   B．被 sleep()方法停止
   C．被 wait()方法停止   D．被 suspend()方法停止
9. ( )方法可以用来停止当前线程的运行。
   A．stop()   B．sleep()   C．wait()   D．suspend()
10. ( )方法是实现 Runnable 接口所需的。
    A．wait()   B．run()   C．stop()   D．update()
11. ( )类实现了线程组。
    A．java.lang.Object   B．java.lang.ThreadGroup
    C．java.lang.Thread   D．java.lang.Runnable
12. Thread 类用来创建和控制线程，一个线程从( )方法开始执行。
    A．init()   B．start()   C．run()   D．notifyAll()
13. 编写线程类，要继承的父类是( )。
    A．Object   B．Runnable   C．Serializable   D．Thread
14. 下面说法中错误的一项是( )。
    A．线程就是程序
    B．线程是一个程序的单个执行流
    C．多线程是指一个程序的多个执行流
    D．多线程用于实现并发
15. 下面说法不正确的是( )。
    A．如果线程死亡，它便不能运行
    B．在 Java 中，高优先级的可运行线程会抢占低优先级线程
    C．线程可以用 yield()方法使低优先级的线程运行
    D．一个线程在调用它的 start()方法之前，该线程将一直处于出生期

三、简答题

1. 说明进程和线程的区别。
2. 简述创建线程的两种方法，并比较两者的不同。
3. 简述线程的生命周期，并说明几种状态之间的转换关系。
4. 在多线程中为什么要使用同步机制？说明线程同步的方法。
5. 产生死锁的充要条件是什么？

四、编程题

创建 Exercise8_1 类，该类实现了 Runnable 接口，并在 run()方法中每间隔 0.5 秒，在控制台输出一个"*"字符，直到输出 15 个"*"字符。

【第 8 章 习题答案】

第 9 章

Java 的网络程序设计

学习目标

内　容	要　求
TCP/IP 分层模型与 OSI 七层模型对比	了解
使用 ServerSocket 创建服务器端程序	掌握
使用 Socket 创建客户服务器端程序	掌握
使用套接字实现网络通信	掌握

　　网络在 21 世纪的今天已与企业及个人的生活紧密结合，成为人们工作、娱乐、生活、休闲的重要组成部分，信息可以通过网络快速地传输与共享。网络程序设计开发为用户提供网络服务的实用程序，例如网络通信、新闻信息等。

【第 9 章　代码下载】

9.1 基础知识

要开发网络应用程序,就必须对网络的基础知识有一定的了解。本章主要学习 Java 如何实现网络通信,因此在学习 Java 网络程序设计之前,先了解一下涉及网络通信的 TCP/IP 和建立网络连接的 Socket。

9.1.1 TCP/IP 分层结构

在学习 TCP/IP 分层结构之前,先来了解一下 OSI 七层模型。

为制定网络通信协议的标准,国际标准化组织(International Standardization Organization,ISO)将网络功能以层(Layer)方式表示,发表了 OSI 模型,把此模型定位为网络设计与通信协议标准。

【教学视频】

OSI 模型共分为七层,由上而下分为应用层、表示层、会话层、传输层、网络层、数据链路层及物理层,如图 9.1 所示。每一层都有相关、相对应的物理设备,比如路由器、交换机。OSI 七层模型是一种框架性的设计方法,建立七层模型的主要目的是为解决异种网络互联时所遇到的兼容性问题,其最主要的功能就是帮助不同类型的主机实现数据传输。它的最大优点是将服务、接口和协议这三个概念明确地区分开来,通过七个层次化的结构模型使不同的系统、不同的网络之间实现可靠的通信。

在这七层模型当中,上面的四层,即应用层、表示层、会话层和传输层定义了应用程序的功能,下面三层,即网络层、数据链路层和物理层主要面向通过网络的端到端的数据流。下面分别介绍一下这七层的功能。

(1) 应用层:这一层与其他计算机进行通信,它是为对应的应用程序通信服务的。例如,一个没有通信功能的字处理程序就不能执行通信的代码,从事字处理工作的程序员也不关心 OSI 的第七层。但是,如果添加了一个传输文件的选项,那么字处理器的程序员就需要实现 OSI 的第七层。示例:Telnet、HTTP、FTP、WWW、NFS、SMTP 等。

图 9.1 OSI 七层模型

(2) 表示层:这一层的主要功能是定义数据格式及加密。例如,FTP 允许选择以二进制或 ASCII 格式传输。如果选择二进制,那么发送方和接收方不改变文件的内容。如果选择 ASCII 格式,发送方将把文本从发送方的字符集转换成标准的 ASCII 后发送数据,并在接收方将标准的 ASCII 转换成接收方计算机的字符集。示例:加密、ASCII 等。

(3) 会话层:它定义了如何开始、控制和结束一个会话,包括对多个双向消息的控制和管理,以便在只完成连续消息的一部分时可以通知应用层,从而使表示层看到的数据是连续的。在某些情况下,如果表示层收到了所有的数据,则用数据代表表示层。示例:RPC、SQL 等。

(4) 传输层：这层的功能包括是选择差错恢复协议还是无差错恢复协议，以及在同一主机上对不同应用的数据流的输入进行复用，还包括对收到的顺序不对的数据包的重新排序。示例：TCP、UDP、SPX 等。

(5) 网络层：这层对端到端的包传输进行定义，它定义了能够标识所有结点的逻辑地址，还定义了路由实现的方式和学习的方式。为了适应最大传输单元长度小于包长度的传输介质，网络层还定义了如何将一个包分解成更小的包的分段方法。示例：IP、IPX 等。

(6) 数据链路层：它定义了在单个链路上如何传输数据。这些协议与被讨论的各种介质有关。示例：ATM、FDDI 等。

(7) 物理层：OSI 的物理层规范是有关传输介质的特性标准，这些规范通常也参考了其他组织制定的标准。连接头、针、针的使用、电流、编码及光调制等都属于各种物理层规范中的内容。物理层常用多个规范完成对所有细节的定义。示例：RJ45、802.3 等。

TCP/IP 是 Internet 最基本的协议、国际互联网络的基础，它定义了电子设备(比如计算机)如何连入因特网，以及数据如何在它们之间传输的标准。TCP/IP 如同 OSI 模型一样，也采用分层定义各层协议，它与 OSI 模型的对照关系如图 9.2 所示。

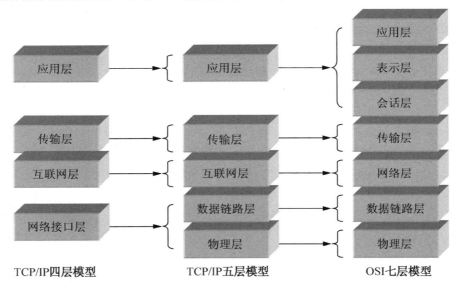

图 9.2　TCP/IP 与 OSI 模型分层对照图

TCP/IP 是一个协议簇，其中包括 TCP、IP、UDP、ICMP、RIP、TELNET、FTP、SMTP、ARP、TFTP 等许多协议，这些协议一起称为 TCP/IP。表 9-1 是协议簇中一些常用协议的英文名称和用途。

表 9-1　TCP/TP 协议簇

英文缩写	英文全名	中文名
TCP	Transport Control Protocol	传输控制协议
IP	Internet Protocol	因特网协议
UDP	User Datagram Protocol	用户数据报协议

续表

英文缩写	英文全名	中　文　名
ICMP	Internet Control Message Protocol	互联网控制信息协议
SMTP	Simple Mail Transfer Protocol	简单邮件传输协议
SNMP	Simple Network Manage Protocol	简单网络管理协议
FTP	File Transfer Protocol	文件传输协议
ARP	Address Resolution Protocol	地址解析协议

TCP/IP 协议簇可分为 4 层(有的书籍将其分为 5 层或 6 层)，IP 位于协议簇的互联网层(对应 OSI 的网络层)，TCP 位于协议簇的传输层(对应 OSI 的传输层)。

TCP 和 IP 是 TCP/IP 协议簇的中间两层，是整个协议簇的核心，起到了承上启下的作用。下面简单了解一下其中较重要的 3 个协议的基础知识。

1. IP

因特网协议 IP 是 TCP/IP 的心脏，也是网络层中最重要的协议。

IP 层接收由更低层(网络接口层，例如以太网设备驱动程序)发来的数据包，并把该数据包发送到更高层——TCP 或 UDP 层；相反，IP 层也把从 TCP 或 UDP 层接收来的数据包传送到更低层。IP 数据包是不可靠的，因为 IP 并没有做任何事情来确认数据包是按顺序发送的还是没有被破坏的。IP 数据包中含有发送它的主机的地址(源地址)和接收它的主机的地址(目的地址)。

2. TCP

如果 IP 数据包中有已经封好的 TCP 数据包，那么 IP 将把它们向上传送到 TCP 层。TCP 层将包排序并进行错误检查，同时实现虚电路间的连接。TCP 数据包中包括序号和确认，所以未按照顺序收到的包可以被排序，而损坏的包可以被重传。

TCP 将它的信息送到更高层的应用程序，例如 Telnet 的服务程序和客户程序。应用程序轮流将信息送回 TCP 层，TCP 层便将它们向下传送到 IP 层、设备驱动程序和物理介质，最后到接收方。

3. UDP

UDP 与 TCP 位于同一层，但它不管数据包的顺序、错误或重发。因此，UDP 不被应用于那些使用虚电路的面向连接的服务，UDP 主要用于那些面向查询——应答的服务，例如 NFS。相对于 FTP 或 Telnet，这些服务需要交换的信息量较小。使用 UDP 的服务包括 NTP 和 DNS(DNS 也使用 TCP)。

TCP 是面向连接的，在传送数据之前必须与目标结点建立连接，直接发送带有目标结点信息的数据包。而 UDP 是无连接的，在传送数据之前不与目标结点建立连接，不同的数据包可能经过不同的路径到达目标结点，到达时的顺序与出发时的顺序也可能不同。采用哪种传输层协议是由应用程序的需要决定的，如果可靠性更重要的话，用面向连接的协议会好一些，例如 Telnet、FTP、rlogin、X Windows 和 SMTP。

使用 Java 语言编写网络通信程序通常是用在应用层，对某些特殊的应用可能需要直接基于传输层协议编程，但一般无须关心网络通信的具体细节，特别是互联网层和网络接口层。

应用层包括所有的高层协议。早期的应用层有远程登录协议(TELNET)、文件传输协议(FTP)和简单邮件传输协议(SMTP)等。目前使用最广泛的应用层协议是用于从 Web 服务器读取页面信息的超文本传输协议(HTTP)。

9.1.2 套接字概述

套接字(Socket)是实现客户端与服务器间通信的一种机制。在客户端和服务器中，分别创建独立的 Socket，并通过 Socket 的属性，将两个 Socket 进行连接。实现连接后，就可以通过 Socket 的输入流和输出流进行通信。

在 TCP/IP 网络应用中，通信的两个进程相互作用的主要模式是客户端/服务器(Client/Server)模式，即客户端向服务器发出请求，服务器接收到请求后提供相应的服务。客户端/服务器模式在操作过程中采取的是主动请求方式。服务器端和客户端的服务过程如下。

(1) 服务器端：建立服务器端 Socket，监听客户端的连接请求；当服务器端侦测到客户端的连接请求后，建立服务器端与客户端的通信链接；服务器端接收到重复服务请求时，处理该请求并发送应答信号；服务完成后，关闭通信链路。

(2) 客户端：打开一个通信通道，并连接到服务器所在的主机的特定端口，向服务器发出服务请求报文，等待并接收应答；客户端继续提出请求；请求结束后，关闭通信通道并终止。

从以上描述过程可以看出：客户端进程与服务器进程的作用是非对称的，因此编码不同，而且服务进程要先于客户请求启动。

Socket 进行网络通信的过程包括建立 Socket 连接、获得输入输出流、读写数据和关闭 Socket 4 个步骤。建立连接的两个程序分别称为客户端(Client)和服务器端(Server)。它们的区别是：一个申请连接(客户端)，另一个等待连接(服务器端)。建立连接的过程如图 9.3 所示。

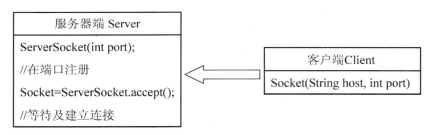

图 9.3　Java 中 Socket 通信的流程图

从图 9.3 中可以看到，服务器端的程序首先选择一个端口(Port)注册，然后调用 accept()方法对此端口进行监听，即等待其他程序的连接申请。如果客户端的程序申请和此端口连接，那么服务器端就利用 accept()方法来取得这个连接的 Socket。

客户端的程序建立 Socket 时必须指定服务器的地址(Host)和通信端口(Port)，这个端口必须与服务器端的监听端口保持一致。Java 在软件包 java.net 内提供了两个类——ServerSocket 和 Socket 对应双向连接的服务器端和客户端。

9.2　Java 网络包(java.net)

Java 语言专门为网络通信提供了软件包 java.net，采用 java.net 包提供的 API 可以快速方便地开发基于网络的应用。

java.net 包对 HTTP 协议提供了特别支持，只需通过 URL 类对象指明图像、声音资源的位置，就可以轻松地从 Web 服务器上获取图像、声音，或者通过流操作获取 HTML 文档及文本资源，并可以对获得的资源进行处理。

java.net 包还提供了对 TCP、UDP、套接字编程的支持，可以建立用户自己的服务器，实现特定的应用。

9.2.1　服务器端 ServerSocket

1. 构造 ServerSocket

ServerSocket 的构造方法有以下 4 种重载形式。

1) ServerSocket() throws IOException
默认构造方法，可以创建未绑定端口号的服务器套接字。

2) ServerSocket(int port) throws IOException
该构造方法将创建绑定到 port 参数指定端口的服务器套接字对象，默认的最大连接队列长度为 50，也就是说如果连接数量超出 50 个，将不会再接收新的连接请求。

3) ServerSocket(int port, int backlog) throws IOException
使用 port 参数指定的端口号和 backlog 参数指定的最大连接队列长度创建服务器端套接字对象。

4) ServerSocket(int port, int backlog, InetAddress bindAddr) throws IOException
使用 port 参数指定的端口号和 backlog 参数指定的最大连接队列长度创建服务器端套接字对象，如果服务器有多个 IP 地址，可以使用 bindAddr 参数指定创建服务器套接字的 IP 地址，如果服务器只有一个 IP 地址，那么没有必要使用该构造方法。

【例 9-1】ServerSocket 构造方法举例。

```
// ServerSocketTest.java
import java.net.*;
import java.io.*;
public class ServerSocketTest {
    public static void main(String[] args) {
        try {
            ServerSocket server1 = new ServerSocket();
            ServerSocket server2 = new ServerSocket(1230);
            ServerSocket server3 = new ServerSocket(1231, 300);
//指定最大连接队列长度为300
            InetAddress address = InetAddress.getByName("192.168.1.18");
                //这个IP是服务器多个IP地址中的一个，否则编译出错
            ServerSocket server4 = new ServerSocket(1232, 300, address);
```

```
        } catch (IOException e) {
            e.printStackTrace();
        }
    }
}
```

2. 接受套接字连接

服务器建立 ServerSocket 套接字对象以后，就可以使用该对象的 accept()方法接受客户端请求的套接字连接。

语法格式如下。

```
server.accept();
```

该方法被调用之后，服务器将等待客户的连接请求，在接收到客户端的套接字连接请求以后，该方法将返回 Socket 对象，服务器可以通过这个对象获取客户端的输入输出流来实现数据的发送和接收。accept()方法将阻塞当前线程，直到接收到客户端的连接请求为止，否则 accept()方法就会一直等待下去。

3. 获取 ServerSocket 的信息

ServerSocket 的以下两个 get()方法分别用来获取服务器绑定的 IP 地址，以及绑定的端口。

（1）InetAddress getInetAddress()：返回此服务器套接字的本地地址，如果套接字是未绑定的，则返回 null。

（2）int getLocalPort()：返回此套接字在其上监听的端口，如果尚未绑定套接字，则返回-1。

4. 关闭 ServerSocket

ServerSocket 的 close()方法使服务器释放占用的端口，并且断开与所有客户的连接。当一个服务器程序运行结束时，即使没有执行 ServerSocket 的 close()方法，操作系统也会释放这个服务器占用的端口。因此，服务器程序并不一定要在结束之前执行 ServerSocket 的 close()方法。在某些情况下，如果希望及时释放服务器的端口，以便让其他程序能占用该端口，则可以显式调用 ServerSocket 的 close()方法。需要注意的是 close()方法会抛出 IOException 异常，所以在调用 close()方法时应该捕获异常。

ServerSocket 的 isClosed()方法判断 ServerSocket 是否关闭，只有执行了 ServerSocket 的 close()方法，isClosed()方法才返回 true；否则，即使 ServerSocket 还没有和特定端口绑定，isClosed()方法也会返回 false。

ServerSocket 的 isBound()方法判断 ServerSocket 是否已经与一个端口绑定，只要 ServerSocket 已经与一个端口绑定，即使它已经被关闭，isBound()方法也会返回 true。

9.2.2 客户端 Socket

1. 构造 Socket

Socket 类定义了多个构造方法，下面介绍一下其中常用的 4 个构造方法。

(1) Socket(InetAddress address, int port): 使用 address 参数传递的 IP 封装对象和 port 参数指定的端口号创建套接字实例对象。

(2) Socket(String host, int port): 使用 host 参数指定的 IP 地址字符串和 port 参数指定的端口号创建套接字实例对象。

【教学视频】

(3) Socket(InetAddress address, int port, InetAddress localAddr, int localPort): 创建一个套接字并将其连接到指定远程地址上的指定远程端口。

此构造方法中各参数含义如下。

address——远程地址；

port——远程端口；

localAddr——要将套接字绑定到的本地地址；

localPort——要将套接字绑定到的本地端口。

(4) Socket(String host, int port, InetAddress localAddr, int localPort): 创建一个套接字并将其连接到指定远程主机上的指定远程端口。

此构造方法中各参数含义如下。

host——远程主机名，或者为 null，表示回送地址；

port——远程端口；

localAddr——要将套接字绑定到的本地地址；

localPort——要将套接字绑定到的本地端口。

注意：服务器套接字的所有构造方法都需要处理 IOException 异常。

【例 9-2】Socket 构造方法举例。

```java
// SocketTest.java
import java.net.*;
import java.io.*;
public class SocketTest {
    public static void main(String[] args) {
        try {
            InetAddress localHost = InetAddress.getLocalHost();
            InetAddress address = InetAddress.getByName("192.168.1.10");
            Socket socket1 = new Socket(address, 1230);
            Socket socket2 = new Socket("192.168.1.10", 1231);
            Socket socket3 = new Socket(address, 1232, localHost, 1000);
            Socket socket4 = new Socket("192.168.1.10",1233,localHost,1001);
        } catch (IOException e) {
            e.printStackTrace();
        }
    }
}
```

2. 发送和接收数据

创建 Socket 对象与相应的主机建立套接字连接后，就可以接收和发送数据了。Socket 提供了两个方法分别获取套接字的输入流和输出流，可以将要发送的数据写入输出流，实现发送功能，或者从输入流读取对方发送的数据，实现接收功能。

(1) InputStream getInputStream()：返回此套接字的输入流。

(2) OutputStream getOutputStream()：返回此套接字的输出流。

3．获取 Socket 的信息

以下方法用于获取 Socket 的有关信息。

(1) InetAddress getInetAddress()：返回套接字连接的远程服务器的地址。

(2) int getPort()：返回套接字连接的远程服务器的端口。

(3) InetAddress getLocalAddress()：获取套接字绑定的本地地址。

(4) int getLocalPort()：返回此套接字绑定到的本地端口。

4．关闭 Socket

当客户与服务器的通信结束时，应该及时关闭 Socket，以释放 Socket 占用的包括端口在内的各种资源。Socket 的 close()方法负责关闭 Socket。

9.2.3 使用 BufferedReader 从 Socket 上读取数据

创建 Socket 对象与相应的主机建立套接字连接后，可以用 Socket 提供的 getInputStream()方法获得套接字的输入流，并通过与 InputStreamReader 连接将二进制输入流转换为字符输入流，再与 BufferedReader 连接，并调用 BufferedReader 的 readLine()方法最终将套接字输入流中的数据读取出来，具体的步骤如下。

(1) 建立对服务器的 Socket 连接。例如：

```
Socket chatSocket = new Socket("127.0.0.1",5000);
```

(2) 建立连接到 Socket 上底层的输入串流 InputStreamReader。例如：

```
InputStreamReader steam = new InputStreamReader(chatSocket.getInputStream());
```

(3) 建立 BufferedReader 来读取。例如：

```
BufferedReader reader = new BufferedReader(stream);
String message = reader.readLine();
```

9.2.4 使用 PrintWriter 写数据到 Socket 上

与使用 BufferedReader 从 Socket 上读取数据类似，当创建 Socket 对象与相应的主机建立套接字连接后，可以用 Socket 提供的 getOutputStream()方法获得套接字的输出流，并通过与 PrintWriter 连接将二进制输出流转换为字符输出流，并调用 PrintWriter 的 print()或println()方法将一个字符串一次性写入套接字输出流中，具体的步骤如下。

(1) 建立对服务器的 Socket 连接。例如：

```
Socket chatSocket = new Socket("127.0.0.1",5000);
```

(2) 建立连接到 Socket 的 PrintWriter。例如：

```
PrintWriter writer = new PrintWriter(chatSocket.getOutputStream());
```

(3) 通过 PrintWriter 的对象进行输出。例如：

```
writer.println("message to send");
writer.print("another message");
```

9.3　Socket 编程实例

9.3.1　单客户端通信

【例 9-3】设计一个简单的 Client/Server 对话程序，要求先由客户端发送信息给服务器，之后服务器回复信息给客户端，再由客户端向服务器发送信息，如此反复，直到服务器和客户端都发送"bye"，各自结束自己的程序为止。

【教学视频】

(1) 服务器端程序。

```java
//TalkServer.java
import java.io.*;
import java.net.*;
public class TalkServer {
    public static void main(String args[]) {
        try {
            ServerSocket server = null;
            try {
                server = new ServerSocket(4700);
          //创建一个 ServerSocket，在端口 4700 监听客户请求
            } catch (Exception e) {
              System.out.println("can not listen to:"+e);  //出错，打印出错信息
            }
            Socket socket = null;
            try {
                socket = server.accept();
            //使用 accept()阻塞等待客户请求，有客户
            //请求到来则产生一个 Socket 对象，并继续执行
            } catch (Exception e) {
                System.out.println("Error." + e);            //出错，打印出错信息
            }
            String line;
            BufferedReader is = new BufferedReader(new InputStreamReader(socket. getInputStream()));
                //由 Socket 对象得到输入流，并构造相应的 BufferedReader 对象
            PrintWriter os = new PrintWriter(socket.getOutputStream());
                //由 Socket 对象得到输出流，并构造 PrintWriter 对象
            BufferedReader sin =new BufferedReader(new InputStreamReader(System.in));
                //由系统标准输入设备构造 BufferedReader 对象
```

```
            System.out.println("Client:" + is.readLine());
            //在标准输出上打印从客户端读入的字符串
            line = sin.readLine();         //从标准输入读入一字符串
            while (!line.equals("bye")){    //如果该字符串为 "bye"，则停止循环
                os.println(line);           //向客户端输出该字符串
                os.flush();                 //刷新输出流,使 Client 马上收到该字符串
                System.out.println("Server:" + line);
            //在系统标准输出上打印读入的字符串
                System.out.println("Client:" + is.readLine());
            //从 Client 读入一字符串，并打印到标准输出上
                line = sin.readLine();      //从系统标准输入读入一字符串
            }                               //继续循环
            os.close();                     //关闭 Socket 输出流
            is.close();                     //关闭 Socket 输入流
            socket.close();                 //关闭 Socket
            server.close();                 //关闭 ServerSocket
        } catch (Exception e) {
            System.out.println("Error:"+e);//出错,打印出错信息
        }
    }
}
```

(2) 客户端程序。

```
//TalkClient.java
import java.io.*;
import java.net.*;
public class TalkClient {
    public static void main(String args[]) {
        try {
            Socket socket = new Socket("127.0.0.1", 4700);
            //向本机的 4700 端口发出客户请求
            BufferedReader sin = new BufferedReader(new InputStreamReader(System.in));
            //由系统标准输入设备构造 BufferedReader 对象
            PrintWriter os = new PrintWriter(socket.getOutputStream());
            //由 Socket 对象得到输出流，并构造 PrintWriter 对象
            BufferedReader is =
        new BufferedReader(new InputStreamReader(socket.getInputStream()));
            //由 Socket 对象得到输入流，并构造相应的 BufferedReader 对象
            String readline;
            readline = sin.readLine();//从系统标准输入读入一字符串
            while (!readline.equals("bye")) {
            //若从标准输入读入的字符串为 "bye"则停止循环
                os.println(readline);   //将从系统标准输入读入的字符串输出到 Server
                os.flush();             //刷新输出流,使 Server 马上收到该字符串
                System.out.println("Client:" + readline);
```

```
                //在系统标准输出上打印读入的字符串
                System.out.println("Server:" + is.readLine());
                //从 Server 读入一字符串,并打印到标准输出上
                readline = sin.readLine();        //从系统标准输入读入一字符串
            } //继续循环
            os.close();                           //关闭 Socket 输出流
            is.close();                           //关闭 Socket 输入流
            socket.close();                       //关闭 Socket
        } catch (Exception e) {
            System.out.println("Error" + e);      //出错,则打印出错信息
        }
    }
}
```

9.3.2 多客户端聊天程序

前面的 Client/Server 程序只能实现 Server 和一个客户的对话。在实际应用中,往往是在服务器上运行一个永久的程序,它可以接收来自其他多个客户端的请求,提供相应的服务。为了实现在服务器方给多个客户提供服务的功能,需要对上面的程序进行改造,利用多线程实现多客户机制。服务器总是在指定的端口上监听是否有客户请求,一旦监听到客户请求,服务器就会启动一个专门的服务线程来响应该客户的请求,而服务器本身在启动完线程之后马上又进入监听状态,等待下一个客户的到来。

【例 9-4】设计一个多客户端的带图形用户界面的聊天程序,要求启动一个服务器端程序,可以启动多个客户端聊天窗口,任一客户端发送到服务器的消息都会被分发给所有客户端,即每个客户端都可以看到所有人的发言。

【教学视频】

(1) 服务器端程序。

```java
//SimpleChatServer.java
import java.io.*;
import java.net.*;
import java.util.*;
public class SimpleChatServer {
    ArrayList<PrintWriter> clientOutputStreams;
    public class ClientHandler implements Runnable {
        BufferedReader reader;
        Socket sock;
        public ClientHandler(Socket clientSocket) {
            try {
                sock = clientSocket;
                InputStreamReader  isReader=new  InputStreamReader(sock.getInputStream());
                //获得客户端 Socket 的输入流
                reader = new BufferedReader(isReader);
            } catch (Exception ex) {
```

```java
            ex.printStackTrace();
        }
    }
    public void run() {
        String message;
        try {
            while ((message = reader.readLine()) != null) {
                System.out.println("read " + message);
                tellEveryone(message);
            }
        } catch (Exception ex) {
            ex.printStackTrace();
        }
    }
}
public static void main(String[] args) {
    new SimpleChatServer().go();
}
public void go() {
    clientOutputStreams = new ArrayList<PrintWriter>();
    try {
        ServerSocket serverSock = new ServerSocket(5000);
        //创建一个ServerSocket,在端口5000监听客户请求
        while (true) {
            Socket clientSocket = serverSock.accept();
            //使用accept()阻塞等待客户请求,有客户
            //请求到来则产生一个Socket对象,并继续执行
        PrintWriter writer=new PrintWriter(clientSocket.getOutputStream());
            //由Socket对象得到输出流,并构造PrintWriter对象
            clientOutputStreams.add(writer);
            //将writer对象加入clientOutputStreams集合
            Thread t = new Thread(new ClientHandler(clientSocket));
            //为新创建的Socket连接创建线程
            t.start();//启动线程
            System.out.println("got a connection");
        }
    } catch (Exception ex) {
        ex.printStackTrace();
    }
}
public void tellEveryone(String message) {
    //向每一个客户端分发任意客户端发送的服务器的信息
    Iterator it = clientOutputStreams.iterator();
    while (it.hasNext()) {
        try {
            PrintWriter writer = (PrintWriter) it.next();
```

```java
                    writer.println(message);
                    writer.flush();
                } catch (Exception ex) {
                    ex.printStackTrace();
                }
            }
        }
    }
```

(2) 客户端程序。

```java
// SimpleChatClient.java
import java.io.*;
import java.net.*;
import java.util.*;
import javax.swing.*;
import java.awt.*;
import java.awt.event.*;
public class SimpleChatClient {
    JTextArea incoming;
    JTextField outgoing;
    BufferedReader reader;
    PrintWriter writer;
    Socket sock;
    public static void main(String[] args) {
        SimpleChatClient client = new SimpleChatClient();
        client.go();
    }
    public void go() {
        //创建客户端聊天窗口
        JFrame frame = new JFrame("Ludicrously Simple Chat Client");
        JPanel mainPanel = new JPanel();
        incoming = new JTextArea(15, 20);
        incoming.setLineWrap(true);
        incoming.setWrapStyleWord(true);
        incoming.setEditable(false);
        JScrollPane qScroller = new JScrollPane(incoming);
qScroller.setVerticalScrollBarPolicy(ScrollPaneConstants.VERTICAL_SCROLLBAR_ALWAYS);
qScroller.setHorizontalScrollBarPolicy(ScrollPaneConstants. HORIZONTAL_SCROLLBAR_NEVER);
        outgoing = new JTextField(20);
        JButton sendButton = new JButton("Send");
        sendButton.addActionListener(new SendButtonListener());
        mainPanel.add(qScroller);
        mainPanel.add(outgoing);
        mainPanel.add(sendButton);
        setUpNetworking();
```

```java
            Thread readerThread = new Thread(new IncomingReader());
            //为新建的Socket连接创建线程
            readerThread.start();
            frame.getContentPane().add(BorderLayout.CENTER, mainPanel);
            frame.setSize(400, 500);
            frame.setVisible(true);
        }
        private void setUpNetworking() {
            try {
                sock = new Socket("127.0.0.1", 5000);
                //创建连接本地服务器的Socket连接
                InputStreamReader streamReader=new InputStreamReader(sock.getInputStream());
                reader = new BufferedReader(streamReader);
                writer = new PrintWriter(sock.getOutputStream());
                System.out.println("networking established");
            } catch (IOException ex) {
                ex.printStackTrace();
            }
        }
        public class SendButtonListener implements ActionListener {
            //创建发送按钮的监听器
            public void actionPerformed(ActionEvent ev) {
                try {
                    writer.println(outgoing.getText());
                    writer.flush();
                } catch (Exception ex) {
                    ex.printStackTrace();
                }
                outgoing.setText("");
                outgoing.requestFocus();
            }
        }
        public class IncomingReader implements Runnable {
            public void run() {
                String message;
                try {
                    while ((message = reader.readLine()) != null) {
                        System.out.println("read " + message);
                        incoming.append(message + "\n");
                    }
                } catch (Exception ex) {
                    ex.printStackTrace();
                }
            }
        }
    }
```

程序运行界面如图 9.4 所示。

图 9.4　多客户端聊天程序界面

9.4　案 例 分 析

Web 浏览器是目前使用最广泛的计算机软件工具，常见的浏览器有 IE、360、火狐、谷歌、搜狗等。如果自己编写程序实现一个浏览器，将是比较复杂的软件编程，这里引入第三方库"org.eclipse.swt.win32.win32.x86"开发包设计并实现一个浏览器。由于它不是 JDK 或 Eclipse 自带的库，所以请下载并导入该库。

【例 9-5】简易浏览器。

```
//基于火狐内核和 org.eclipse.swt.win32.win32.x86 开发包的浏览器
import org.eclipse.swt.SWT;
import org.eclipse.swt.browser.Browser;
import org.eclipse.swt.browser.CloseWindowListener;
import org.eclipse.swt.browser.LocationAdapter;
import org.eclipse.swt.browser.LocationEvent;
import org.eclipse.swt.browser.OpenWindowListener;
import org.eclipse.swt.browser.ProgressAdapter;
import org.eclipse.swt.browser.ProgressEvent;
import org.eclipse.swt.browser.StatusTextEvent;
import org.eclipse.swt.browser.StatusTextListener;
import org.eclipse.swt.browser.TitleEvent;
import org.eclipse.swt.browser.TitleListener;
import org.eclipse.swt.browser.WindowEvent;
import org.eclipse.swt.events.KeyAdapter;
import org.eclipse.swt.events.KeyEvent;
import org.eclipse.swt.events.MouseAdapter;
import org.eclipse.swt.events.MouseEvent;
```

```java
import org.eclipse.swt.events.SelectionAdapter;
import org.eclipse.swt.events.SelectionEvent;
import org.eclipse.swt.layout.GridData;
import org.eclipse.swt.layout.GridLayout;
import org.eclipse.swt.widgets.Button;
import org.eclipse.swt.widgets.Combo;
import org.eclipse.swt.widgets.Composite;
import org.eclipse.swt.widgets.Display;
import org.eclipse.swt.widgets.Label;
import org.eclipse.swt.widgets.Menu;
import org.eclipse.swt.widgets.MenuItem;
import org.eclipse.swt.widgets.ProgressBar;
import org.eclipse.swt.widgets.Shell;
import org.eclipse.swt.widgets.TabFolder;
import org.eclipse.swt.widgets.TabItem;
public class MyBrowser {                                      // 多窗口浏览器
    private volatile String newUrl = null;   // 最新输入的链接
    private volatile boolean loadCompleted = false; // 表示当前页面完全导入
    private volatile boolean openNewItem = false;// 表示新的页面在新窗口中打开
    // 浏览器的当前标签参数
    private TabItem tabItem_now;                 // 当前标签项
    private Browser browser_now;                 // 当前功能浏览器
    // 浏览器设置参数
    private String homePage = "www.baidu.com";   // 浏览器的首页
    // 浏览器外形布置
    private Button button_back;                  // 后退按钮
    private Button button_forward;               // 向前按钮
    private Button button_go;                    // 前进按钮
    private Button button_stop;                  // 停止按钮
    private Combo combo_address;                 // 地址栏
    private Browser browser_default = null;      // 浏览窗口
    private ProgressBar progressBar_status;      // 网页打开进度表,即页面导入情况栏
    private Label label_status;                  // 最终网页打开过程的显示
    private TabFolder tabFolder;                 // Browser 的容器
    private Composite composite_tool;            // 工具栏区域
    private Composite composite_browser;         // 浏览窗口区域
    private Composite composite_status;          // 状态栏区域
    protected Display display;
    protected Shell shell_default;
    public static void main(String[] args){ // 主方法
        try {
            MyBrowser window = new MyBrowser();
            window.open();
        } catch (Exception e) {
            e.printStackTrace();
        }
    }
```

```java
        }
        // 打开新窗口
        public void open() {
            display = Display.getDefault();
            shell_default = new Shell(display);
            createContents();
            shell_default.open();
            shell_default.layout();
            while (!shell_default.isDisposed()) {
                if (!display.readAndDispatch())
                    display.sleep();
            }
        }
        // 生成新窗口内容
        protected void createContents() {
            shell_default.setSize(649, 448);
            shell_default.setText("浏览器 ");
            GridLayout gl_shell = new GridLayout();
            gl_shell.marginWidth = 0;           // 组件与容器边缘的水平距离
            gl_shell.marginHeight = 0;          // 组件与容器边缘的垂直距离
            gl_shell.horizontalSpacing = 0;     // 组件之间的水平距离
            gl_shell.verticalSpacing = 0;       // 组件之间的垂直距离
            shell_default.setLayout(gl_shell);
            // 创建浏览器界面
            createTool();
            createBrowser();
            createStatus();
            // 创建浏览器的相关事件监听
            runThread();
        }
        // 创建基本工具栏,不包括相关事件监听
        private void createTool() {
            composite_tool = new Composite(shell_default, SWT.BORDER);
            /* GridData()的第一个参数是水平排列方式,第二个参数是垂直排列方式,第三个参数
是水平抢占与否,第四个参数是垂直抢占与否*/
            GridData gd_composite = new GridData(SWT.FILL, SWT.CENTER, true, false);
            gd_composite.heightHint = 30;       // 高度和宽度
            gd_composite.widthHint = 549;
            composite_tool.setLayoutData(gd_composite);
            GridLayout fl_composite = new GridLayout();
            fl_composite.numColumns = 8;
            composite_tool.setLayout(fl_composite);
            // 前进和后退
            button_back = new Button(composite_tool, SWT.NONE);
            button_back.setLayoutData(new GridData(27, SWT.DEFAULT));
            // 设置大小和格式
            button_back.setText("后退");
```

```java
        button_forward = new Button(composite_tool, SWT.NONE);
        button_forward.setLayoutData(new GridData(24, SWT.DEFAULT));
        button_forward.setText("前进");
        // 地址
        combo_address = new Combo(composite_tool, SWT.BORDER);
        final GridData gd_combo_3 = new GridData(SWT.FILL, SWT.LEFT, true,
false);   // 在窗口变化时自动扩展水平方向的大小
        gd_combo_3.widthHint = 300;              // 起始宽度
        gd_combo_3.minimumWidth = 50;            // 设置最小宽度
        combo_address.setLayoutData(gd_combo_3);
        // 访问确定
        button_go = new Button(composite_tool, SWT.NONE);
        button_go.setLayoutData(new GridData(25, SWT.DEFAULT));
        button_go.setText("访问");
        // 停止访问
        button_stop = new Button(composite_tool, SWT.NONE);
        button_stop.setLayoutData(new GridData(24, SWT.DEFAULT));
        button_stop.setText("停止");
        final Label label = new Label(composite_tool, SWT.SEPARATOR |
            SWT.VERTICAL);
        label.setLayoutData(new GridData(2, 17));
    }
    // 创建浏览器
    private void createBrowser() {
        composite_browser = new Composite(shell_default, SWT.NONE);
        final GridData gd_composite = new GridData(SWT.FILL, SWT.FILL, true,
true);   // 充满窗口,且水平和垂直方向随窗口而变
        gd_composite.heightHint = 273;
        composite_browser.setLayoutData(gd_composite);
        GridLayout gl_composite = new GridLayout();
        gl_composite.marginHeight = 0;    // 使组件上下方向占满容器
        gl_composite.marginWidth = 0;     // 使组件左右方向占满容器
        composite_browser.setLayout(gl_composite);
        tabFolder = new TabFolder(composite_browser, SWT.NONE);
        final GridData gd_tabFolder = new GridData(SWT.FILL, SWT.FILL, true, true);
        gd_tabFolder.heightHint = 312;
        gd_tabFolder.widthHint = 585;
        tabFolder.setLayoutData(gd_tabFolder);
        // 为标签添加右键功能
        tabFolder.addMouseListener(new MouseAdapter() {
            @Override
            public void mouseUp(MouseEvent e) {
                if (e.button == 3) {           // 右键
                    Menu menu_itemRightMouse = new Menu(shell_default,
                        SWT.POP_UP);
                    tabFolder.setMenu(menu_itemRightMouse);
```

```java
                        MenuItem menuItem_itemClose = new MenuItem(menu_itemRightMouse,
SWT.NONE);
                        menuItem_itemClose.setText("关闭当前标签");
                        menuItem_itemClose.addSelectionListener(new SelectionAdapter() {
                            @Override
                            public void widgetSelected(SelectionEvent e) {
                                if (tabFolder.getItemCount() != 1) {/* 不是只存在一
个标签的情况下*/
                                    browser_now.dispose();
                                    tabItem_now.dispose();
                                    tabFolder.redraw();
                                } else {// 只有一个标签
                                    browser_now.setUrl("t: blank");
                                    browser_now.setText("");
                                }
                            }
                        });
                        MenuItem menuItem_itemCloseAll = new MenuItem(
                            menu_itemRightMouse, SWT.NONE);
                        menuItem_itemCloseAll.setText("关闭所有标签");
                        menuItem_itemCloseAll.addSelectionListener(
                            new SelectionAdapter() {
                            @Override
                            public void widgetSelected(SelectionEvent e) {
                                shell_default.close();
                            }
                        });
                    }
                }
            });
        final TabItem tabItem_default = new TabItem(tabFolder, SWT.NONE);
        browser_default = new Browser(tabFolder, SWT.NONE);
        tabItem_default.setControl(browser_default);
        browser_default.setUrl(homePage); // 显示浏览器首页
        // 把初始化的标签置顶,选中
        tabFolder.setSelection(tabItem_default);
    }
    // 创建浏览器底部状态栏,不包括相关事件监听
    private void createStatus() {
        composite_status = new Composite(shell_default, SWT.NONE);
        final GridData gd_composite = new GridData(SWT.FILL, SWT.FILL, true,
false); // 参数 true 使状态栏可以自动水平伸缩
        gd_composite.heightHint = 20;
        gd_composite.widthHint = 367;
        composite_status.setLayoutData(gd_composite);
        GridLayout gl_composite = new GridLayout();
        gl_composite.numColumns = 2;
```

```java
        gl_composite.marginBottom = 5;
        composite_status.setLayout(gl_composite);
        label_status = new Label(composite_status, SWT.NONE);
        GridData gd_status = new GridData(SWT.FILL, SWT.CENTER, true, false);
        gd_status.heightHint = 13;
        gd_status.widthHint = 525;
        label_status.setLayoutData(gd_status);
        progressBar_status = new ProgressBar(composite_status, SWT.BORDER | SWT.SMOOTH);
        progressBar_status.setLayoutData(new GridData(80, 12));
        progressBar_status.setVisible(false);  // 打开过程初始不可见
    }

    private void runThread() {
        // 浏览器新标签前进、后退按钮的默认可用性为不可用
        button_back.setEnabled(false);
        button_forward.setEnabled(false);
        // 获取浏览器的当前标签和功能 Browser
        tabItem_now = tabFolder.getItem(tabFolder.getSelectionIndex());
        browser_now = (Browser) tabItem_now.getControl();
        // 选中事件发生时修改当前浏览器标签
        tabFolder.addSelectionListener(new SelectionAdapter() {
            @Override
            public void widgetSelected(SelectionEvent e) {
                TabItem temp = (TabItem) e.item;
                if (temp != tabItem_now) {//防止重选一个标签，预防多次触发相同事件
                    tabItem_now = temp;
                    browser_now = (Browser) tabItem_now.getControl();
                    // 在相应的标签中，前进、后退按钮的可用性是不一样的
                    if (browser_now.isBackEnabled()) {      // 后退按钮的可用性
                        button_back.setEnabled(true);
                    } else {
                        button_back.setEnabled(false);
                    }
                    if (browser_now.isForwardEnabled()) {   // 前进按钮的可用性
                        button_forward.setEnabled(true);
                    } else {
                        button_forward.setEnabled(false);
                    }
                }
            }
        });
        // 添加浏览器的后退、向前、前进、停止按钮事件监听
        button_back.addSelectionListener(new SelectionAdapter() {
            @Override
            public void widgetSelected(SelectionEvent arg0) {
```

```java
            if (browser_now.isBackEnabled()) {   //本次可后退
                browser_now.back();
                button_forward.setEnabled(true);//下次可前进，前进按钮可用
            }
            if (!browser_now.isBackEnabled()) {//下次不可后退，后退按钮不可用
                button_back.setEnabled(false);
            }
        }
    });
    button_forward.addSelectionListener(new SelectionAdapter() {
        @Override
        public void widgetSelected(SelectionEvent arg0) {
            if (browser_now.isForwardEnabled()) {  // 本次可前进
                browser_now.forward();
                button_back.setEnabled(true);         // 后退按钮可用
            }

            if (!browser_now.isForwardEnabled()) {/*下次不可前进，前进按钮不可用*/
                button_forward.setEnabled(false);
            }
        }
    });
    button_stop.addSelectionListener(new SelectionAdapter() {

        @Override
        public void widgetSelected(SelectionEvent arg0) {
            browser_now.stop();
        }
    });
    combo_address.addKeyListener(new KeyAdapter() {
        // 手动输入地址后按回车键转到相应网址
        @Override
        public void keyReleased(KeyEvent e) {
            if (e.keyCode == SWT.CR) {              // 回车键触发事件
                browser_now.setUrl(combo_address.getText());
            }
        }
    });
    /*
    * 1>在 addOpenWindowListener()下的 open() 写入 e.browser=browser_new 的
情况下，导入新的超级链接，只有当单击页面上的链接，且链接不在新的页面打开时才会发生。
    * 2>在 addOpenWindowListener()下的 open()不写入 e.browser=browser_new 的情
况下，导入新的超级链接， 只有当单击页面上的链接,且链接在新的页面打开时才会发生。
    * 除了以上两种外，当然还包括 browser.back()、browser.forward()、
browser.go()、browser.setUrl()发生时触发， 但 changing()在不写入 e.browser=
browser_new 的情况下，不被 browser.setUrl()触发
```

```java
            */
            browser_now.addLocationListener(new LocationAdapter() {
                @Override
                public void changing(LocationEvent e) {        // 表示超级链接地址改变了
                    if (openNewItem == false) {                 // 新的页面在同一标签中打开
                        button_back.setEnabled(true);
                        // 后退按钮可用, 此句是后退按钮可用于判断的逻辑开始点
                    }
                }
                @Override
                public void changed(LocationEvent e) {         // 找到了页面链接地址
                    combo_address.setText(e.location);          // 改变链接地址显示
                    /*新的页面已经打开, browser 的 LocationListener 已经监听完毕,
openNewItem恢复默认值*/
                    if (openNewItem == true) {
                        openNewItem = false;
                    }
                }
            });
            // 新的超级链接页面的导入百分比, 在导入新的页面时发生, 此时链接地址已知
            browser_now.addProgressListener(new ProgressAdapter() {
                @Override
                public void changed(ProgressEvent e) {
                    // 本事件不断发生于页面的导入过程中
                    progressBar_status.setMaximum(e.total);
                    // e.total 表示从最开始页面到最终页面的数值
                    progressBar_status.setSelection(e.current);
                    if (e.current != e.total) {                 // 页面还没完全导入
                        loadCompleted = false;
                        progressBar_status.setVisible(true);
                        // 页面导入情况栏不可见
                    } else {
                        loadCompleted = true;
                        progressBar_status.setVisible(false);
                    }
                }
                @Override
                public void completed(ProgressEvent arg0) {  /*发生在一次导入页面时,
本监听器的changed事件最后一次发生之前*/
                }
            });
            /*获取页面内容过程、文字显示addProgressListener()过程, 同时还能检测到已打开
页面存在的超级链接, 就是用该功能来获取新的链接地址*/
            browser_now.addStatusTextListener(new StatusTextListener() {
                public void changed(StatusTextEvent e) {
                    if (loadCompleted == false) {
```

```java
                    label_status.setText(e.text);
                } else {
                    newUrl = e.text; // 页面导入完成,捕捉页面上可能打开的链接
                }
            }
        });
        // 显示页面的提示语句,在新的页面导入时发生
        browser_now.addTitleListener(new TitleListener() {
            public void changed(TitleEvent e) {
                shell_default.setText(e.title);
                if (e.title.length() > 3) { // 在标签上显示当前页面提示字符
                    tabItem_now.setText(e.title.substring(0, 3) + "..");
                } else {
                    tabItem_now.setText(e.title);
                }
                tabItem_now.setToolTipText(e.title); // 标签显示提示符
            }
        });
        /*打开新的页面,当前打开页面的新的链接需要在新的窗口页面打开时发生。
          addOpenWindowListener 下 open()中的一句 e.browser=browser_new;
          关键部分,联系 addOpenWindowListener、addVisibilityWindowListener 和
          addDisposeListener 的值传递枢纽
        */
        browser_now.addOpenWindowListener(new OpenWindowListener() {
            // 在当前页面中打开单击的链接页面
            public void open(WindowEvent e) {
                Browser browser_new = new Browser(tabFolder, SWT.NONE);
                TabItem tabItem_new = new TabItem(tabFolder, SWT.NONE);
                tabItem_new.setControl(browser_new);
                tabFolder.setSelection(tabItem_new);// 新打开的页面标签置顶
                tabFolder.redraw();// 刷新容器
                browser_new.setUrl(newUrl);// 新标签中设置新的链接地址
                openNewItem = true;// 新的页面在新的标签中打开
                /* 关键部分,告知新的页面由 browser_new 打开,只要实现这句就不会弹出操
作系统默认的浏览器*/
                e.browser = browser_new;
                // 为浏览器新的标签添加事件监听
                display.syncExec(new Runnable() {
                    public void run() {
                        runThread();
                    }
                });
            }
        });
        // 浏览器关闭事件,关闭当前功能浏览器,否则浏览器主窗口关闭了,还有进程在运行
        browser_now.addCloseWindowListener(new CloseWindowListener() {
            public void close(WindowEvent e) {
```

```
                browser_now.dispose();
            }
        });
    }
}
```

程序运行界面如图 9.5 所示。

图 9.5　简易浏览器

说明：请同学们学习上面的案例并实现，重点学习界面的构造、监听器的使用，该程序中使用了大量不同类型的监听器，例如 addSelectionListener、addLocationListener、addProgressListener、addStatusTextListener、addOpenWindowListener、addTitleListener 和 addCloseWindowListener，并学习工具栏、状态栏的使用方法等。

扩展：扩展上面的例程，加入刷新、历史记录、添加常用菜单及菜单项、搜索等功能，并把工具栏中的按钮换成图标的形式。

小　　结

本章讲解了 Java 在网络程序设计方面的应用，首先介绍了有关网络通信的基础知识，包括 TCP/IP 的分层结构，其次分析了如何通过 Socket 建立客户端和服务器之间的连接并进行通信。

Java 在 Java.net 程序包中分两个级别提供基本的联网支持：较高级的 URL 级别和较低级的套接字级别。这里只讨论了套接字的用法，并给出了应用套接字通信的实例。

套接字(Socket)是实现客户端与服务器间通信的一种机制。在客户端和服务器中，分别创建独立的 Socket，并通过 Socket 的属性，将两个 Socket 进行连接。实现连接后，就可以通过获取 Socket 的输入和输出流进行通信。Java 在软件包 java.net 内提供了两个类——

ServerSocket 和 Socket，分别对应双向连接的服务器端和客户端。建立连接时，服务器端的程序首先选择一个端口注册，然后调用 accept()方法对此端口进行监听，等待其他程序的连接申请；如果客户端的程序申请和此端口连接，那么服务器端就利用 accept()方法来取得这个连接的 Socket，从而建立起客户端与服务器的通信。

习　　题

一、简答题

1. 描述 TCP/IP 分层模型与 OSI 七层模型之间的关系。
2. 描述利用套接字实现客户端与服务器之间连接的方法及过程。
3. 如何利用套接字输入、输出流实现客户端与服务器之间的通信？

二、阅读程序题

阅读下列程序，并在程序中"//"后加上注释，最后描述程序的执行过程和功能，并给出运行结果。

（1）服务器端程序。

```java
import java.io.*;
import java.net.*;
public class Server {
    public static void main(String args[]) {
        try {
            ServerSocket server = new ServerSocket(9527); //
            System.out.println("服务器启动完毕");
            Socket socket = server.accept();//
            System.out.println("创建客户连接");
            InputStream input = socket.getInputStream();//
            InputStreamReader isreader = new InputStreamReader(input);
            BufferedReader reader = new BufferedReader(isreader);
            while (true) {
                String str = reader.readLine();//
                if (str.equals("exit"))                 //如果接收到exit
                {
                    break;
                }
                System.out.println("接收内容：" + str);
            }
            System.out.println("连接断开");
            reader.close();
            isreader.close();//
            input.close();
            socket.close();
            server.close();
```

```
            } catch (IOException e) {
                e.printStackTrace();
            }
        }
    }
}
```

(2) 客户端程序。

```
import java.io.*;
import java.net.*;
public class Client{
    public static void main(String[] args) {
        try {
            Socket socket=new Socket("localhost",9527);     //
            OutputStream out = socket.getOutputStream();    //
            out.write("这是我第一次访问服务器\n".getBytes());    //
            out.write("Hello\n".getBytes());
            out.write("exit\n".getBytes());                 //
        } catch (UnknownHostException e) {
            e.printStackTrace();
        } catch (IOException e) {
            e.printStackTrace();
        }
    }
}
```

【第 9 章　习题答案】

第 10 章

图形用户界面

学习目标

内　　容	要　　求
事件处理模型	掌握
Swing 常用组件	掌握
布局管理器的种类及用法	掌握

图形用户界面(Graphic User Interface，GUI)由一些诸如窗口、标签、文本域、按钮的组件组成。GUI 设计主要包括 3 方面的工作：创建组件、布局管理和事件处理。在 Java 的早期版本中，GUI 设计是基于 java.awt 包的。java.awt 和 java.awt.event 包提供了进行 GUI 设计的软件部分，如组件类、布局管理器类、事件类和监听接口。Java2 引入了 javax.swing 包，javax.swing 包提供了比 java.awt 包更为丰富的组件类。Swing 组件的功能比 AWT 组件的功能更强大，而且更加灵活。javax.swing 和 javax.swing.event 包也提供了一些新的布局管理器和事件类型，但可以把它们看作是对早期版本的一个扩充。或者说，在基于 Swing 的 GUI 设计中，仍然会大量使用 java.awt 和 java.awt.event 包提供的布局管理器和事件类型。

【第 10 章　代码下载】

10.1 图形用户界面概述

图形用户界面为用户和程序进行可视化交互提供了更符合人性的便捷操作方法，因此设计一个图形用户界面的应用程序必须具备其特征要素，如：菜单、工具栏、控件等。Java 为设计图形用户界面应用程序提供了基于 GUI 组件的快速应用开发手段，并提供了大量的可用组件，支持事件驱动开发。

早期的 Java(Java1.0)包含一个抽象窗口工具集(Abstract Window Toolkit，AWT)的类库，用于基本的 GUI 编程。AWT 提供了一套与本地图形界面进行交互的接口。AWT 中的图形函数与操作系统所提供的图形函数之间有着一一对应的关系，把它称为 peers。也就是说，当利用 AWT 来构建图形用户界面的时候，实际上是在利用操作系统所提供的图形库。由于不同操作系统的图形库所提供的功能是不一样的，在一个平台上存在的功能在另外一个平台上则可能不存在。为了实现 Java 语言宣称的"一次编译，到处运行"的概念，AWT 不得不通过牺牲功能来实现其平台无关性，也就是说，AWT 所提供的图形功能是各种通用型操作系统所提供的图形功能的交集。由于 AWT 是依靠本地方法来实现其功能的，因此通常把 AWT 控件称为重量级控件。

Swing 是在 AWT 的基础上构建的一套新的图形界面系统，它提供了 AWT 所能够提供的所有功能，并且用纯粹的 Java 代码对 AWT 的功能进行了大幅度的扩充。例如，并不是所有的操作系统都提供了对树形控件的支持，Swing 利用了 AWT 中所提供的基本作图方法对树形控件进行模拟。由于 Swing 控件是用 100%的 Java 代码来实现的，因此在一个平台上设计的树形控件可以在其他平台上使用。由于在 Swing 中没有使用本地方法来实现图形功能，因此通常把 Swing 控件称为轻量级控件。

AWT 和 Swing 之间的基本区别如下。AWT 是基于本地方法的 C/C++程序，其运行速度比较快；Swing 是基于 AWT 的 Java 程序，其运行速度比较慢。对于一个嵌入式应用来说，目标平台的硬件资源往往非常有限，而应用程序的运行速度又是项目中至关重要的因素。在这种矛盾的情况下，简单而高效的 AWT 当然成了嵌入式 Java 的第一选择。而在普通的基于 PC 或者是工作站的标准 Java 应用中，硬件资源对应用程序所造成的限制往往不是项目中的关键因素，所以在标准版的 Java 中则提倡使用 Swing，也就是通过牺牲速度来实现应用程序的功能。

Swing 的出现并没有完全替代 AWT，Swing 只是提供了更好的用户界面组件而已。AWT 的体系结构在 Java1.1 版本后基本没有变化，AWT 的用户界面组件仍然可以用，尤其是 AWT 事件处理模型还被 Swing 使用。在本书中，主要以 Swing 来介绍图形界面程序设计。

10.2 事 件 处 理

10.2.1 事件处理模型

图形用户界面通过事件机制响应用户和程序的交互。产生事件的组件称事件源。如，当用户单击某个按钮时就会产生动作事件，该按钮就是事件源。要处理产生的事件，需要在特定的方法中编写处理事件的程序。这样，当产生某种事件时就会调用处理这种事件的方法，从而实现用户与程序的交互，这就是图形用户界面事件处理的基本原理。

事件源——产生事件的地方(单击鼠标、按按钮、选择项目等产生动作的对象)。

事件——即其所产生的动作状态。

事件源产生一个事件，并把这个事件发送到一个或多个监听程序，监听程序只是等待这个事件并处理它，然后返回。即，程序把事件的处理"委托"给一段"代码"。

监听程序必须注册一个事件源，才能接收这个事件，这个过程是自动的。监听程序必须实现接收和处理这个事件的方法。由于同一个事件源上可能发生多种事件，因此 Java 采取了授权处理机制(Delegation Model)，事件源可以把在其自身所有可能发生的事件分别授权给不同的事件处理者来处理。比如在 Canvas 对象上既可能发生鼠标事件，也可能发生键盘事件，该 Canvas 对象就可以授权给事件处理者 1 来处理鼠标事件，同时授权给事件处理者 2 来处理键盘事件。有时也将事件处理者称为监听器，主要原因也在于监听器时刻监听着事件源上所有发生的事件类型，一旦该事件类型与自己所负责处理的事件类型一致，就马上进行处理。授权模型把事件的处理委托给外部的处理实体进行处理，实现了将事件源和监听器分开的机制。事件处理者(监听器)通常是一个类，如果该类能够处理某种类型的事件，那么该类就必须实现与该事件类型相对的接口。例如，例 10-1 中类 ButtonHandler 之所以能够处理 ActionEvent 事件，原因在于它实现了与 ActionEvent 事件对应的接口 ActionListener。每个事件类都有一个与之相对应的接口。

将事件源对象和事件处理器(事件监听器)分开，如图 10.1 所示。

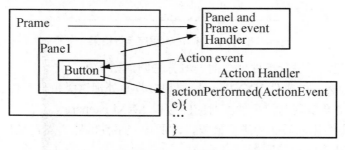

图 10.1　事件处理模型

【例 10-1】一个简单的事件处理模型。

【教学视频】

```
// TestButton.java
import javax.swing.*;
import java.awt.*;
import java.awt.event.*;
public class TestButton extends JFrame {
    public static void main(String args[]) {
        JFrame f = new JFrame("Test");
        f.setDefaultCloseOperation(EXIT_ON_CLOSE);
        Button b = new Button("Press Me!");
        b.addActionListener(new ButtonHandler());
```

```
        /*注册监听器进行授权,该方法的参数是事件处理者对象,要处理的事件类型可以从方法名中看
        出,例如本方法要授权处理的事件是ActionEvent,因为方法名是addActionListener.*/
        f.setLayout(new FlowLayout()); //设置布局管理器
        f.add(b);
        f.setSize(200, 100);
        f.setVisible(true);
    }
}
class ButtonHandler implements ActionListener {
    //实现接口ActionListener才能做事件ActionEvent的处理者
    public void actionPerformed(ActionEvent e)
//系统产生的ActionEvent事件对象被当作参数传递给该方法
    {
        System.out.println("Action occurred");
        /*本接口只有一个方法,因此事件发生时,系统会自动调用本方法,需要做的操作就是把
        代码写在这个方法里。*/
    }
}
```

运行程序,其输出结果如图 10.2 所示。

图 10.2 例 10-1 程序运行结果

使用授权处理模型进行事件处理的一般方法归纳如下。

(1) 对于某种类型的事件 XXXEvent,要想接收并处理这类事件,必须定义相应的事件监听器类,该类需要实现与该事件相对应的接口 XXXListener。

(2) 事件源实例化以后必须进行授权,注册该类事件的监听器,使用 addXXXListener (XXXListener)方法来注册监听器。

10.2.2 事件类

与 AWT 有关的所有事件类都由 java.awt.AWTEvent 类派生,它也是 EventObject 类的子类。AWT 事件共有 10 类,可以归为两大类:低级事件和高级事件。

低级事件是指基于组件和容器的事件,当一个组件上发生了事件,如:鼠标的进入、单击、拖放等,或组件的窗口开关等,触发了组件事件。高级事件是基于语义的事件,它可以不和特定的动作相关联,而依赖于触发此事件的类,如在 TextField 中按 Enter 键会触发 ActionEvent 事件,滑动滚动条会触发 AdjustmentEvent 事件,或是选中项目列表的某一条就会触发 ItemEvent 事件。

1. 低级事件

ComponentEvent(组件事件：组件尺寸的变化、移动)；
ContainerEvent(容器事件：组件增加、移动)；
WindowEvent(窗口事件：关闭窗口、窗口闭合、图标化)；
FocusEvent(焦点事件：焦点的获得和丢失)；
KeyEvent(键盘事件：键按下、释放)；
MouseEvent(鼠标事件：鼠标单击、移动)。

2. 高级事件(语义事件)

ActionEvent(动作事件：按钮按下，TextField 中按 Enter 键)；
AdjustmentEvent(调节事件：在滚动条上移动滑块以调节数值)；
ItemEvent(项目事件：选择项目，不选择"项目改变")；
TextEvent(文本事件：文本对象改变)。

10.2.3 事件监听器

每类事件都有对应的事件监听器，监听器是接口，根据动作来定义方法。

例如，与键盘事件 KeyEvent 相对应的接口如下。

```
public interface KeyListener extends EventListener {
    public void keyPressed(KeyEvent ev);
    public void keyReleased(KeyEvent ev);
    public void keyTyped(KeyEvent ev);
}
```

注意到在本接口中有 3 个方法，那么 Java 运行时系统在何时调用哪个方法呢？其实根据这 3 个方法的方法名就能够知道应该是什么时候调用哪个方法了。当键盘刚按下去时，系统将调用 keyPressed()方法执行；当键盘抬起来时，系统将调用 keyReleased()方法执行；当键盘敲击一次时，系统将调用 keyTyped()方法执行。

又例如，窗口事件对应的接口如下。

```
public interface WindowListener extends EventListener{
    public void windowClosing(WindowEvent e);
    //把退出窗口的语句写在本方法中
    public void windowOpened(WindowEvent e);
    //窗口打开时调用
    public void windowIconified(WindowEvent e);
    //窗口图标化时调用
    public void windowDeiconified(WindowEvent e);
    //窗口非图标化时调用
    public void windowClosed(WindowEvent e);
    //窗口关闭时调用
    public void windowActivated(WindowEvent e);
    //窗口激活时调用
```

```
        public void windowDeactivated(WindowEvent e);
        //窗口非激活时调用
}
```

AWT 的组件类中提供注册和注销监听器的方法有如下几种。

(1) 注册监听器。

```
public void add<ListenerType> (<ListenerType>listener);
```

(2) 注销监听器。

```
public void remove<ListenerType> (<ListenerType>listener);
```

例如，Button 类(查 API)：

```
public class Button extends Component {
    …
    public synchronized void addActionListener(ActionListener l);
    public synchronized void removeActionListener(ActionListener l);
    …
}
```

10.2.4 事件及其相应的监听器接口

表 10-1 列出了所有 AWT 事件及其相应的监听器接口，一共 10 类事件，11 个接口。

表 10-1 常用 Java 事件类、处理该事件的接口及接口中的方法

事件类别	描述信息	接口名	方法
ActionEvent	激活组件	ActionListener	actionPerformed(ActionEvent)
ItemEvent	选择了某些项目	ItemListener	itemStateChanged(ItemEvent)
MouseEvent	鼠标移动	MouseMotionListener	mouseDragged(MouseEvent) mouseMoved(MouseEvent)
MouseEvent	鼠标单击等	MouseListener	mousePressed(MouseEvent) mouseReleased(MouseEvent) mouseEntered(MouseEvent) mouseExited(MouseEvent) mouseClicked(MouseEvent)
KeyEvent	键盘输入	KeyListener	keyPressed(KeyEvent) keyReleased(KeyEvent) keyTyped(KeyEvent)
FocusEvent	组件收到或失去焦点	FocusListener	focusGained(FocusEvent) focusLost(FocusEvent)
AdjustmentEvent	移动了滚动条等组件	AdjustmentListener	adjustmentValueChanged(AdjustmentEvent)

续表

事件类别	描述信息	接口名	方　　法
ComponentEvent	对象移动缩放显示隐藏等	ComponentListener	componentMoved(ComponentEvent) componentHidden(ComponentEvent) componentResized(ComponentEvent) componentShown(ComponentEvent)
WindowEvent	窗口收到窗口级事件	WindowListener	windowClosing(WindowEvent) windowOpened(WindowEvent) windowIconified(WindowEvent) windowDeiconified(WindowEvent) windowClosed(WindowEvent) windowActivated(WindowEvent) windowDeactivated(WindowEvent)
ContainerEvent	容器中增加、删除了组件	ContainerListener	componentAdded(ContainerEvent) componentRemoved(ContainerEvent)
TextEvent	文本字段或文本区发生改变	TextListener	textValueChanged(TextEvent)

【例 10-2】事件处理模型应用。

```
// ThreeListener.java
import java.awt.*;
import java.awt.event.*;
public class ThreeListener implements MouseMotionListener, MouseListener, WindowListener {
    //实现了 3 个接口
    private Frame f;
    private TextField tf;
    public static void main(String args[]) {
        ThreeListener two = new ThreeListener();
        two.go();
    }
    public void go() {
        f = new Frame("Three listeners example");
        f.add(new Label("Click and drag the mouse"), "North");
        tf = new TextField(30);
        f.add(tf, "South");                      //使用默认的布局管理器
        f.addMouseMotionListener(this);          //注册监听器 MouseMotionListener
        f.addMouseListener(this);                //注册监听器 MouseListener
        f.addWindowListener(this);               //注册监听器 WindowListener
        f.setSize(300, 200);
```

```java
        f.setVisible(true);
    }
    public void mouseDragged(MouseEvent e) {
        //实现mouseDragged()方法
        String s = "Mouse dragging : X=" + e.getX() + "Y = " + e.getY();
        tf.setText(s);
    }
    public void mouseMoved(MouseEvent e) {
    }//对其不感兴趣的方法可以方法体为空
    public void mouseClicked(MouseEvent e) {
    }
    public void mouseEntered(MouseEvent e) {
        String s = "The mouse entered";
        tf.setText(s);
    }
    public void mouseExited(MouseEvent e) {
        String s = "The mouse has left the building";
        tf.setText(s);
    }
    public void mousePressed(MouseEvent e) {
    }
    public void mouseReleased(MouseEvent e) {
    }
    public void windowClosing(WindowEvent e) {
        //为了使窗口能正常关闭、程序正常退出,需要实现windowClosing()方法
        System.exit(1);
    }
    public void windowOpened(WindowEvent e) {
    }
    public void windowIconified(WindowEvent e) {
    }
    public void windowDeiconified(WindowEvent e) {
    }
    public void windowClosed(WindowEvent e) {
    }
    public void windowActivated(WindowEvent e) {
    }
    public void windowDeactivated(WindowEvent e) {
    }
}
```

运行程序，其输出结果如图 10.3 所示。

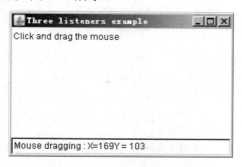

图 10.3　例 10-2 程序运行结果

上例中有如下几个特点。

(1) 可以实现多个接口，接口之间用逗号隔开。

```
……implements MouseMotionListener, MouseListener, WindowListener;
```

(2) 可以由同一个对象监听一个事件源上发生的多种事件。

```
f.addMouseMotionListener(this);
f.addMouseListener(this);
f.addWindowListener(this);
```

则对象 f 上发生的多个事件都将被同一个监听器接收和处理。

(3) 事件处理者和事件源处在同一个类中。本例中事件源是 Frame f，事件处理者是类 ThreeListener，其中事件源 Frame f 是类 ThreeListener 的成员变量。

(4) 可以通过事件对象获得详细资料，比如本例中就通过事件对象获得了鼠标发生时的坐标值。

```
public void mouseDragged(MouseEvent e) {
    String s="Mouse dragging :X="+e.getX()+"Y="+e.getY();
    tf.setText(s);
}
```

10.3　Swing 组件

软件界面是软件和用户之间的交流平台，而组件则是绘制软件界面的基本元素，是软件和用户之间的交流要素。Swing 组件从功能上分为容器和基本组件；容器又分为顶层容器和中间层容器。

顶层容器：JFrame、JDialog、JApplet 和 JWindow。用于构造图形用户界面的窗口，并容纳其他容器和组件，它们是可以独立存在的。

中间层容器：JPanel、JScrollPane、JToolBar 等。这些容器可容纳其他组件，但是不能独立存在，需要添加到其他容器中，通常用来按功能组织基本组件。

基本组件：按钮 JButton、文本框 JTextField 等。基本组件是图形用户界面的基本组成单位，不能独立存在，必须将其添加到一定的容器中。

10.3.1 窗体——JFrame 类

JFrame 框架窗体是 javax.swing 包中的一个类，该类是一个组件，同时也是一个容纳其他组件的容器。在开发 Java 应用程序时，通常使用 JFrame 类或 JFrame 类的子类创建窗体，并在窗体上放置菜单、按钮和其他组件以完成应用程序界面的设计。利用 JFrame 类创建的窗体分别包含一个标题、最小化按钮、最大化按钮和关闭按钮，如图 10.4 所示。

图 10.4 利用 JFrame 类创建的窗体

下面介绍一下 JFrame 类的构造方法和一些常用的设置窗体的方法。

1. JFrame 类的常用构造方法

(1) JFrame()：构造一个初始不可见的新窗体。

例如：JFrame frame=new JFrame();

(2) JFrame(String title)：创建一个初始不可见的、具有指定标题的新窗体。

例如：JFrame frame=new JFrame("第一个窗体");

2. JFrame 类的常用方法

(1) void setBounds(int x,int y,int width,int height)：设置组件的位置及大小，由 x 和 y 指定组件左上角的位置，由 width 和 height 指定组件的大小。

(2) void setVisible(Boolean b)：根据参数 b 的值显示或隐藏窗体。

(3) void setDefaultCloseOperation(EXIT_ON_CLOSE)：设置用户单击窗体上的关闭按钮时默认的执行操作为关闭窗体并退出应用程序。

(4) Container getContentPane()：返回窗体的 Container 容器对象。

说明：要向 JFrame 框架窗体中添加组件时，并不是直接将组件添加到 JFrame 框架窗体上，而是应该先使用 getContentPane()方法获得 JFrame 框架窗体的 Container 容器，然后将组件添加到 Container 容器中，使其显示在窗体上。添加组件是通过 Container 类的 add()方法向容器中完成的。

(5) void setSize(int width,int height)：设置组件的大小，使其宽度为 width，高度为 height。

【例 10-3】利用 JFrame 类创建窗体，并在窗体中添加两个按钮。

```
// JFrameDemo.java
import javax.swing.*;
import java.awt.*;
public class JFrameDemo extends JFrame {
    public JFrameDemo() {
        super("JFrame 窗口");
```

```
        //调用父类构造方法创建标题为"JFrame 窗口"的窗体
        setDefaultCloseOperation(EXIT_ON_CLOSE);
        //设置用户单击窗体上的关闭按钮时默认的执行操作为关闭窗体并退出应用程序
        Container con = getContentPane();
        //返回窗体的 Container 容器对象
        setBounds(50, 50, 180, 120);
        //移动组件并调整其大小,前两个参数指定左上角的新位置,后两个参数指定组件的宽和高
        con.setLayout(new FlowLayout());
        //设置容器布局为流布局
        JButton ok = new JButton("确定");
        JButton cancel = new JButton("取消");
        con.add(ok);
        con.add(cancel);
        setVisible(true);
    }
    public static void main(String[] args) {
        JFrameDemo f = new JFrameDemo();
    }
}
```

运行程序,其输出结果如图 10.5 所示。

图 10.5 例 10-3 程序运行结果

10.3.2 面板——JPanel 类

JPanel 面板也是一种容器,在进行 Java 程序开发时,经常需要使用面板容器来实现复杂界面的设计。可以在该面板容器中添加组件,然后再将面板添加到其他容器中,从而实现容器的嵌套使用。

JPanel 类的构造方法如下。

(1) JPanel():创建具有默认为流布局的新面板。

例如:JPanel panel=new JPanel();

(2) JPanel(LayoutManager layout):创建一个由参数 layout 指定布局的新面板。

例如:JPanel panel2=new JPanel(new GridLayout(3,4));

【例 10-4】利用 JPanel 类创建 4 个面板,并在每个面板中用不同的网格布局添加若干按钮。

```
// JPanelDemo.java
import javax.swing.*;
import java.awt.*;
```

```java
public class JPanelDemo extends JFrame {
    public JPanelDemo() {
        super("");
        setDefaultCloseOperation(EXIT_ON_CLOSE);
        Container con = getContentPane();
        setBounds(100, 100, 300, 200);
        con.setLayout(new FlowLayout());
        JPanel p1 = new JPanel();
        JPanel p2 = new JPanel();
        JPanel p3 = new JPanel();
        JPanel p4 = new JPanel();
        p1.setLayout(new GridLayout(2,1,5,5));//网格布局，布局管理器的内容参考10.4节
        p2.setLayout(new GridLayout(1, 2, 5, 5));
        p3.setLayout(new GridLayout(2, 2, 5, 5));
        p4.setLayout(new GridLayout(3, 1, 5, 5));
        p1.add(new JButton("按钮1"));
        p1.add(new JButton("按钮2"));
        p2.add(new JButton("按钮3"));
        p2.add(new JButton("按钮4"));
        p3.add(new JButton("按钮5"));
        p3.add(new JButton("按钮6"));
        p3.add(new JButton("按钮7"));
        p3.add(new JButton("按钮8"));
        p4.add(new JButton("按钮9"));
        p4.add(new JButton("按钮10"));
        p4.add(new JButton("按钮11"));
        con.add(p1);
        con.add(p2);
        con.add(p3);
        con.add(p4);
        setVisible(true);
    }
    public static void main(String[] args) {
        JPanelDemo f = new JPanelDemo();
    }
}
```

运行程序，其输出结果如图10.6所示。

图10.6 例10-4 程序运行结果

10.3.3 标签——JLabel 类

JLable 组件被称为标签,它是一个静态组件,也是标准组件中最简单的一个组件。每个标签用一个标签类的对象表示,可以显示一行静态文本。标签只起信息说明的作用,而不接受用户的输入,也无事件响应。

【教学视频】

1. JLabel 类的常用构造方法

(1) JLabel():创建无图像并且其标题为空字符串的 JLabel。
(2) JLabel(Icon image):创建具有指定图像的 JLabel 实例。
(3) JLabel(String text):创建具有指定文本的 JLabel 实例。

2. JLabel 类的常用方法(见表 10-2)

表 10-2 JLable 类的常用方法

方法名称	功能描述
Icon getIcon()	获取此标签的图标
void setIcon(Icon icon)	设置标签的图标
String getText()	获取此标签的文本
void setText(String lable)	设置标签的文本
void setHorizontalAlignment(int alig)	设置标签内组件的水平对齐方式
void setVerticalAlignment(int alig)	设置标签内组件的垂直对齐方式
void setHorizontalTextPosition(int tp)	设置标签内文字与图标的水平相对位置
void setVerticalTextPosition (int tp)	设置标签内文字与图标的垂直相对位置

【例 10-5】在窗体中创建一个同时显示文本和图片的标签。

```
// JLableDemo.java
import javax.swing.*;
import java.awt.*;
public class JLableDemo extends JFrame {
    JLableDemo() {
        super("JLableDemo");
        setDefaultCloseOperation(EXIT_ON_CLOSE);
        Container con = getContentPane();
        setBounds(50, 50, 300, 200);
        JLabel label = new JLabel();                          //创建标签对象
        label.setText("This is a label!");                    //设置标签显示文字
        label.setHorizontalAlignment(JLabel.CENTER);          //设置标签内容居中显示
        label.setIcon(new ImageIcon("qq.jpg"));               //设置标签显示图片
        label.setHorizontalTextPosition(JLabel.CENTER);
                                    //设置文字相对图片在水平方向的显示位置
        label.setVerticalTextPosition(JLabel.BOTTOM);
                                    //设置文字相对图片在垂直方向的显示位置
```

```
        con.add(label);
    }
    public static void main(String[] args) {
        JLableDemo l = new JLableDemo();
        l.setVisible(true);
    }
}
```

运行程序，其输出结果如图 10.7 所示。

图 10.7 例 10-5 程序运行结果

10.3.4 按钮——JButton 类

JButton 组件通常被称为按钮，它是一个具有按下、抬起两种状态的组件。用户可以指定按下按钮(单击事件)时所执行的操作(事件响应)。按钮上通常有一行文字(标签)或一个图标以表明它的功能。此外，Swing 组件中的按钮还可以实现下述效果。

(1) 改变按钮的图标，即一个按钮可以有多个图标，可根据 Swing 按钮所处的状态而自动变换不同的图标。

(2) 为按钮加入提示，即当鼠标在按钮上稍做停留时，在按钮边可出现提示，当鼠标移出按钮时，提示自动消失。

(3) 为按钮设置快捷键。

(4) 设置默认按钮，即通过回车键运行此按钮的功能。

1. JButton 类的常用构造方法

(1) JButton()：创建一个无标签的按钮。

(2) JButton(String text)：创建一个有标签的按钮。

(3) JButton(Icon icon)：创建一个有图标的按钮。

(4) JButton(String text, Icon icon)：创建一个有标签和图标的按钮。

2. JButton 类父类中常用的按钮设置方法

JButton 类的父类是 AbstractButton，在 AbstractButton 类中提供了一系列用来设置按钮的方法，常用的设置方法见表 10-3。

表 10-3　AbstractButton 类的常用设置方法

方 法 名 称	功 能 描 述
void setIcon(Icon icon)	设置此按钮的默认图标
void setPressedIcon(Icon pricon)	设置按钮按下时的图标
void setRolloverIcon(Icon roicon)	设置鼠标经过按钮时的图标
void setHorizontalAlignment(int alig)	设置文本与图标的水平对齐方式(CENTER、LEFT、RIGHT、LEADING、TRAILING)
void setVerticalAlignment(int alig)	设置文本与图标的垂直对齐方式(CENTER、TOP、BOTTOM)
void setHorizontalTextPosition(int tp)	设置文本与图标的水平相对位置(CENTER、LEFT、RIGHT、LEADING、TRAILING)
void setVerticalTextPosition (int tp)	设置文本与图标的垂直相对位置(CENTER、TOP、BOTTOM)
void setEnabled(boolean b)	设定按钮是否禁用
void setSelected(boolean b)	设置按钮的状态
void setText(String text)	设置按钮的文本

10.3.5　文本框——JTextField 类与 JPasswordField 类

JTextField 组件实现一个文本框，它定义了一个单行条形文本区，可以输出任何基于文本的信息，也可以接受用户的输入。JTextField 类的常用构造方法和设置方法见表 10-4。

【教学视频】

表 10-4　JTextField 类的常用构造方法和设置方法

方 法 名 称	功 能 描 述
JTextField()	创建一个 JTextField 对象
JTextField(int n)	创建一个列宽为 n 的空 JTextField 对象
JTextField(String s)	创建一个 JTextField 对象，并显示字符串 s
JTextField(String s,int n)	创建一个 JTextField 对象，并以指定的字宽 n 显示字符串 s
JTextField(Document doc,String s, int n)	使用指定的文件存储模式创建一个 JTextField 对象，并以指定的字宽 n 显示字符串 s
void setColumns(int Columns)	设置此对象的列数
void setFont(Font f)	设置字体
void setHorizontalAlignment(int alig)	设置文本的水平对齐方式(LEFT、CENTER、RIGHT)
void setScrollOffset(int scrollOffset)	设置文本框的滚动偏移量(以像素为单位)

JPasswordField 组件实现一个密码框，用来接受用户输入的单行文本信息，但是在密码框中并不显示用户输入的真实信息，而是通过显示一个指定的回显字符作为占位符。新创建的密码框的默认回显字符为"*"，可以通过 setEchoChar(char c)方法修改回显符。JPasswordField 类的常用构造方法和成员方法见表 10-5。

表 10-5　JPasswordField 类的常用构造方法和成员方法

方 法 名 称	功 能 描 述
JPasswordField()	构造一个新 JPasswordField，使其具有默认文档、为 null 的开始文本字符串和为 0 的列宽度
JPasswordField(int columns)	构造一个具有指定列数的新的空 JPasswordField
JPasswordField(String text)	构造一个利用指定文本初始化的新 JPasswordField
JPasswordField(String text, int columns)	构造一个利用指定文本和列初始化的新 JPasswordField
boolean echoCharIsSet()	如果此 JPasswordField 具有为回显设置的字符，则返回 true
char getEchoChar()	返回要用于回显的字符
char[] getPassword()	返回此 TextComponent 中所包含的文本
void setEchoChar(char c)	设置此 JPasswordField 的回显字符

【例 10-6】创建一个窗体，并在窗体中加入两个标签："姓名："和"密码："，并在"姓名："标签后面加入文本框，在"密码："标签后加入密码框。

```
// JTextFieldAndJPasswordFieldDemo.java
import javax.swing.*;
import java.awt.*;
public class JTextFieldAndJPasswordFieldDemo extends JFrame {
    JTextFieldAndJPasswordFieldDemo() {
        super("JTextFieldAndJPasswordFieldDemo");
        //调用父类构造方法创建标题为 JTextFieldAndJPasswordFieldDemo 的窗体
        setDefaultCloseOperation(EXIT_ON_CLOSE);
        //设置用户单击窗体上的关闭按钮时默认的执行操作为关闭窗体并退出应用程序
        Container con = getContentPane();//返回窗体的 Container 容器对象
        setBounds(50, 50, 300, 80);
        //移动组件并调整其大小，前两个参数指定左上角的新位置，后两个参数指定组件的宽和高
        con.setLayout(new GridLayout(2, 2));
        //设置网格布局
        JLabel label1 = new JLabel("姓名：");
        label1.setHorizontalAlignment(JLabel.CENTER);
        //设置标签的水平对齐方式
        JLabel label2 = new JLabel("密码：");
        label2.setHorizontalAlignment(JLabel.CENTER);
        JTextField textField = new JTextField();
        textField.setHorizontalAlignment(JTextField.CENTER);
        JPasswordField passwordField = new JPasswordField();
        passwordField.setEchoChar('#');
        //设置此 JPasswordField 的回显字符为'#'
        passwordField.setHorizontalAlignment(JPasswordField.CENTER);
        con.add(label1);
        con.add(textField);
        con.add(label2);
        con.add(passwordField);
```

```
            setVisible(true);
        }
        public static void main(String[] args) {
            JTextFieldAndJPasswordFieldDem of=new JTextFieldAndJPasswordField
Demo();
        }
    }
```

运行程序，其输出结果如图 10.8 所示。

图 10.8　例 10-6 程序运行结果

10.3.6　文本区——JTextArea 类

JTextArea 组件实现一个文本域。它与文本框的主要区别是文本框只能输入/输出一行文本，而文本域可以输入/输出多行文本。JTextArea 类的常用构造方法和成员方法见表 10-6。

表 10-6　JTextArea 类的常用构造方法和成员方法

方 法 名 称	功 能 描 述
JTextArea ()	创建一个 JTextArea 对象
JTextArea (int n,int m)	创建一个具有 n 行 m 列的空 JTextArea 对象
JTextArea(String s)	创建一个 JTextArea 对象，并显示字符串 s
JTextArea(String s,int n,int m)	创建一个 JTextArea 对象并以指定的行数 n 和列数 m 显示字符串 s
void setFont(Font f)	设置字体
void insert(String str,int pos)	在指定的位置插入指定的文本
void append(String str)	将指定的文本添加到末尾
void replaceRange(String str,int start,int end)	将指定范围的文本用指定的新文本替换
int getRows()	返回此对象的行数
void setRows(int rows)	设置此对象的行数
int getColumns()	获取此对象的列数
void setColumns(int Columns)	设置此对象的列数
void setLineWrap(boolean wrap)	设置文本域是否自动换行，默认为 false，即不自动换行

10.3.7　列表组件——JComboBox 类和 JList 类

JComboBox 组件实现了一个选择框，用户可以从下拉列表中选择相应的值，该选择框还可以设置为可编辑状态，当设置为可编辑状态时，用户可以在选择框中输入相应的值。JComboBox 类的常用构造方法和成员方法见表 10-7。

【教学视频】

表 10-7　JComboBox 类的常用构造方法和成员方法

方　法　名　称	功　能　描　述
JComboBox(Vector items)	使用向量表 items 构造一个 JComboBox 对象
JComboBox()	构造一个空的 JComboBox 对象，必要时可使用 addItem 方法添加选项
JComboBox(ComboBoxModel aModel)	从已有的 Model 获取选项，构造 JComboBox 对象
JComboBox(Object[] items)	使用数组构造一个 JComboBox 对象
void addActionListener(ActionListener e)	添加指定的 ActionListener
void addItemListener(ItemListener aListener)	添加指定的 ItemListener
void addItem(Object anObject)	给选项表添加选项
String getActionCommand()	获取动作命令
Object getItemAt(int index)	获取指定下标的列表项
int getItemCount()	获取列表中的选项数
int getSelectedIndex()	获取当前选择的下标
int getSelectedItem()	获取当前选择的项

JComboBox 组件能够响应的事件分为选择事件与动作事件两类。若用户选取下拉列表中的选择项时，则激发选择事件，使用 ItemListener 事件监听者进行处理；若用户在 JComboBox 上直接输入选择项并按 Enter 键时，则激发动作事件，使用 ActionListener 事件监听者进行处理。下面通过例 10-7 程序来说明列表的选择事件响应。

【例 10-7】在 JComboBox 组件中添加 4 个学生的名字选项，当单击下拉列表选择项时得到学生的名字，将他的成绩用标签文本显示。

```java
//JComboBoxDemo.java
import javax.swing.*;
import java.awt.*;
import java.awt.event.*;
public class JComboBoxDemo extends JApplet implements ItemListener {
    Container ctp = getContentPane();
    JLabel lb1 = new JLabel("姓名:"),
           lb2 = new JLabel("英语:"),
           lb3 = new JLabel("  ");
    String name[] = {"李林", "赵欣", "张扬", "童梅"},
           score[] = {"80", "94", "75", "87"};
    JComboBox cbx = new JComboBox();  //创建下拉式列表框对象
    public void init() {
        ctp.setLayout(new FlowLayout());  //设置流式布局
        for (int j = 0; j < name.length; j++)  //添加选项到下拉式列表框对象中
        {
            cbx.addItem(name[j]);
        }
        ctp.add(lb1);
```

```
            ctp.add(cbx);                              //添加下拉式列表框对象到容器上
            cbx.addItemListener(this);                 //注册 cbx 给监听对象
            ctp.add(lb2);
            ctp.add(lb3);
        }
        public void itemStateChanged(ItemEvent e) {
            int c = 0;
            String str = (String) e.getItem();         //获取所选项给 str
            for (int i = 0; i < name.length; i++) {
                if (str == name[i])  //判断 str 是否是 name 数组中某个元素的内容
                {
                    c = cbx.getSelectedIndex();        //将该选项的下标给 c
                }
            }
            lb3.setText(score[c]);                     //获取该学生的成绩
        }
    }
```

运行程序，其输出结果如图 10.9 所示。

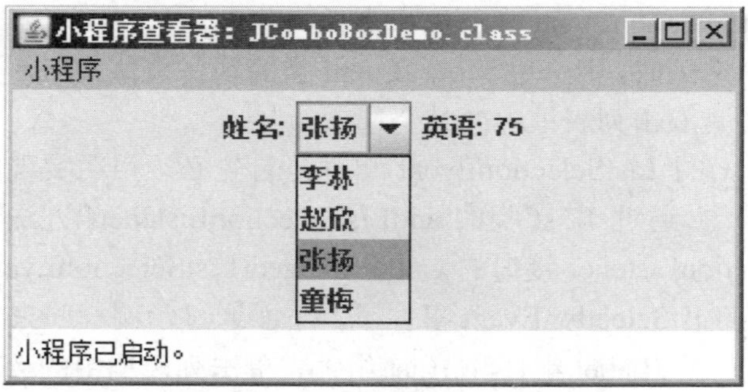

图 10.9　例 10-7 程序运行结果

说明：

下拉式列表框产生 ItemEvent 代表的选择事件。该程序中的语句 "cbx.addItemListener(this);" 表示注册 JComboBox 类的对象 cbx 给监听者对象。当用户单击下拉列表的某个选项时，系统自动产生一个包含这个事件有关信息的 ItemEvent 类的对象 e，并把该对象作为实际参数传递给被自动调用的监听者的选择事件响应方法：itemStateChanged(ItemEvent e)。在这个方法中通过调用 ItemEvent 事件的方法 e.getItem()获得引发当前选择事件的下拉列表事件源(被选中的项)，再调用 getSelectedIndex()获取该选项的下标值，从而得到 name 数组的下标值，最终将这个元素的内容作为新的标签文本输出。

JList 组件实现一个列表框，列表框与选择框的主要区别是选择框只能单选，而列表框可以多选。选择多项时可以是连续区间选择(按住 Shift 键进行选择)，也可以是不连续的选择(按住 Ctrl 键进行选择)。JList 类的常用构造方法和成员方法见表 10-8。

表 10-8　JList 类的常用构造方法和成员方法

方 法 名 称	功 能 描 述
JList(Vectorl istData)	使用包含元素的向量构造 JList 对象
JList()	使用空的模式构造 JList 对象
JList(ListModel dataModel)	使用 dataModel 模式构造 JList 对象
JList(Object[] listData)	使用指定的数组构造 JList 对象
void addListSelectionListener(ListSelectionListener e)	添加指定的 ListSelectionListener
int getSelectedIndex()	获取所选项的第一个下标
int getSelectedIndices()	获取所有选项的下标
void setSelection Background(Color c)	设置单元格的背景颜色
void setSelection Foreground(Color c)	设置单元格的前景颜色
int getVisibleRowCount()	得到可见的列表选项值
void setVisibleRowCount (int num)	设置可见的列表选项

　　JList 组件的事件处理一般可分为两种：一种是当用户单击列表框中的某一个选项并选中它时，将产生 ListSelectionEvent 类的选择事件，此事件是 Swing 事件；另一种是当用户双击列表框中的某个选项时，则产生 MouseEvent 类的动作事件。JList 类通过 locatToindex() 方法来得知是单击还是双击列表框中的某个选项。

　　若希望实现 JList 的 ListSelectionEvent 事件，首先必须声明实现监听者对象的类接口 ListSelectionListener，并通过 JList 类的 addListSelectionListener()方法注册文本框的监听者对象，再在 ListSelectionListener 接口的 valueChanged(ListSelectionEvent e)方法体中写入有关代码，就可以响应 ListSelectionEvent 事件了。下面通过示例程序来加以说明。

【例 10-8】设置一个 JLabel 组件和 JList 组件，单击列表框中的选项，将所选项的值作为 JLabel 组件的文本输出。

```java
// JListDemo.java
import java.awt.*;
import java.awt.event.*;
import javax.swing.*;
import javax.swing.event.*;
public class JListDemo extends JApplet implements ListSelectionListener {
    JList lis = null;
    JLabel lb = null;
    String[] s = {"小学","初中","高中","大学","研究生"};
    public void init() {
        Container cp = getContentPane();
        cp.setLayout(new BorderLayout());
        lb = new JLabel();
        lis = new JList(s);
        lis.setVisibleRowCount(3);//设置列表框的可见选项行数,选项超过则出现滚动条
        lis.setBorder(BorderFactory.createTitledBorder("请选择"));
```

```
                                            //设置列表框的边框文本
        lis.addListSelectionListener(this);  //注册 lis 给监听者对象
        cp.add(lb, BorderLayout.NORTH);
                            /*将 lis 对象放入滚动容器,再将此容器加载到界面上*/
        cp.add(new JScrollPane(lis), BorderLayout.CENTER);
    }
    public void valueChanged(ListSelectionEvent e) {
        int m = 0;
        String str = "选取的是:"; //取得所有选项的下标值给 index 数组
        int[] index = lis.getSelectedIndices();
        for (int i = 0; i < index.length; i++) {
                            //根据取得的下标值,找到相应的数组元素
            m = index[i];
            str = str + s[m] + " ";
        }
        lb.setText(str);            //输出选中项的值
    }
}
```

运行程序,其输出结果如图 10.10 所示。

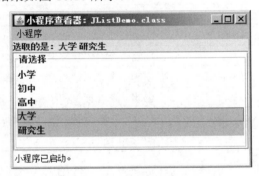

图 10.10 例 10-8 程序运行结果

上述程序中的语句:"lis.addListSelectionListener(this);"表示把 lis 注册给 ListSelectionEvent 的监听者 ListSelectionListener。当用户单击某个选项时,系统会自动引用 ListSelectionListener 的 valueChanged()方法来处理选项的改变。

10.3.8 复选框和单选按钮——JCheckBox 类和 JRadioButton 类

JCheckBox 组件被称为复选框,它提供"选中/ON"和"未选中/OFF"两种状态,用户单击某复选框就会改变该复选框原有的状态,并且可以同时选定多个。

JRadioButton 组件被称为单选按钮,在 Java 中 JRadioButton 组件与 JCheckBox 组件功能完全一样,只是图形不同,复选框为方形图标,选项按钮为圆形图标。JRadioButton 类可以单独使用,也可以与 ButtonGroup 类联合使用。当单独使用时,该单选按钮可以被选定和取消选定;当与 ButtonGroup 类联合使用时,则组成了一个单选按钮组,此时用户只能选定按钮组中的一个单选按钮,取消选定的操作将由 ButtonGroup 类自动完成。JCheckBox

类的构造方法见表 10-9。JRadioButton 类的构造方法见表 10-10。

表 10-9　JCheckBox 类的构造方法

方 法 名 称	功 能 描 述
JCheckBox()	创建一个无标签的复选框对象
JCheckBox(String text)	创建一个有标签的复选框对象
JCheckBox(String text,boolean selected)	创建一个有标签的复选框对象，且初始状态为 false
JCheckBox(Icon icon)	创建一个有图标的复选框对象
JCheckBox(Icon icon,boolean selected)	创建一个有图标的复选框对象，且初始状态为 false
JCheckBox(String text, Icon icon)	创建一个有标签和图标的复选框对象
JCheckBox(String text, Icon icon,boolean selected)	创建一个有标签和图标的复选框对象，且初始状态为 false

表 10-10　JRadioButton 类的构造方法

方 法 名 称	功 能 描 述
JRadioButton()	创建一个无标签的 JRadioButton 对象
JRadioButton(String text)	创建一个有标签的 JRadioButton 对象
JRadioButton(String text,boolean selected)	创建一个有标签的 JRadioButton 对象,且初始状态为 false
JRadioButton(Icon icon)	创建一个有图标的 JRadioButton 对象
JRadioButton(Icon icon,boolean selected)	创建一个有图标的 JRadioButton 对象,且初始状态为 false
JRadioButton(String text, Icon icon)	创建一个有标签和图标的 JRadioButton 对象
JRadioButton(String text, Icon icon,boolean selected)	创建一个有标签和图标的 JRadioButton 对象,且初始状态为 false

【例 10-9】根据复选框及选择按钮来改变标签组件的文本大小及颜色。

```java
//RadioAndCheckDemo.java
import javax.swing.*;
import java.awt.*;
import java.awt.event.*;
public class RadioAndCheckDemo extends JApplet implements
    ItemListener, ActionListener {
  int i1 = 0, i2 = 0, i3 = 0;
  int fonti = 10;
  Font font;
  Container ctp = getContentPane();
  JLabel lb = new JLabel("请选择");
  JCheckBox cb1, cb2, cb3;              //声明复选框对象
  JRadioButton r1, r2, r3;              //声明按钮对象
  ButtonGroup bg = new ButtonGroup();
                       //创建按钮组对象，实现 JRadioButton 多选一功能
```

```java
public void init() {
    ctp.setLayout(new FlowLayout());           //设置布局方式为流式布局
    cb1 = new JCheckBox("红色", false);        //创建复选框
    cb1.addItemListener(this);                 //注册 cb1 给监听者 this
    ctp.add(cb1);                              //添加复选框在界面上
    cb2 = new JCheckBox("绿色", false);
    cb2.addItemListener(this);
    ctp.add(cb2);
    cb3 = new JCheckBox("蓝色", false);
    cb3.addItemListener(this);
    ctp.add(cb3);
    r1 = new JRadioButton("10");
    r1.addActionListener(this);
    ctp.add(r1);                               //加载按钮到界面上
    r2 = new JRadioButton("16");
    r2.addActionListener(this);
    ctp.add(r2);
    r3 = new JRadioButton("24");
    r3.addActionListener(this);
    ctp.add(r3);
    bg.add(r1);                                //加载按钮到按钮组
    bg.add(r2);
    bg.add(r3);
    ctp.add(lb);                               //加载标签到界面上
}
public void itemStateChanged(ItemEvent e) {
    JCheckBox cbx = (JCheckBox) e.getItem();
    if (cbx.getText() == "红色") {
        if (e.getStateChange() == e.SELECTED) {
            i1 = 255;                          //判断组件是否被选
        } else {
            i1 = 0;
        }
    }
    if (cbx.getText() == "绿色") {
        if (e.getStateChange() == e.SELECTED) {
            i2 = 255;
        } else {
            i2 = 0;
        }
    }
    if (cbx.getText() == "蓝色") {
        if (cbx.isSelected()) {
            i3 = 255;                          //判断组件是否被选
        } else {
            i3 = 0;
        }
    }
```

```
        }
        font = new Font("宋体", Font.BOLD, fonti);
        lb.setFont(font);
        lb.setForeground(new Color(i1, i2, i3));
    }
    public void actionPerformed(ActionEvent e) {
        String rbt = e.getActionCommand();
        if (rbt == "10") {
            fonti = 10;
        } else if (rbt == "16") {
            fonti = 16;
        } else {
            fonti = 24;
        }
        font = new Font("宋体", Font.BOLD, fonti);
        lb.setFont(font);
        lb.setForeground(new Color(i1, i2, i3));
    }
}
```

运行程序，其输出结果如图 10.11 所示。

图 10.11 例 10-9 程序运行结果

10.4 布局管理器

布局管理器用来设置容器中各个组件的排列方式，在不同的布局容器中添加组件，显示的位置也会不同。

为 Swing 容器设置布局需要使用 java.awt.Container 类中的 setLayout()方法来实现，因此要在使用该类时引入该类所在的包，否则程序会出错。

1. null 绝对布局

绝对布局就是将指定组件放置在容器中的绝对位置，其用法是首先使用容器的 setLayout()方法将容器设置为绝对布局，然后使用组件的 setBounds()方法指定组件的显示位置和大小，最后使用容器的 add()方法将组件添加到容器中。

【例10-10】绝对布局示例。

```java
// KongBuJu.java
import javax.swing.*;
import java.awt.*;
public class KongBuJu extends JFrame {
    public KongBuJu() {
        super("绝对布局");
        setDefaultCloseOperation(EXIT_ON_CLOSE);
        Container con = getContentPane();
        setBounds(100, 100, 300, 200);
        con.setLayout(null);
        JButton btn1 = new JButton("按钮一");
        JButton btn2 = new JButton("按钮二");
        JButton btn3 = new JButton("按钮三");
        btn1.setBounds(50, 20, 90, 25);
        con.add(btn1);
        btn2.setBounds(160, 60, 90, 25);
        con.add(btn2);
        btn3.setBounds(50, 100, 90, 25);
        con.add(btn3);
        setVisible(true);
    }
    public static void main(String[] args) {
        KongBuJu k = new KongBuJu();
    }
}
```

运行程序，其输出结果如图10.12所示。

2. FlowLayout 流布局

在设置为流布局的容器中添加组件时，组件会按添加的顺序从左到右进行放置，如果一行不能容纳所有的组件，则其他组件会自动到下一行依然按从左到右的顺序进行放置。

流布局的用法是首先创建 FlowLayout 类的实例，然后使用容器的 setLayout()方法将容器的布局设置为流布局，最后使用容器的 add()方法将组件添加到容器中。

图 10.12 例 10-10 程序运行结果

FlowLayout 类的构造方法如下。

(1) FlowLayout()：创建一个新的居中对齐的流布局，其默认的水平间隙和垂直间隙都是5像素。

(2) FlowLayout(int align)：创建一个新的流布局，它具有参数指定的对齐方式，默认的水平间隙和垂直间隙都是5像素。

其中，参数 align 是所要设置的对齐方式，如 CENTER(居中)、LEFT(左对齐)、RIGHT(右对齐)。

例如：FlowLayout flow=new FlowLayout(FlowLayout.LEFT);

(3) FlowLayout(int align, int hgap, int vgap)：创建一个新的流布局，它具有参数指定的对齐方式、水平间隙和垂直间隙。

例如：FlowLayout flow=new FlowLayout(FlowLayout.LEFT,12,20);

【例 10-11】流布局示例。

```java
// LiuBuJu.java
import javax.swing.*;
import java.awt.*;
public class LiuBuJu extends JFrame {
    public LiuBuJu() {
        super("流布局");
        setDefaultCloseOperation(EXIT_ON_CLOSE);
        Container con = getContentPane();
        setBounds(100, 100, 300, 200);
        FlowLayout flow = new FlowLayout();
        con.setLayout(flow);
        JButton btn1 = new JButton("按钮一");
        JButton btn2 = new JButton("按钮二");
        JButton btn3 = new JButton("按钮三");
        JButton btn4 = new JButton("按钮四");
        JButton btn5 = new JButton("按钮五");
        JButton btn6 = new JButton("按钮六");
        JButton btn7 = new JButton("按钮七");
        con.add(btn1);
        con.add(btn2);
        con.add(btn3);
        con.add(btn4);
        con.add(btn5);
        con.add(btn6);
        con.add(btn7);
        setVisible(true);
    }
    public static void main(String[] args) {
        LiuBuJu k = new LiuBuJu();
    }
}
```

运行程序，其输出结果如图 10.13 所示。

3. BorderLayout 边界布局

在设置为边界布局的容器中，容器被分成东、西、南、北、中 5 个区域，并且在每个区域只能放置一个组件，如果某个区域需要放置多个组件，可以先将这些组件放到另外一个容器中，然后再将这个容器放到边界布局容器的指定区域。

图 10.13　例 10-11 程序运行结果

边界布局的用法是：首先创建 BorderLayout 类的实例，然后使用容器的 setLayout()方法将容器的布局设置为边界布局，最后使用容器的 add()方法将组件添加到容器中。

BorderLayout 类的构造方法如下。

(1) BorderLayout()：创建一个组件之间没有间距的边界布局。

(2) BorderLayout(int hgap, int vgap)：创建一个组件之间有指定间隙的边界布局。

【例 10-12】边界布局示例。

```
// BianJieBuJu.java
import javax.swing.*;
import java.awt.*;
public class BianJieBuJu extends JFrame {
    public BianJieBuJu() {
        super("边界布局");
        setDefaultCloseOperation(EXIT_ON_CLOSE);
        Container con = getContentPane();
        setBounds(100, 100, 300, 200);
        BorderLayout bord = new BorderLayout();
        con.setLayout(bord);
        JButton btn1 = new JButton("按钮东");
        JButton btn2 = new JButton("按钮南");
        JButton btn3 = new JButton("按钮西");
        JButton btn4 = new JButton("按钮北");
        JButton btn5 = new JButton("按钮中");
        con.add(btn1, BorderLayout.EAST);
        con.add(btn2, BorderLayout.SOUTH);
        con.add(btn3, BorderLayout.WEST);
        con.add(btn4, BorderLayout.NORTH);
        con.add(btn5, BorderLayout.CENTER);
        setVisible(true);
    }
    public static void main(String[] args) {
        BianJieBuJu k = new BianJieBuJu();
    }
}
```

运行程序，其输出结果如图 10.14 所示。

4. GridLayout 网格布局

在设置为网格布局的容器中，容器被分成若干个大小相等的矩形，每个矩形中只能放置一个组件。

网格布局的用法是首先创建 GridLayout 类的实例，然后使用容器的 setLayout()方法将容器的布局设置为网格布局，最后使用容器的 add()方法将组件添加到容器中，并且每个组件是按添加的顺序从左到右进行放置的，当第一行的网格放满后，会自动到下一

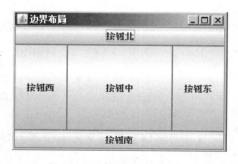

图 10.14　例 10-12 程序运行结果

行的网格中继续放置其他组件。

GridLayout 类的构造方法如下。

(1) GridLayout(int rows,int cols)：创建一个具有指定行数和列数的网格布局。

(2) GridLayout(int rows,int cols,int hgap,int vgap)：创建一个具有指定行数、列数以及组件之间具有指定间隙的网格布局。

【例 10-13】网格布局示例。

```java
// WangGeBuJu.java
import javax.swing.*;
import java.awt.*;
public class WangGeBuJu extends JFrame {
    public WangGeBuJu() {
        super("网格布局");
        setDefaultCloseOperation(EXIT_ON_CLOSE);
        Container con = getContentPane();
        setBounds(100, 100, 350, 200);
        GridLayout grid = new GridLayout(4,3);
        con.setLayout(grid);
        for (int i = 1; i <= 10; i++) {
            con.add(new JButton("按钮" + i));
        }
        setVisible(true);
    }
    public static void main(String[] args) {
        WangGeBuJu k = new WangGeBuJu();
    }
}
```

运行程序，其输出结果如图 10.15 所示。

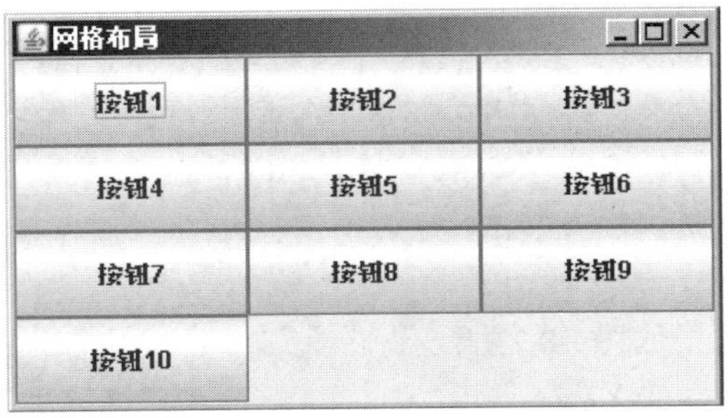

图 10.15　例 10-13 程序运行结果

10.5　案　例　分　析

【例 10-14】简易文本编辑器的制作。简易文本编辑器的主要功能如图 10.16 所示，利用简易文本编辑器可以进行文本的输入、复制、剪切、粘贴及选择操作，还可以根据需要设置文字的大小及字形。

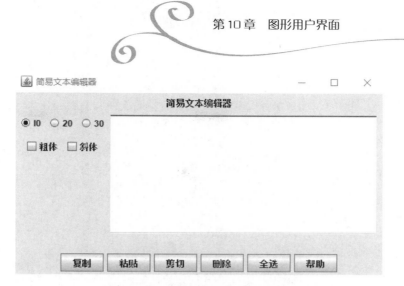

图 10.16　简易文本编辑器界面图示

在实现本案例时，首先要构造如图 10.16 所示的图形用户界面，在构建图形界面时，需要用到各种 Java 控件和 Java 的布局方式，然后结合 Java 的事件处理机制进行简易文本编辑器功能的实现。

```java
//TxtEditor.java
import java.awt.*;
import java.awt.event.*;
import javax.swing.*;
import java.io.*;
import javax.swing.filechooser.*;
import java.awt.datatransfer.*;

public class TxtEditor extends JFrame {
    JFrame frmAbout;
    TextArea taArea;
    String name = null;
    String board = null;
    private Clipboard cb;
    JPanel PanelNorth, PanelSouth, PanelWest, PanelEast, PanelCenter, PanelLeftFontSize, PanelLeftFontType;
    JButton btnCopy, btnPaste, btnCut, btnDelete, btnSelectAll, btnHelp;
    JRadioButton jrbFontSize10, jrbFontSize20, jrbFontSize30;
    JCheckBox jcbBold, jcbItalic;
    ButtonGroup jbgFontSize;
    JLabel lblTitle;

    public TxtEditor() throws Exception {
        super("简易文本编辑器");
        Toolkit kit = Toolkit.getDefaultToolkit();
        PanelNorth = new JPanel();
        PanelSouth = new JPanel();
        PanelWest = new JPanel();
```

```
PanelEast = new JPanel();
PanelCenter = new JPanel();
PanelLeftFontSize = new JPanel();
PanelLeftFontType = new JPanel();
btnCopy = new JButton("复制");
btnPaste = new JButton("粘贴");
btnCut = new JButton("剪切");
btnDelete = new JButton("删除");
btnSelectAll = new JButton("全选");
btnHelp = new JButton("帮助");
jrbFontSize10 = new JRadioButton("10", true);
jrbFontSize20 = new JRadioButton("20");
jrbFontSize30 = new JRadioButton("30");
jcbBold = new JCheckBox("粗体", false);
jcbItalic = new JCheckBox("斜体", false);
taArea = new TextArea();
jbgFontSize = new ButtonGroup();
lblTitle = new JLabel("简易文本编辑器");
jbgFontSize.add(jrbFontSize10);
jbgFontSize.add(jrbFontSize20);
jbgFontSize.add(jrbFontSize30);
PanelNorth.add(lblTitle);
PanelSouth.add(btnCopy);
PanelSouth.add(btnPaste);
PanelSouth.add(btnCut);
PanelSouth.add(btnDelete);
PanelSouth.add(btnSelectAll);
PanelSouth.add(btnHelp);
PanelWest.setLayout(new GridLayout(6, 1));
PanelLeftFontSize.add(jrbFontSize10);
PanelLeftFontSize.add(jrbFontSize20);
PanelLeftFontSize.add(jrbFontSize30);
PanelLeftFontType.add(jcbBold);
PanelLeftFontType.add(jcbItalic);
PanelWest.add(PanelLeftFontSize);
PanelWest.add(PanelLeftFontType);
PanelCenter.add(taArea);
this.add(PanelNorth, BorderLayout.NORTH);
this.add(PanelSouth, BorderLayout.SOUTH);
this.add(PanelWest, BorderLayout.WEST);
this.add(PanelEast, BorderLayout.EAST);
this.add(PanelCenter, BorderLayout.CENTER);
this.setSize(800, 300);
this.setLocation(300, 200);
this.setVisible(true);
this.setDefaultCloseOperation(JFrame.EXIT_ON_CLOSE);
```

```java
            cb = Toolkit.getDefaultToolkit().getSystemClipboard();
            btnCut.addActionListener(new ActionListener()        // 剪切
            {
                public void actionPerformed(ActionEvent e) {
                    board = taArea.getSelectedText();
                    cb.setContents(new StringSelection(board), null);
                    taArea.replaceRange("", taArea.getSelectionStart(), taArea.getSelectionEnd());
                }
            });
            btnDelete.addActionListener(new ActionListener()     // 删除
            {
                public void actionPerformed(ActionEvent e) {
                    int result = JOptionPane.showConfirmDialog(null, "您确定要删除选定文本?", "确认对话框", JOptionPane.YES_NO_OPTION);
                    if (result == JOptionPane.OK_OPTION) {
                        taArea.replaceRange("", taArea.getSelectionStart(), taArea.getSelectionEnd());
                    }
                }
            });
            btnCopy.addActionListener(new ActionListener()       // 复制
            {
                public void actionPerformed(ActionEvent e) {
                    board = taArea.getSelectedText();
                    cb.setContents(new StringSelection(board), null);
                }
            });
            btnPaste.addActionListener(new ActionListener()      // 粘贴
            {
                public void actionPerformed(ActionEvent e) {
                    try {
                        taArea.setForeground(Color.BLACK);
                        Transferable content = cb.getContents(null);
                        String st = (String) content.getTransferData(DataFlavor.stringFlavor);
                        taArea.replaceRange(st, taArea.getSelectionStart(), taArea.getSelectionEnd());
                    } catch (Exception ex) {
                    }
                }
            });
            btnSelectAll.addActionListener(new ActionListener()  // 全选
            {
                public void actionPerformed(ActionEvent e) {
                    taArea.setSelectionStart(0);
                    taArea.setSelectionEnd(taArea.getText().length());
```

```java
                taArea.setForeground(Color.BLUE);
            }
        });
        jrbFontSize10.addActionListener(new ActionListener() // 10 号字体
        {
            public void actionPerformed(ActionEvent e) {
                Font oldFont = taArea.getFont();
                Font newFont = new Font(oldFont.getFontName(), oldFont.getStyle(), 10);
                taArea.setFont(newFont);
            }
        });
        jrbFontSize20.addActionListener(new ActionListener() // 20 号字体
        {
            public void actionPerformed(ActionEvent e) {
                Font oldFont = taArea.getFont();
                Font newFont = new Font(oldFont.getFontName(), oldFont.getStyle(), 20);
                taArea.setFont(newFont);
            }
        });
        jrbFontSize30.addActionListener(new ActionListener() // 30 号字体
        {
            public void actionPerformed(ActionEvent e) {
                Font oldFont = taArea.getFont();
                Font newFont = new Font(oldFont.getFontName(), oldFont.getStyle(), 30);
                taArea.setFont(newFont);
            }
        });
        jcbBold.addActionListener(new ActionListener()          // 粗体
        {
            public void actionPerformed(ActionEvent e) {
                Font oldFont = taArea.getFont();
                Font newFont = new Font(oldFont.getFontName(), oldFont.getStyle() + Font.BOLD, oldFont.getSize());
                taArea.setFont(newFont);
            }
        });
        jcbItalic.addActionListener(new ActionListener()        // 斜体
        {
            public void actionPerformed(ActionEvent e) {
                Font oldFont = taArea.getFont();
                Font newFont = new Font(oldFont.getFontName(), oldFont.getStyle() + Font.ITALIC, oldFont.getSize());
                taArea.setFont(newFont);
```

```
            }
        });
        btnHelp.addActionListener(new ActionListener() {
            public void actionPerformed(ActionEvent e) {
                frmAbout = new JFrame("关于");
                frmAbout.setSize(200, 100);
                frmAbout.setLocation(400, 300);
                JTextArea areal = new JTextArea("制作人：金涛\n 制作时间：
2018.10.20");
                frmAbout.add(areal);
                frmAbout.setVisible(true);
            }
        });
    }

    public static void main(String[] args) throws Exception {
        new TxtEditor();
    }
}
```

程序中第 1～6 行代码引入了实现文本编辑器所需的 Java 包；主类名称为 TxtEditor；第 9～20 行代码定义使用的各种组件，其中包括了窗口(JFrame)、面板(JPanel)、文本域(TextArea)、命令按钮(JButton)、单选按钮(JCheckBox)、复选框(JRadioButton)、按钮组组件(ButtonGroup)、标签(JLabel)、对话框等；第 22～37 行代码构建了具体的组件；第 38～60 行代码对各种组件进行布局；第 62～175 行代码为相应组件添加小件监听器；第 176～179 行代码为主方法，使程序得以执行。

程序部分功能的运行结果如图 10.17 和图 10.18 所示。

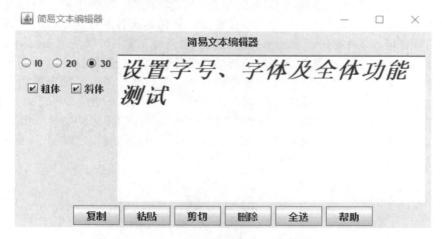

图 10.17 简易文本编辑器功能测试图示 1

本案例中实现的功能有文本的字号及字体设置，文本的选定、复制、剪切、粘贴及删除功能，涉及本章有关的多个知识点。

图 10.18　简易文本编辑器功能测试图示 2

(1) Swing 常用组件的定义和构造。

(2) 布局管理器：本例中主要使用了边界布局 BorderLayout、流布局 FlowLayout 及网格布局 GridLayout。

(3) Java 事件：事件处理机制、组件的常用事件、事件处理机制的实际应用。

小　　结

本章学习了 Java 图形用户界面的相关知识。当使用 Java 来生成图形化用户界面时，组件和容器的概念非常重要。组件是各种各样的类，封装了图形系统的许多最小单位，例如按钮、文本域、列表等。而容器也是组件，它最主要的作用是装载其他组件，但是像 Panel 这样的容器也经常被当作组件添加到其他容器中，以便完成复杂的界面设计。布局管理器是 Java 语言与其他编程语言在图形系统方面较为显著的区别，容器中各个组件的位置是由布局管理器来决定的。常用的有 3 种布局管理器，分别是流布局管理器、网格布局管理器和边界布局管理器，每种布局管理器都有自己的放置规律。读者可以使用 java.awt.Container 类中的 setLayout()方法来设置使用不同的布局管理器。事件处理机制能够让图形界面响应用户的操作，主要涉及事件源、事件、事件处理者三方，事件源就是图形界面上的组件，事件就是对用户操作的描述，而事件处理者是处理事件的类。因此，Swing 中所提供的各个组件，都需要了解该组件经常发生的事件以及处理该事件的相应的监听器接口。

通过本章的学习，读者应该熟练掌握图形用户界面的创建流程，掌握 Swing 常用组件的功能及用法，以及相应的事件处理机制。

习　　题

一、填空题

1. Java 提供了(　　)和(　　)两个图形用户界面工具包，方便编程人员开发图形用户界面。

2. java.awt 包提供的图形界面的元素和成分分为 3 种，分别是(　　)、(　　)和(　　)。其中(　　)用来组织或者容纳其他界面成分和元素的组件；(　　)可以使容器中的组件按指定位置进行摆放；(　　)是图形界面的最小单位，它不包含其他组件。

3. 实现 GUI 组件的绝对定位，需要使用 Component 类中提供的(　　)方法来定位一个组件在容器中的绝对位置。

4. Java 的所有 Swing 都保存在 javax.swing 包中，所有组件均从(　　)扩展而来。

5. (　　)是图形用户界面的最低层容器，不能被其他容器所包含，在容器中可以放置其他控制组件和容器。

6. 在窗体容器中，可以通过(　　)方法设置窗体的大小，可以通过(　　)方法设置窗体的位置。

7. (　　)组件被称为标签，一般只起信息说明作用，不能接受用户输入。

8. 对于标签组件，一般需要用(　　)方法设置标签的文本信息，用(　　)方法设置标签的字体信息，用(　　)方法设置标签的前景颜色。

9. 在 GUI 系统中，javax.swing 包中的(　　)组件是按钮控制组件。

10. 文本框是软件系统常用的一种组件，是图形界面系统中进行文本输入输出的主要工具，Swing 提供了 3 种文本输入输出组件，分别是(　　)、(　　)和(　　)。

11. (　　)类是流式布局管理器，它是 java.lang.Object 的直接子类，该布局管理器按照组件加入容器的先后顺序从左到右排列。

12. (　　)类是 java.lang.Object 类的直接子类，该布局管理器把容器空间分为东、南、西、北、中。

13. (　　)布局管理器把容器空间划分为若干个行和列的网格区域，每个组件按组件的顺序从左向右、从上到下放置在网格中。

14. (　　)布局管理器将每个组件看成一张卡片，而每次显示在窗口上的只能是最上面的一个组件。

15. (　　)容器是一种无边框、不能移动、放大、缩小或关闭的容器。

二、选择题

1. Swing 与 AWT 的区别不包括(　　)。
　　A．Swing 是由纯 Java 实现的轻量级构件
　　B．Swing 没有本地代码
　　C．Swing 不依赖操作系统的支持
　　D．Swing 支持图形用户界面

2. 在 Java 中实现图形用户界面可以使用组件 AWT 和组件(　　)。
　　A．swing　　　　　B．Swing　　　　　C．JOptionPane　　D．import

3. 在 Java 中，一般菜单格式包含(　　)类对象。
　　A．JMenuBar　　　　　　　　　　　B．JMenu
　　C．JMenuItem　　　　　　　　　　 D．JMenuBar、JMenu、JMenuItem

4. Java 中提供了多种布局类，其中使用卡片式布局的是(　　)。
　　A．FlowLayout　　B．BorderLayout　C．BoxLayout　　D．CardLayout

5. 在 Java 图形用户界面编程中，若显示一些不需要修改的文本信息，一般是使用(　　)类的对象来实现。

　　A．JLabel　　　　B．JButton　　　　C．JTextArea　　　　D．JTextField

6. 不属于 Swing 中组件的是(　　)。

　　A．JPanel　　　　B．JTable　　　　C．Menu　　　　D．JFrame

7. (　　)为容器组件。

　　A．JList 列表框　　　　　　　　　B．JChoice 下拉式列表框

　　C．JPanel 面板　　　　　　　　　D．JMenuItem 命令式菜单项

8. Swing 组件必须添加到 Swing 顶层容器相关的(　　)。

　　A．分隔板上　　　B．内容面板上　　C．选项板上　　　D．复选框内

9. 容器被重新设置大小后，(　　)布局管理器的容器中的组件大小不随容器大小的变化而改变。

　　A．CardLayout　　B．FlowLayout　　C．BorderLayout　　D．GridLayout

10. 如果希望所有的控件在界面上均匀排列，应使用(　　)布局管理器。

　　A．BoxLayout　　B．GridLayout　　C．BorderLayout　　D．FlowLayout

11. 在 JTextArea 类的文本区引发 TextEvent 事件的操作是(　　)。

　　A．改变文本区中文本的内容　　　　B．在文本区内单击

　　C．在文本区内双击　　　　　　　　D．鼠标在文本区内移动

12. 在 JTextField 类的文本区引发 ActionEvent 事件的操作是(　　)。

　　A．改变文本框中的字符　　　　　　B．在文本框内单击

　　C．在文本区内双击　　　　　　　　D．在文本框内按 Enter 键

13. Window 是显示屏上独立的本机窗口，它独立于其他容器，Window 的两种形式是(　　)。

　　A．JFrame 和 JDialog　　　　　　B．JPanel 和 JFrame

　　C．Container 和 JComponent　　　D．LayoutManager 和 Container

14. (　　)方法用来获取产生一个事件的组件。

　　A．actionPerformed()　　　　　　B．getSource()

　　C．super()　　　　　　　　　　　D．getContentPane()

15. Java 的(　　)组件将不会引发动作事件(ActionEvent)。

　　A．JButton　　　　　　　　　　　B．JMenuItem

　　C．JPanel　　　　　　　　　　　　D．JCheckboxMenuItem

16. 鼠标被移动时会调用(　　)方法，并且注册一个事件监听器处理此事件。

　　A．actionPerformed()　　　　　　B．addItemListener()

　　C．mouseMove()　　　　　　　　　D．add()

17. 所有 Swing 构件都实现了(　　)接口。

　　A．ActionListener　　　　　　　　B．Serializable

　　C．Accessible　　　　　　　　　　D．MouseListener

18. 下面关于使用 Swing 的基本规则，说法正确的是(　　)。

　　A．Swing 构件可直接添加到顶级容器中

B．要尽量使用非 Swing 的重量级构件

C．Swing 的 JButton 不能直接放到 JFrame 上

D．以上说法都对

19．不属于 java.event 包中定义的事件适配器的是(　　)。

　　A．构件适配器　　　B．焦点适配器　　　C．键盘适配器　　　D．标签适配器

20．事件处理机制能够让图形界面响应用户的操作，主要包括(　　)。

　　A．事件　　　　　　B．事件处理　　　　C．事件源　　　　　D．以上都是

21．JTextField 类的方法 getText()获取文本的类型是(　　)。

　　A．一个字符　　　　B．字符串　　　　　C．int 型数值　　　　D．float 型数值

22．下拉列表 JChoice 类的方法 getSelectedIndex()可以返回当前下拉列表中被选中的选项的(　　)。

　　A．名字　　　　　　B．索引　　　　　　C．选中项数　　　　D．选项总数

23．JList 创建的对象是滚动列表，当单击滚动列表的某个选项后就发生(　　)事件。

　　A．ActionEvent　　　B．MouseClick　　　C．MouseEvent　　　D．ItemEvent

三、简答题

1．什么是组件？组件类与普通类有什么不同？

2．什么是容器组件？它有什么特点？Java 提供了哪些容器组件？

3．什么是事件？什么是事件源？事件处理程序写在哪里？

4．按钮组件能够注册哪些事件监听器？文本行组件能够注册哪些事件监听器？文本行和文本区组件能够响应的事件有什么不同？

5．Java 的布局方式有什么特点？Java 提供了哪些布局方式？

6．复选框和单选按钮有什么不同？分别用于什么场合？在事件处理程序中，怎样知道哪个复选框或单选按钮是选中的？

四、编程题

1．设计一个计算器的面板，运行结果如图 10.19 所示。

2．应用流布局管理器，将 6 个按钮顺序摆放在窗口中，且中央对齐，每个组件之间水平间距 10，垂直间距 10，运行结果如图 10.20 所示。

图 10.19　编程题 1 图

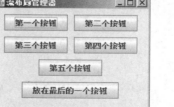

图 10.20　编程题 2 图

【第 10 章　习题答案】

第 11 章

Java 数据库编程

学习目标

内　容	要　求
MySQL 数据库的下载、配置与安装	熟练
图形化管理工具 Navicat Premium 的下载、安装与使用	熟练
JDBC 访问数据库的步骤	掌握
JDBC 的 API 接口	掌握
JDBC 技术对数据库的基本操作：增加、删除、修改、查询	掌握
学生信息管理系统	掌握

　　数据库技术是计算机技术领域中的重要领域，目前几乎所有的计算机信息管理系统都在使用数据库进行数据的存储和查询操作。因此，利用 Java 技术开发应用程序访问和操作数据库，是 Java 程序设计中比较重要的部分。本章主要讲解 Java 数据库编程的基本知识和利用 JDBC 技术操作 MySQL 数据库的方法。通过本章的学习，读者能编写出简单的数据库访问程序，实现对数据库的增加、删除、修改、查询操作。

【第 11 章　代码下载】

11.1 MySQL 数据库

MySQL 是一种开放源代码的关系型数据库管理系统(Relational Database Management System，RDBMS)，由瑞典 MySQL AB 公司开发，目前属于 Oracle 公司。MySQL 是流行的关系型数据库管理系统之一，在 Web 应用方面，MySQL 是很好的关系型数据库管理系统应用软件。MySQL 所使用的 SQL 语言是访问数据库常用的标准化语言。MySQL 软件采用了双授权政策，分为社区版和商业版。由于其体积小、速度快、总体拥有成本低，并且是开放源码，一般中小型网站的开发都选择 MySQL 作为网站数据库。

11.1.1 下载与安装 MySQL 数据库

1．下载 MySQL

(1) 在浏览器的地址栏中输入 MySQL 官方网站地址"https://dev.mysql.com/downloads/ mysql/"，打开如图 11.1 所示的页面。首先，选择操作系统，默认是"Microsoft Windows"，如果使用的是 Linux、Mac OS 等其他操作系统，要进行相应的选择。然后，单击"Download"按钮进入下载页面，如图 11.2 所示，选择"No thanks, just start my download."下载到指定的路径。

【教学视频】

图 11.1　MySQL 首页

图 11.2　MySQL 下载页面

(2) 解压下载好的文件，并且重命名，该名字因人而异，但一般重命名为 MySQL，解压文件与重命名文件如图 11.3 和图 11.4 所示。

2．配置 MySQL

(1) 可将 MySQL 文件夹复制到任意目录，以复制到"C:\Program Files (x86)\MySQL"目录下为例进行讲解。

353

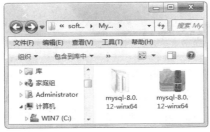
图 11.3 解压文件

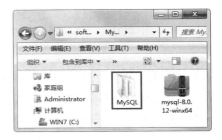
图 11.4 重命名为 MySQL

(2) 在环境变量 path 中添加 MySQL 解压后的 bin 目录所在的路径，比如"C:\Program Files (x86)\MySQL"，即在环境变量 path 中添加 "C:\Program Files (x86)\MySQL\bin"，具体添加方法与添加 Java 的 path 路径类似，请参看 1.2.3 节。

(3) MySQL 根目录下如果没有 my.ini 文件，新建记事本文件添加以下代码内容，另存为 my.ini 文件。

```
[mysqld]
# 设置3306端口
port=3306
# 设置mysql的安装目录
basedir=C:\\Program Files (x86)\\MySQL
# 设置mysql数据库的数据的存放目录
datadir=C:\\Program Files (x86)\\MySQL\\Data
# 允许最大连接数
max_connections=200
# 允许连接失败的次数。这是为了防止有人从该主机试图攻击数据库系统
max_connect_errors=10
# 服务端使用的字符集默认为UTF8
character-set-server=utf8
# 创建新表时将使用的默认存储引擎
default-storage-engine=INNODB
# 默认使用"mysql_native_password"插件认证
default_authentication_plugin=mysql_native_password
[mysql]
# 设置mysql客户端默认字符集
default-character-set=utf8
[client]
# 设置mysql客户端连接服务端时默认使用的端口
port=3306
default-character-set=utf8
```

3. 安装 MySQL

(1) 以管理员身份打开 cmd 命令行工具，切换目录至 MySQL 文件夹下的 bin 目录，输入 "mysqld -install" 命令安装 MySQL，当安装成功会出现 "Service successfully installed"，如图 11.5 所示。

(2) 初始化 MySQL 数据库。在命令行继续输入"mysqld --initialize"进行初始化，该命令会在 MySQL 的根目录下生成一个 data 文件夹，里面有个以.err 结尾的文件，如图 11.6 所示。初始密码就在以.err 结尾的文件里，下面会用到这个密码。

图 11.5 成功安装 MySQL

图 11.6 data 文件夹

(3) 启动 MySQL 服务。在命令行继续输入"net start mysql"启动 MySQL 服务，如图 11.7 所示，显示 MySQL 服务已经启动成功。

(4) 在命令行继续输入"mysql -u root -p"命令连接数据库，提示输入密码，在"C:\Program Files (x86)\MySQL\data"找到.err 结尾的文件，用记事本打开可看到 MySQL 的初始登录密码，如图 11.8 所示。在命令行提示符下输入初始登录密码，显示如图 11.9 所示的界面，表示登录成功。

图 11.7 启动 MySQL 服务

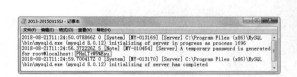

图 11.8 MySQL 初始登录密码

图 11.9 MySQL 登录成功

(5) 修改密码。对于使用的 8.0.12 版本，修改密码的格式为"ALTER USER 'root'@'localhost' IDENTIFIED BY 'xxxxxx';"，其中"xxxxxx"代表你要设置的密码，单引号和分号都需要输入。将 MySQL 的登录密码重置为"123456"，若重置成功，显示如图 11.10 所示的界面。

(6) 使用"quit"命令退出登录，用重置的密码重新登录，登录成功如图 11.11 所示。

图 11.10 重置登录密码成功

图 11.11 用新密码登录

11.1.2 安装 MySQL 图形化管理工具 Navicat Premium

【教学视频】

操作 MySQL 的方式有两种，即使用 MySQL Command Line Client 访问 MySQL 数据库及使用图形化软件管理数据库。MySQL 图形化软件管理工具很多，例如 phpMyAdmin、MySQLDumper、Navicat、MySQL GUI Tools 等。

Navicat 专为简化数据库的管理及降低系统管理成本而设。Navicat 是以直觉化的图形用户界面而建的，可以安全和简单地创建、组织、访问并共用信息。

Navicat Premium 是 Navicat 的产品成员之一，能简单并快速地在各种数据库系统间传输数据，或传输一份指定 SQL 格式及编码的纯文本文件。其他功能包括导入向导、导出向导、查询创建工具、报表创建工具、资料同步、备份、工作计划等。因为 Navicat Premium 工具使用方便，这里介绍 Navicat Premium 的简单使用。

（1）Navicat Premium 的下载与安装。Navicat Premium 的安装程序可以在"https://www.navicat.com/en/"官方网站免费下载。打开官网首页，如图 11.12 所示，单击"Products"按钮，进入产品页面，如图 11.13 所示，单击 Navicat Premium 的"Free Trial"按钮，进入下载页面，如图 11.14 所示。根据自己的机器决定下载 32 位还是 64 位的，本书以 64 位为例，下载后的安装程序文件名为"navicat121_premium_en_x64.exe"。双击安装程序，按步骤完成 Navicat Premium 的安装。

图 11.12　Navicat 官网首页

图 11.13　Navicat Premium 产品页面

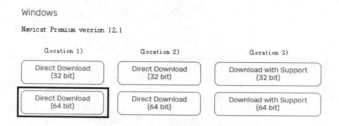

图 11.14　Navicat Premium 下载页面

(2) Navicat Premium 试用。Navicat 的产品都是 14 天的试用期，若已购买正版软件，则不受此限；若没有，则要自行解决。

(3) 连接 MySQL 数据库。打开"Navicat Premium 12"软件，出现如图 11.15 所示的页面，单击"连接"按钮，出现如图 11.16 所示的对话框。其中：连接名是用户自己定义的连接数据库的名称，一般采用数据库服务器所支持的软件名称来确定；主机是 MySQL 服务器所在计算机的主机名或 IP 地址，如果是本地，可以是 localhost 或 127.0.0.1；如果是远程计算机，必须输入远程计算机的 IP 地址。用户名和密码是登录 MySQL 的用户名和密码。设置好后，单击"测试连接"按钮，如果弹出"连接成功"对话框则表示配置成功，否则需要重新配置。

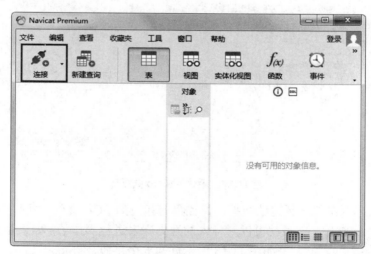

图 11.15　Navicat Premium 12 首界面

(4) 创建数据库。双击打开数据库连接(连接时候的备注名称)，因为可以同时连接多个数据库，所以需要连接哪个数据库就双击打开哪个。默认左侧是该数据库下面现有的数据库，可以右击选择"新建数据库"创建一个新的数据库结构，以新建"stuinfo"数据库为例，如图 11.17 所示。

图 11.16 连接 MySQL 数据库

图 11.17 新建 stuinfo 数据库

(5) 创建表。双击打开新建的数据库，如果有相应的 SQL 文件，可以右击选择"运行 SQL 文件"导入数据库。然后就可以对导入的数据库表进行操作了；如果是第一次建立表，在表上右击，选择"新建表"。如图 11.18 所示创建 6 个字段，即 id、name、password、sex、address、mobile，分别表示学生的学号、姓名、密码、性别、家庭住址和手机号码。图 11.18 中的 name(即姓名)采用 varchar 数据类型，长度为 10，"不是 null"选中表示必填项，id(即学号)为主键，在该行的后面有一个小钥匙，表示当前字段为主键。"默认"和"键长度"可不填，"字符集"一般选择 utf8，"排序规则"一般选择 utf8_general_ci。

图 11.18　创建 student 表

（6）为 student 数据库表添加记录。打开数据表所在的数据库，右击 student 表，点击"打开表"，直接在表中输入第一条记录的信息，点击下方的"√"，即可完成第一条记录的增加。点击下方的"+"，可以按同样方式增加多条记录。student 表的内容如图 11.19 所示。

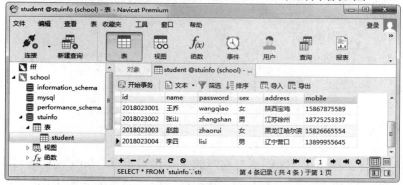

图 11.19　为 student 表添加记录

11.2　JDBC 简介

Java 数据库连接(Java Data Base Connectivity，JDBC)是一种用于执行 SQL 语句的 Java API。简单来说就是通过 Java 去操作数据库，向数据库发送 SQL 语句，执行增加、删除、修改、查询等操作。

Sun 公司的 Java 技术开发人员很早就意识到了 Java 在数据库应用方面的巨大潜力。从 1995 年开始，他们就致力于扩展 Java 标准类库，使之可以应用 SQL 访问数据库。他们最初希望通过扩展 Java，人们就可以用"纯"Java 语言与任何数据库进行通信。但是，他们很快就发现这是一项无法完成的任务：因为市场上存在很多不同的数据库，他们使用的协议也各不相同，而每一个数据库公司都希望 Sun 公司可以使用他们自己的协议，但这显然是不现实的。

所有的数据库供应商和工具开发商都认为，如果 Sun 公司能够为 SQL 访问提供一套"纯"Java API，同时提供一个驱动管理器，以允许第三方驱动程序可以连接到指定的数据库，那它们会显得非常有用。这样，数据库供应商就可以提供自己的驱动程序，并插入驱动管理器中。另外还需要一套简单的机制，以使得第三方驱动程序可以向驱动管理器注册。因此，Sun 公司制定了两套接口。应用程序开发者使用 JDBC API，而数据库供应商和工具开发商使用 JDBC 驱动 API。

这种接口组织方式遵循了微软公司非常成功的 ODBC 模式，ODBC 为 C 语言访问数据库提供了一套编程接口。JDBC 和 ODBC 都基于同一个思想：根据 API 编写的程序都可以与驱动管理器进行通信，而驱动管理器则通过驱动程序与实际数据库进行通信。

这样做的好处是，我们在使用 JDBC 的时候只需要导入相应厂商提供的驱动包，然后直接调用 JDBC API 即可。实际上使用 JDBC 时，不同的数据库除了 SQL 语句以及一些配置稍有区别以外，大部分代码都是相同的，也就是说我们使用 JDBC 操作 MySQL 和操作 Oracle 代码是没有区别的。

使用 JDBC 访问数据库的基本步骤一般如下。

第一步：加载 JDBC 驱动程序。

第二步：获取数据库连接。

第三步：创建 Statement 对象。

第四步：执行 SQL 语句。

第五步：处理返回结果。

第六步：关闭创建的对象。

11.3 JDBC 的 API 接口

JDBC API 由一组用 Java 编程语言编写的类和接口组成，Java 程序通过 JDBC 可以对多种关系数据库进行统一访问，学习 Java 数据库编程需要熟练掌握 JDBC API 中定义的常用类与接口的方法，这些类与接口通常定义在 java.sql 包和 javax.sql 包中。本节简要介绍一些常用的类与接口的方法，对于详细介绍请参看 JDK 文档。

11.3.1 DriverManager 类

DriverManager 类用来管理数据库中的所有驱动程序，是 JDBC 的管理层，作用于用户和驱动程序之间，跟踪可用的驱动程序，并在数据库的驱动程序之间建立连接。此外，DriverManager 类中的方法都是静态方法，所以在程序中无须对它进行实例化，直接通过类名就可以调用。DriverManager 类的常用方法及说明见表 11-1。

表 11-1 DriverManager 类的常用方法及说明

方法名	描述
public static void deregisterDriver(Driver driver) throws SQLException	从 DriverManager 的管理列表中删除一个驱动程序，参数 driver 是要删除的驱动对象

续表

方法名	描 述
public static Connection getConnection(String url) throws SQLException	根据指定数据库连接 url，建立与数据库的连接，参数 url 为数据库连接 url
public static Connection getConnection(String url,Properties info) throws SQLException	根据指定数据库连接 url 及数据库连接属性信息建立数据库连接 Connection。参数 url 为数据库连接 url，参数 info 为数据库连接属性
public static Connection getConnection(String url, String user,String password) throws SQLException	根据指定数据库连接 url、数据库用户名及密码创建数据库连接 Connection
public static Enumeration<Driver> getDrivers()	获取当前 DriverManager 中已加载的所有驱动程序，它的返回值是 Enumeration
public static void registerDriver(Driver driver) throws SQLException	向 DriverManager 注册一个驱动对象，参数 driver 为要注册的驱动

11.3.2 Driver 接口

Driver 接口是每个驱动程序类必须实现的接口。Java SQL 框架允许多个数据库驱动程序。每个驱动程序都应提供一个实现 Driver 接口的类。Driver 接口是由数据库驱动程序已经实现了的接口，在进行 Java Web 开发时，程序员只需要根据程序使用的驱动程序类型，针对对应的 Driver 接口装载就行，如果使用 MySQL 数据库的 JDBC 驱动程序，装载如下所示。

```
Class.forName("com.mysql.jdbc.Driver");
```

或

```
Class.forName("com.mysql.cj.jdbc.Driver");
```

com.mysql.jdbc.Driver 是 mysql-connector-java 5 中的，在 mysql-connector-java 6.0 及以上版本使用 com.mysql.cj.jdbc.Driver。

11.3.3 Connection 接口

Connection 接口位于 java.sql 包中，是与特定数据库的连接会话，只有获得特定数据库的连接对象才能访问数据库，操作数据库中的数据表、视图和存储过程等。Connection 接口的常用方法及说明见表 11-2。

表 11-2　Connection 接口的常用方法及说明

方法名	描 述
void commit() throws SQLException	提交事务，并释放 Connection 对象当前持有的所有数据库锁，当事务被设置为手动提交模式时，需要调用该方法提交事务
Statement createStatement() throws SQLException	创建一个 Statement 对象将 SQL 语句发送到数据库，该方法返回 Statement 对象

续表

方法名	描述
boolean getAutoCommit() throws SQLException	用于判断 Connection 对象是否被设置为自动提交模式,该方法返回布尔值
DatabaseMetaData getMetaData() throws SQLException	获取 Connection 对象所连接的数据库的元数据 DatabaseMetaData 对象,元数据包括关于数据库的表、受支持的 SQL 语法、存储过程、此连接功能等信息
int getTransactionIsolation() throws SQLException	获取 Connection 对象的当前事务隔离级别
void close() throws SQLException	立即释放 Connection 对象的数据库连接占用的 JDBC 资源,在操作数据库后,立即调用此方法
boolean isClosed() throws SQLException	判断 Connection 对象是否与数据库断开连接,该方法返回布尔值,需要注意的是,如果 Connection 对象与数据库断开连接,则不能再通过 Connection 对象操作数据库
boolean isReadOnly() throws SQLException	判断 Connection 对象是否是只读模式,该方法返回布尔值
PreparedStatement prepareStatement(String sql) throws SQLException	将参数化的 SQL 语句预编译并存储在 PreparedStatement 对象中,并返回所创建的这个 PreparedStatement 对象
void releaseSavePoint(SavaPoint savepoint) throws SQLException	从当前事务中移除指定的 SavePoint 和后续的 SavePoint 对象
void rollback() throws SQLException	回滚事务,针对 SavePoint 对象之后的更改
void setAutoCommit(boolean autoCommit) throws SQLException	设置 Connection 对象的提交模式,如果参数 autoCommit 的值设置为 true,Connection 对象则为自动提交模式;如果参数 autoCommit 对象的值设置为 false,则 Connection 对象为手动提交模式
void setReadOnly(boolean readOnly) throws SQLException	将 Connection 对象的连接模式设置为只读,该方法用于对数据库进行优化
Savepoint setSavepoint() throws SQLException	在当前事务中创建一个未命名的保留点,并返回这个保留点对象
Savepoint setSavepoint(String name) throws SQLException	在当前事务中创建一个指定名称的保留点,并返回这个保留点对象
void setTransactionIsolation(int level) throws SQLException	设置 Connection 对象的事务隔离级别

11.3.4　Statement 接口

Statement 接口是 Java 程序执行数据库操作的重要接口,用于已经建立数据库连接的基础之上,向数据库发送要执行的 SQL 语句。它用于执行不带参数的简单 SQL 语句。Statement

接口的常用方法及说明见表11-3。

表11-3 Statement接口常用方法说明

方法名	描述
void addBatch(String sql) throws SQLException	将SQL语句添加到Statement对象的当前命令列表中，该方法用于SQL命令的批处理
void clearBatch() throws SQLException	清空Statement对象中的命令列表
void close() throws SQLException	立即释放Statement对象的数据库和JDBC资源，而不是等待该对象自动关闭时发生此操作
boolean execute(String sql) throws SQLException	执行指定的SQL语句，如果SQL语句返回结果，则该方法返回true，否则返回false
int[] executeBatch() throws SQLException	将一批SQL命令提交给数据库执行，返回更新计数组成的数组
ResultSet executeQuery(String sql) throws SQLException	执行查询类型的SQL语句，该方法返回查询所获取的结果集ResultSet对象
int executeUpdate(String sql) throws SQLException	执行SQL语句中的DML类型(insert、update、delete)的SQL语句，返回更新所影响的行数
Connection getConnection() throws SQLException	获取生成的Statement对象的Connection对象
boolean isClosed() throws SQLException	判断Statement对象是否已经关闭，如果被关闭，将不能再调用该Statement对象执行SQL语句，该方法返回布尔值

11.3.5 PreparedStatement接口

Statement接口封装了JDBC执行SQL语句的方法，可以完成Java程序执行SQL语句的操作，但是在实际开发中，SQL语句往往需要将程序中的变量做查询条件参数等。使用Statement接口进行操作过于烦琐，而且存在安全方面的缺陷。针对这一问题，JDBC API中封装了Statement的扩展接口PreparedStatement。

PreparedStatement接口继承来自Statement接口，用于执行含有或不含有参数的预编译的SQL语句。相对于Statement接口用于执行静态SQL语句，PreparedStatement接口中的SQL语句是预编译的，重复执行的效率会比较高。PreparedStatement接口的常用方法及说明见表11-4。

表11-4 PreparedStatement接口的常用方法及说明

方法名	描述
void setBinaryStream(int parameterIndex, InputStream x) throws SQLException	将输入流x作为SQL语句中的参数值，parameterIndex为参数位置的索引
void setBoolean(int parameterIndex, boolean x) throws SQLException	将布尔值x作为SQL语句中的参数，parameterIndex为参数位置的索引

续表

方法名	描述
void setByte(int parameterIndex, byte x) throws SQLException	将 byte 值 x 作为 SQL 语句中的参数值，parameterIndex 为参数位置的索引
void setDate(int parameterIndex, Date x) throws SQLException	将 java.sql.Date 值作为 SQL 语句中的参数值，parameterIndex 为参数位置的索引
void setDouble(int parameterIndex, double x) throws SQLException	将 double 值作为 SQL 语句中的参数值，parameterIndex 为参数位置的索引
void setFloat(int parameterIndex, float x) throws SQLException	将 float 值 x 作为 SQL 语句中的参数值，parameterIndex 为参数位置的索引
void setInt(int parameterIndex, int x) throws SQLException	将 int 值 x 作为 SQL 语句中的参数值，parameterIndex 为参数位置的索引
void setObject(int parameterIndex, Object x) throws SQLException	将 Object 对象 x 作为 SQL 语句中的参数值，parameterIndex 为参数位置的索引
void setShort(int parameterIndex, short x) throws SQLException	将 short 值 x 作为 SQL 语句中的参数值，parameterIndex 为参数位置的索引
void setString(int parameterIndex, String x) throws SQLException	将 String 值 x 作为 SQL 语句中的参数值，parameterIndex 为参数位置的索引
void setTimestamp(int parameterIndex, Timestamp x) throws SQLException	将 Timestamp 值 x 作为 SQL 语句中的参数值，parameterIndex 为参数位置的索引

11.3.6 ResultSet 接口

ResultSet 接口中封装了数据库查询的结果集。ResultSet 对象包含了符合 SQL 语句的所有行，针对 Java 中的数据类型提供了一套 getXXX()方法，通过这些方法可以获取每一行中的数据。除此之外，ResultSet 还提供了游标的功能，通过游标可以自由定位到每一行中的数据。ResultSet 接口的常用方法及说明见表 11-5。

表 11-5 ResultSet 接口的常用方法及说明

方法名	描述
boolean absolute(int row) throws SQLException	将光标移动到 ResultSet 对象的给定行编号，参数 row 为行编号
void afterLast() throws SQLException	将光标移动到 ResultSet 对象的最后一行之后，如果结果集中不包含任何行，则该方法无效
void beforeFirst() throws SQLException	立即释放 ResultSet 对象的数据库和 JDBC 资源
void deleteRow() throws SQLException	从 ResultSet 和底层数据库中删除当前行
boolean first() throws SQLException	将光标移动到 ResultSet 对象的第一行

续表

方法名	描述
InputStream getBinaryStream(String columnLable) throws SQLException	以 byte 流的方式获取 ResultSet 对象当前行中指定的列的值,参数 columnLable 为列名称
Date getDate(String columnLable) throws SQLException	以 java.sql.Date 的方式获取 ResultSet 对象当前行中指定列的值,参数 columnLable 为列名称
double getDouble(String columnLable) throws SQLException	以 double 的方式获取 ResultSet 对象当前行中指定列的值,参数 columnLable 为列名称
float getFloat(String columnLable) throws SQLException	以 float 方式获取 ResultSet 对象当前行中指定列的值,参数 columnLable 为列名称
int getInt(String columnLable) throws SQLException	以 int 方式获取 ResultSet 对象当前行中指定列的名称,参数 columnLable 为列名称
String getString(String columnLable) throws SQLException	以 String 的方式获取 ResultSet 对象当前行中指定列的值,参数 columnLable 为列名称
boolean isClosed() throws SQLException	判断当前 ResultSet 对象是否已关闭
boolean last() throws SQLException	将光标移动到 ResultSet 对象的最后一行
boolean next() throws SQLException	将光标向后移动一行
boolean previous() throws SQLException	将光标向前移动一行

11.4 案例分析

本案例完成用 Java 代码连接数据库,并实现对学生信息的增加、删除、修改和查询操作。学生信息主要包括学号、姓名、密码、性别、家庭住址和手机号码。

11.4.1 下载并加载 MySQL 数据库驱动

按照第 1 章 1.5 节的步骤在 Eclipse 中创建"Student"Java 项目。由于在该项目中需要连接并读取 MySQL 数据库,所以在 Java 项目中需加载 MySQL 驱动程序包。首先下载 MySQL 驱动,这里使用的是"mysql-connector-java-8.0.12.jar"版本的驱动程序,读者可以从官方网站自己下载。

加载 MySQL 驱动程序包"mysql-connector-java-8.0.12.jar"的步骤如下。

(1) 选择自己创建的 Java 项目,然后右击,在弹出的菜单中选择"Properties"命令,弹出如图 11.20 所示的对话框。

(2) 选择"Java Build Path|Libraries"标签,单击"Add External JARs…"按钮,选择自己下载的"mysql-connector-java-8.0.12.jar"文件,即可在"JARs and class folders on the build path"列表中看到自己添加的库文件。

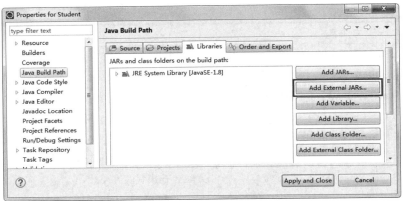

图 11.20　加载 MySQL 数据库驱动

11.4.2　连接数据库

在 MySQL 数据库的 JDBC 驱动程序配置完成后，如果要访问数据库中的数据表，还要进行数据库的连接。连接 MySQL 数据库的步骤如下。

1. 加载 JDBC 驱动

加载驱动的方式有下面两种。

```
Class.forName("com.mysql.jdbc.Driver");
```

或

```
Class.forName("com.mysql.cj.jdbc.Driver");
```

说明：com.mysql.jdbc.Driver 是 mysql-connector-java 5 中的，在 mysql-connector-java 6.0 及以上版本使用 com.mysql.cj.jdbc.Driver，建议用户使用新版本，但老版本仍可使用。

2. 创建连接

加载驱动程序后，就可以创建连接了，使用类 DriverManager 的静态方法 getConnection() 创建 Connection 类的对象。MySQL 数据库的连接格式如下。

```
Connection conn=DriverManager.getConnection(url,username,password);
```

说明：

(1) url 指要连接的数据库名称，形式为 "jdbc:mysql://数据库主机名或 IP 地址/数据库名?useSSL=false&serverTimezone=GMT"，如下面的连接语句。

```
DriverManager.getConnection(jdbc:mysql://localhost:3306/stuinfo?useSSL=
false&serverTimezone=Asia/Shanghai,"root","123456");
```

Localhost 表示本地 MySQL 服务器，如果是远程服务器，替换为远程服务器的 IP 地址即可；3306 表示 MySQL 的监听端口；stuinfo 表示数据库名；useSSL 设置方式有两种：useSSL=false 或 useSSL=true，并且提供服务器的验证证书；serverTimezone 表示系统时区设置，在这里配置成中国标准时间为 Asia/Shanghai。

(2) username 表示 MySQL 的用户名,必须在 MySQL 中配置该用户才能访问。
(3) password 表示用户访问 MySQL 时所使用的密码。

3. 关闭数据库

JDBC 程序结束之后,需要显式地关闭与数据库的所有连接,以结束每个数据库会话。但是,如果在编写程序中忘记关闭也没有关系,Java 的垃圾收集器在清除过时的对象时也会关闭这些连接。依靠垃圾收集,特别是数据库编程,是一个非常差的编程实践,所以应该使用与连接对象关联的 close() 方法关闭连接。由于一个 finally 块不管是否发生异常总是会被执行,所以,要确保连接已关闭,可以将关闭连接的代码编写在 finally 块中。这样可以保证每次打开数据库并操作完成后将打开的数据库关闭,具体代码如下。

```java
finally {
    try {
        if (conn != null)
            conn.close();    //关闭数据库
    } catch (Exception e) {
        e.printStackTrace();
    }
}
```

【例 11-1】完成 MySQL 数据库的连接和关闭测试,以连接到本章定义的 stuinfo 数据库为例。

```java
//ConnDatabase.java
import java.sql.Connection;
import java.sql.DriverManager;
import java.sql.SQLException;
public class ConnDatabase {
    public static void main(String[] args) {
        String url = "jdbc:mysql://localhost:3306/stuinfo?useSSL=false
                    &serverTimezone=Asia/Shanghai";
        String username = "root";                     //MySQL 的用户名
        String password = "123456";                   //访问 MySQL 的密码
        Connection conn = null;                       //连接
        try {
            Class.forName("com.mysql.cj.jdbc.Driver");  //加载 JDBC 驱动
            System.out.println("JDBC 的 MySQL 驱动加载成功!");
        } catch (ClassNotFoundException e) {
            System.out.println("JDBC 的 MySQL 驱动加载失败!");
            e.printStackTrace();
        }
        try {

            //获取数据库的连接
            conn = DriverManager.getConnection(url, username, password);
            System.out.println("MySQL 数据库 stuinfo 连接成功! ");
```

```
        } catch (SQLException e) {
            System.out.println("MySQL 数据库 stuinfo 连接失败!");
            e.printStackTrace();
        } finally {
            try {
                if (conn != null)
                    conn.close();                    //关闭数据库
            } catch (Exception e) {
                e.printStackTrace();
            }
        }
    }
}
```

案例运行效果如图 11.21 所示。

图 11.21 测试数据库的连接与关闭

【教学视频】

11.4.3 数据库的插入

使用 SQL 语言中的 insert into 命令对数据库插入新的记录，可以插入所有字段的值，也可以插入部分字段的值，但是必填字段必须插入，其他字段可以为空或默认值。insert into 插入语句的两种主要格式如下。

1. 插入所有字段的值

```
insert into 表名(字段名1,字段名2,字段名3,…,字段名n) values(值1,值2,值3,…,值n);
```

2. 批量插入

```
insert into 表名(字段名1,字段名2,字段名3,…,字段名n) values (值1,值2,值3,…,值n),
(值1,值2,值3,…,值n),
(值1,值2,值3,…,值n),
…
(值1,值2,值3,…,值n)
```

在"values"中，如果是字符串，要用一对单引号引起来；如果是数字，则不需要。

当数据库连接成功后，首先创建 PreparedStatement 接口的实例对象，然后调用 PreparedStatement 接口的实例对象的方法 executeUpdate()，该方法返回插入所影响的记录个数，是一个整数，可以用来判断插入是否成功。

【例 11-2】完成向 stuinfo 数据库中的 student 表中插入学生记录。

```java
//InsertStudent.java
import java.sql.Connection;
import java.sql.DriverManager;
import java.sql.PreparedStatement;
import java.sql.SQLException;
public class InsertStudent {
    public static void main(String[] args) {
        String url = "jdbc:mysql://localhost:3306/stuinfo?useSSL=false&
               serverTimezone=Asia/Shanghai";
        String username = "root";        // MySQL 的用户名
        String password = "123456";      // 访问 MySQL 的密码
        Connection conn = null;          // 连接
        PreparedStatement ps = null; // 存储查询结果
        try {
            Class.forName("com.mysql.cj.jdbc.Driver"); // 加载 JDBC 驱动
        } catch (ClassNotFoundException e) {
            e.printStackTrace();
        }
        try {
            // 获取数据库的连接
            conn = DriverManager.getConnection(url, username, password);
            // 插入数据
            String sql = "insert into student(id,name,password,sex,address,mobile)"
                    + "values('2018023005','张飞','zhangfei','男','山东烟台','15811113333')"
                    + ",('2018023006','吴明','wuming','男','河北衡水','18799996666')";
            ps = conn.prepareStatement(sql);
            int flag = ps.executeUpdate(); // 返回插入数据的记录数
            if (flag > 0)
                System.out.println("共插入" + flag + "条数据!");
            else
                System.out.println("数据插入失败!");
        } catch (SQLException e) {

            e.printStackTrace();
        } finally {
            try {
                if (conn != null)
                    conn.close(); // 关闭数据库
            } catch (Exception e) {
                e.printStackTrace();
            }
        }
    }
}
```

案例运行效果如图 11.22 所示。

图 11.22 插入数据成功

11.4.4 数据库的查询

数据库操作中使用最多的就是查询功能。对数据库查询使用 SQL 语言中的 select 命令得到查询记录的结果集，存放到 ResultSet 对象中，通过 ResultSet 的相关方法，获取所有记录列的值。select 语句的语法格式如下。

【教学视频】

```
select 属性列表        //如果使用*号，表示查询返回所有列的值
from 表名
where 条件表达式1
group by 属性名1  [having 条件表达式2]
order by 属性名2  [ASC/DESC]
```

说明：where 子句表示按指定条件查询，如果没有 where 子句，就是查询所有记录。group by 是按照属性名 1 指定的字段进行分组，如果有 having 关键字，则只输出符合"条件表达式 2"的信息。order by 是按照属性名 2 指定的字段进行排序，排序方式由 ASC 和 DESC 指定。ASC 表示按升序排列，DESC 表示按降序排列，缺省是升序排列。

当数据库连接成功后，首先创建 PreparedStatement 接口的实例对象，然后调用 PreparedStatement 接口的实例对象的方法 executeQuery()，该方法返回 ResultSet 实例，通过此实例可访问查询的结果，再通过 ResultSet 对象的 next()方法将查询的结果一条一条输出，当 next()方法返回 false 时，表示数据指针指向最后一条记录。

【例 11-3】查询 stuinfo 数据库中的 student 表中的所有信息并输出。

```java
//selectAllStudent.java
import java.sql.Connection;
import java.sql.DriverManager;
import java.sql.PreparedStatement;
import java.sql.ResultSet;
import java.sql.SQLException;
public class selectAllStudent {
    public static void main(String[] args) {
        String url = "jdbc:mysql:    //localhost:3306/stuinfo?
                   useSSL=false&serverTimezone=Asia/Shanghai";
        String username = "root";        // MySQL 的用户名
        String password = "123456";      // 访问 MySQL 的密码
        Connection conn = null;          // 连接
        PreparedStatement ps = null;     // 存储查询结果
        ResultSet rs = null;             // 结果集
        try {
```

```
            Class.forName("com.mysql.cj.jdbc.Driver"); // 加载 JDBC 驱动
        } catch (ClassNotFoundException e) {
            e.printStackTrace();
        }
        try {
            // 获取数据库的连接
            conn = DriverManager.getConnection(url, username, password);
            // 查询数据
            String sql = "select * from student";
            ps = conn.prepareStatement(sql);
            rs = ps.executeQuery();
            while (rs.next()) {
                System.out.printf("学号:%s\t", rs.getString(1));
                System.out.printf("|姓名: %-10s\t", rs.getString(2));
                System.out.printf("|密码: %-15s\t", rs.getString(3));
                System.out.printf("|性别: %-10s\t", rs.getString(4));
                System.out.printf("|住址: %-20s\t", rs.getString(5));
                System.out.printf("|电话: %s\t", rs.getString(6));
                System.out.println();
            }
        } catch (SQLException e) {
            e.printStackTrace();
        } finally {
            try {
                if (conn != null)
                    conn.close(); // 关闭数据库
            } catch (Exception e) {
                e.printStackTrace();
            }
        }
    }
}
```

案例运行效果如图 11.23 所示，其中框内的部分为例 11-2 中新插入的两条数据。

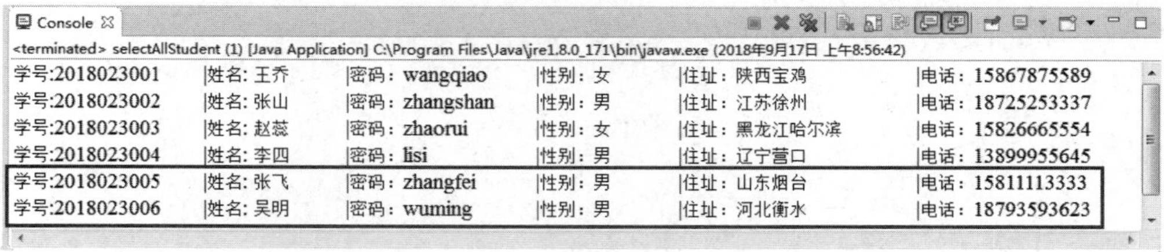

图 11.23 显示 student 表中的全部信息

说明：在本例中使用 rs.getString(1)-rs.getString(6)读取 6 列的值，这是根据列的序号读取，还可以根据列的名称读取，其程序段如下所示。

```
while (rs.next()) {
```

```
        System.out.printf("学号:%s\t", rs.getString("id"));
        System.out.printf("|姓名: %-10s\t", rs.getString("name"));
        System.out.printf("|密码: %-15s\t", rs.getString("password"));
        System.out.printf("|性别: %-10s\t", rs.getString("sex"));
        System.out.printf("|住址: %-20s\t", rs.getString("address"));
        System.out.printf("|电话: %s\t", rs.getString("mobile"));
        System.out.println();
    }
```

11.4.5 数据库的更新

对数据库记录的更新使用 SQL 中的 update 命令,可以修改所有字段的值,也可以加条件修改。update 语句的语法格式如下。

【教学视频】

```
update 表名
set 字段名1=值1,字段名2=值2,字段名3=值3…
where 条件表达式
```

当数据库连接成功后,首先创建 PreparedStatement 接口的实例对象,然后调用 PreparedStatement 接口的实例对象的方法 executeUpdate(),该方法返回更新所影响的记录个数,是一个整数,可以用来判断更新是否成功。

【例 11-4】更新 stuinfo 数据库中的 student 表中的信息。

```
//UpdateStudent.java
import java.sql.Connection;
import java.sql.DriverManager;
import java.sql.PreparedStatement;
import java.sql.SQLException;
public class UpdateStudent {
public static void main(String[] args) {
        String url = "jdbc:mysql://localhost:3306/stuinfo?useSSL=false&
                    serverTimezone=Asia/Shanghai";
        String username = "root";      // MySQL 的用户名
        String password = "123456";    // 访问 MySQL 的密码
        Connection conn = null;        // 连接
        PreparedStatement ps = null;   // 存储查询结果
        try {
            Class.forName("com.mysql.cj.jdbc.Driver"); // 加载 JDBC 驱动
        } catch (ClassNotFoundException e) {
            e.printStackTrace();
        }
        try {
            // 获取数据库的连接
            conn = DriverManager.getConnection(url, username, password);
            // 更新数据
            String sql = "update student set mobile='13955556666'
                        where id='2018023001'";
```

```
            ps = conn.prepareStatement(sql);
            int flag = ps.executeUpdate();    // 返回插入数据的记录数
            if (flag > 0)
                System.out.println("共更新" + flag + "条数据！");
            else
                System.out.println("数据更新失败！");
        } catch (SQLException e) {
            e.printStackTrace();
        } finally {
            try {
                if (conn != null)
                    conn.close();                   // 关闭数据库
            } catch (Exception e) {
                e.printStackTrace();
            }
        }
    }
}
```

本程序是将 id 为"2018023001"的学生地址更新为"陕西西安"、电话更新为"13955556666"，案例运行效果如图 11.24 所示，说明更新成功。再次执行查询，框内的部分为更新后的数据，如图 11.25 所示。

图 11.24　成功更新数据

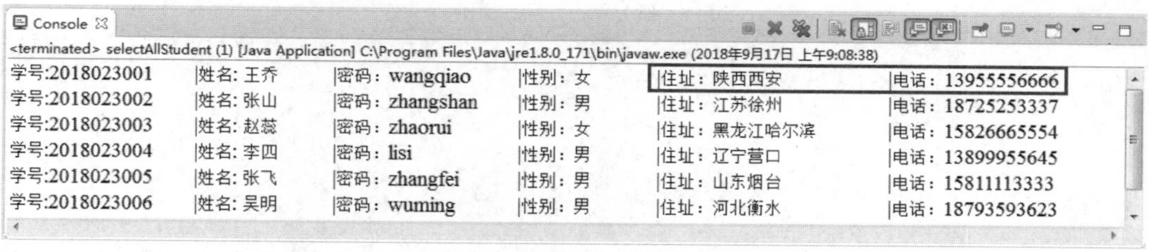

图 11.25　更新后数据

11.4.6　数据库的删除

使用 SQL 中的 delete 命令删除数据库中的记录，可以是指定条件下的记录，如果没有条件，则删除所有记录。delete 语句的语法格式如下。

```
delete from 表名
where 条件表达式
```

当数据库连接成功后，首先创建 PreparedStatement 接口的实例对象，然后调用 PreparedStatement 接口的实例对象的方法 executeUpdate()，该方法返

【教学视频】

回删除所影响的记录个数,是一个整数,可以用来判断删除是否成功。

【例 11-5】 删除 stuinfo 数据库中 student 表中的记录。

```java
//deleteStudent.java
import java.sql.Connection;
import java.sql.DriverManager;
import java.sql.PreparedStatement;
import java.sql.ResultSet;
import java.sql.SQLException;
public class deleteStudent {
    public static void main(String[] args) {
        String url = "jdbc:mysql://localhost:3306/stuinfo?useSSL=false
                      &serverTimezone=Asia/Shanghai";
        String username = "root";        // MySQL 的用户名
        String password = "123456";      // 访问 MySQL 的密码
        Connection conn = null;          // 连接
        PreparedStatement ps = null;     // 存储查询结果
        try {
            Class.forName("com.mysql.cj.jdbc.Driver");    // 加载 JDBC 驱动
        } catch (ClassNotFoundException e) {
            e.printStackTrace();
        }
        try {
            // 获取数据库的连接
            conn = DriverManager.getConnection(url, username, password);
            // 删除数据
            String sql = "delete from student where id in ('2018023003',
                         '2018023006')";
            ps = conn.prepareStatement(sql);
            int flag = ps.executeUpdate();    // 返回插入数据的记录数
            if (flag > 0)
                System.out.println("共更新" + flag + "条数据!");
            else
                System.out.println("数据更新失败!");
        } catch (SQLException e) {
            e.printStackTrace();
        } finally {
            try {
                if (conn != null)
                    conn.close();                // 关闭数据库
            } catch (Exception e) {
                e.printStackTrace();
            }
        }
    }
}
```

本程序是将 id 为"2018023003"和"2018023006"的学生删除，案例运行效果如图 11.26 所示，说明删除成功。再次执行查询，id 为"2018023003"和"2018023006"的数据已经不存在，如图 11.27 所示。

图 11.26　成功更新数据

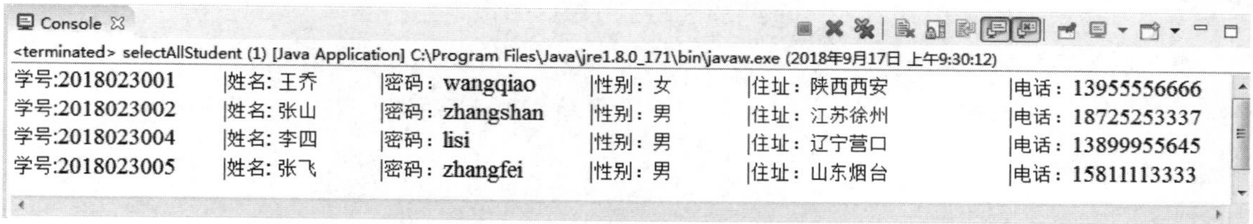

图 11.27　删除后数据

小　　结

本章首先介绍了 MySQL 数据库的下载、配置与安装过程。然后对 MySQL 图形化软件管理工具 Navicat Premium 的下载、安装与使用进行了详细的讲解。由于 JDBC 是 Java 程序访问数据库技术，在本章中重点讲解 JDBC API 中的常见接口或类：DriverManager 类、Driver 接口、Connection 接口、Statement 接口、PreparedStatement 接口和 ResultSet 接口。以案例为引导讲解了使用 JDBC 访问数据库的基本步骤：加载 JDBC 驱动程序、建立数据库连接、创建 Statement 对象、执行 SQL 语句、处理返回结果和关闭创建的对象。通过本章的学习，能够使读者掌握 Java 数据库编程的原理与过程，为后续课程的学习打下坚实的基础。

习　　题

一、选择题

1．利用 JDBC 驱动程序查询数据库时，需要利用_____接口来接受查询结果集。
   A．ResultSet　　　　B．HashSet　　　　C．Map　　　　D．TreeSet
2．在 Java 中，与数据库连接的技术是_____。
   A．开放数据库连接　　　　　　　　B．Java 数据库连接
   C．数据库厂家驱动程序　　　　　　D．数据库厂家的连接协议
3．executeUpdate 返回的类型是_____，代表的含义是受影响的记录数量。
   A．ResultSet　　　　B．int　　　　C．double　　　　D．boolean

4. 典型的 JDBC 程序按_____顺序编写。
   a. 释放资源　　　　　　　　　b. 获得与数据库的连接
   c. 执行 SQL 命令　　　　　　d. 注册 JDBC Driver
   e. 创建不同类型的 Statement　f. 如果有结果集，处理结果集
   A. dbcfea　　B. edbcfa　　C. dbecfa　　D. bdecfa

5. 创建一个数据库连接对象 con 后，con 调用_____方法创建一个 SQL 语句对象。
   A. create()　　　　　　　　　B. Statement()
   C. createStatement()　　　　D. createSql()

6. _____类用来寻找一个能够连接到 URL 中指定的数据库驱动程序。
   A. DriverManager　　　　　　B. Connection
   C. Statement　　　　　　　　D. PreparedStatement

二、简答题

1. 什么是 JDBC，它有什么作用？
2. 简述 JDBC 的 ResultSet 接口的作用。
3. 说明 Statement 对象和 PreparedStatement 对象的区别。

三、程序填空题

假设已经定义了 employee 数据库，在该数据库中定义了 worker 表，worker 表中包括四个字段，分别为 id、name、sex、age，分别表示工人的编号、姓名、性别和年龄。同时，假设已经定义了如下成员变量并进行了初始化。

```
String url;
String username = "root";         //MySQL 的用户名
String password = "123456";       //访问 MySQL 的密码
Connection conn = null;           //连接
PreparedStatement ps = null;;
ResultSet rs = null;
String sql = null;
```

在横线处填入合适的 Java 代码。

1.

```
try {
    _____//加载 JDBC 驱动
    System.out.println("JDBC 的 MySQL 驱动加载成功!");
} catch (ClassNotFoundException e) {
    System.out.println("JDBC 的 MySQL 驱动加载失败!");
    e.printStackTrace();
}
```

2.

```
try {
```

```
            conn = _____      //连接数据库
            System.out.println("MySQL 数据库 stuinfo 连接成功！");
        } catch (SQLException e) {
            System.out.println("MySQL 数据库 stuinfo 连接失败！");
            e.printStackTrace();
        }
```

3.
```
        try {
            if (conn != null)
                _____    //关闭数据库
        } catch (Exception e) {
            e.printStackTrace();
        }
```

4.
```
public void insertData(){
    String sql = "insert into worker(id,name,sex,age)"
            +"values('001','张飞','男',36)"+",('002','吴明','男',45)";
    try{
        ps = conn.prepareStatement(sql);
        _____    // 插入数据
        System.out.println("成功插入数据！");
    } catch (SQLException e) {
        e.printStackTrace();
    }
}
```

5.
```
public void selectData(){
    String sql=_____(1)_____    //查询 worker 数据库表中的全部信息
    try {
        ps=conn.prepareStatement(sql);
        rs=_____(2)_____
        while(rs.next()){
            System.out.print("姓名:",_____(3)_____);
            System.out.print("性别:",_____(4)_____);
            System.out.print("年龄:",_____(5)_____);
            System.out.println();
        }

    } catch (SQLException e) {
        e.printStackTrace();
    }
}
```

四、编程题

开发新闻信息管理系统,具体要求如下。

(1) 设计 newsmanager 数据库,在该数据库中创建新闻表 news 和新闻类别表 newstype。

(2) 在新闻表 news 中包括四个字段,即 id、title、content、type,分别表示新闻的编号、标题、内容和类型,id 为主键。

(3) 在新闻类别表 newstype 中包括两个字段,即 id、name,分别表示新闻类别的编号和名称,id 为主键。

(4) 新闻类别表 newstype 中的 id 与新闻表 news 的 type 对应,即新闻类别表 newstype 中的主键 id 为新闻表 news 的外键。

(5) 编写 Java 代码,实现新闻的录入、查询、修改和删除操作。

【第 11 章　习题答案】

参 考 文 献

常玉慧，王秀梅，2017. Java 语言实用案例教程[M]. 北京：科学出版社.
耿祥义，张跃平，2010. Java 程序设计实用教程[M]. 北京：人民邮电出版社.
郝春雨，郑志荣，2015. Java7 程序设计入门与提高[M]. 北京：清华大学出版社.
李东明，张丽娟，2016. Java 语言基础教程[M]. 北京：清华大学出版社.
李伟，卫星，邹洪侠，等，2015. Java 程序设计案例教程[M]. 北京：清华大学出版社.
李尊朝，苏军，饶元，等，2008. Java 语言程序设计例题解析与实验指导[M]. 2 版. 北京：中国铁道出版社.
刘梦琳，王琳琳，王珍珍，等，2015. Java 程序开发实战教程[M]. 北京：清华大学出版社.
明日科技，张振坤，李钟尉，等，2010. 视频学 Java[M]. 北京：人民邮电出版社.
邱加永，2014. Java 程序开发实用教程[M]. 北京：清华大学出版社.
覃遵跃，2015. 利用案例轻松学习 Java 语言习题大全与实验指导[M]. 北京：清华大学出版社.
温秀梅，李虹，2007. Java 程序设计教程与实验[M]. 北京：清华大学出版社.
辛运帏，饶一梅，2009. Java 语言程序设计[M]. 北京：人民邮电出版社.
殷兆麟，等，2007. Java 语言程序设计[M]. 2 版. 北京：高等教育出版社.
雍俊海，2006. Java 程序设计习题集[M]. 北京：清华大学出版社.
雍俊海，2007. Java 程序设计教程[M]. 北京：清华大学出版社.
张利锋，孙丽，杨晓玲，2015. Java 语言与面向对象程序设计[M]. 北京：清华大学出版社.
朱晓龙，等，2015. Java 语言程序设计教程[M]. 北京：人民邮电出版社.